高等教育区块链技术系列丛书

区块链与数字货币

中兴协力（山东）教育科技集团　组编

陈彦彬　宋凯明　陈　曦　主编

西安电子科技大学出版社

内 容 简 介

本书系统介绍了区块链的技术原理和应用。全书共 10 章，主要内容包括区块链的发展历程、基本概念、技术原理，比特币，以太坊公链，超主权数字货币，中央银行数字货币，数字货币交易平台，区块链的监管、商业应用，区块链与新技术的结合等。

本书不仅介绍了区块链独有的技术原理和特性，还着重介绍了数字货币的类型及其生态、价值，并通过区块链独有的技术延伸出区块链的监管、商业应用及区块链与新技术的结合等内容，对区块链上的原生商业形态也有所涉及，比如 DeFi 等。

本书内容全面，易于理解，便于教学，可作为高等院校区块链工程专业、金融科技专业及相关专业的专业课教材，也可以作为区块链从业者的学习参考书。

图书在版编目(CIP)数据

区块链与数字货币 / 陈彦彬，宋凯明，陈曦主编. —西安：西安电子科技大学出版社，2022.2(2024.11 重印)
ISBN 978-7-5606-6332-6

Ⅰ. ①区… Ⅱ. ①陈… ②宋… ③陈… Ⅲ. ①区块链技术②数字货币
Ⅳ. ①TP311.135.9②F713.361.3

中国版本图书馆 **CIP** 数据核字(2021)第 264656 号

策　　划　李惠萍
责任编辑　黄薇谚　李惠萍
出版发行　西安电子科技大学出版社(西安市太白南路 2 号)
电　　话　(029)88202421　88201467　　邮　　编　710071
网　　址　www.xduph.com　　　　电子邮箱　xdupfxb001@163.com
经　　销　新华书店
印刷单位　咸阳华盛印务有限责任公司
版　　次　2022 年 2 月第 1 版　　2024 年 11 月第 3 次印刷
开　　本　787 毫米×1092 毫米　1/16　印　张　16
字　　数　325 千字
定　　价　41.00 元
ISBN 978-7-5606-6332-6
XDUP 6634001-3
如有印装问题可调换

序

物联网之父凯文·凯利在《必然》中写道："现在，我们正处在长达100年的、伟大的去中心化进程的中点。"

区块链将人类带到了价值互联网时代，成为物理世界向数字世界跃迁的重要技术手段。区块链作为哈希算法、数字签名、点对点传输、共识机制等多种已有技术的创新集成组合，具有抗抵赖、防篡改、可追溯、安全可信等"神奇"特性，巧妙地解决了多方可信的协同问题，正在被广泛应用于金融、供应链、政务等领域。

区块链技术正在快速发展，在过去10年间已经历了以加密数字货币为标志的"区块链1.0时代"和以智能合约为标志的"区块链2.0时代"，目前进入了建立跨组织互信的"区块链3.0时代"的应用阶段。区块链技术与各种技术正在加速结合，其在各传统行业的产业价值也逐渐凸显。

数字货币作为区块链上的激励机制和社区自治的基础，构成了区块链公链运行的基石，也是区块链金融和商业创新的基础。如区块链上原生的金融模式——去中心化金融(DeFi)就以数字货币为核心，颠覆了传统金融模式，使金融不再是一项高准入门槛的经济活动，让普惠金融成为可能。

近年来，各国政府机构、国际货币基金组织以及标准、开源组织和相关产业联盟等纷纷投入推进区块链产业技术发展、标准制定和应用落地的大潮中。在区块链领域，我国的发展牢牢占据全球前三的地位。2019年10月24日，习近平总书记在中共中央就区块链技术发展现状和趋势进行的第十八次集体学习讲话中把区块链提升到了国家战略的高度。目前，区块链在我国已迎来了爆发式发展。

然而，当前区块链行业爆发式发展和行业优秀人才不足的矛盾已经成为困扰区块链行业发展的主要矛盾，系统、实效的区块链教材和读物也成为行业的迫切需求。正是在这种形势下，我们组织区块链技术人员和培训人员编写了本书。

本书的特点在于，考虑到了区块链和数字货币的特殊性，用通俗的语言讲解了区块链技术的基本原理和基础概念，方便学习者快速理解区块链；同时详尽地描述了数字货币的类型，从区块链的第一个大规模应用——比特币，到生态最丰富的公链——以太坊，到超主权世界货币的尝试——Libra，再到中央银行数字货币——CBDC和DCEP，并由此延伸出区块链的监管、商业应用及与新技术结合等实践性较强的内容，展现了区块链商业倍加器的功能，实现了从技术逻辑到商业逻辑的完美结合。

本书以全球化的视角紧盯国际前沿的商业实践，专业性强，既适合金融行业研究和掌握区块链技术与商业价值的投资人员学习，也可供想在区块链领域发展的创业者学习，还可作为想了解区块链技术的大专院校学生的参考资料或教材。

我们相信，区块链将为整个世界翻开新的篇章，引领人类进入新纪元。

我们希望更多政府部门、研究机构、高校和企业参与到区块链的理论和实践的创新性探索中，为世界提供区块链的中国标准和中国方案。

山东省区块链金融重点实验室主任　　韩慧健
山东财经大学计算机学院院长

2021 年 10 月

《区块链与数字货币》

编委会名单

前　言

“代码即法律”和“代码即信任”是区块链世界经常提及的两句话，也是区块链世界的核心和精髓，浓缩起来就是值得信任的“共识”，达成共识之后就意味着这个世界将按照另一个法则来运行，就是“去中心化”。

区块链技术表面上解决的是技术性的问题，本质上解决的是信任问题，是基于代码的信任、不可篡改的信任、广而告之的信任，是在一个缺乏信任的环境下建立信任和传递信任的机制。

凡是需要更加公平、公正、公开的行业、企业，都可以用到区块链技术；凡是需要数据存储、保护、授权、交易的行业、企业，都可以用到区块链技术；凡是需要社会化协作，尤其是跨境的、基于计算机网络可以完成的社会化分工和协作，也都可以用到区块链技术。畅想一下，如果未来区块链应用能大量普及，那么人人都可以基于它架构一个去中心化的服务来解决信任问题，大到借贷、交易、财产转让，小到契约、游戏，都不需要通过第三方进行。这些都是区块链技术被很多人所看好的原因，因为它的确给人们提供了非常广阔的想象空间。

本教材基于区块链能够在一个缺乏信任的环境下建立信任和传递信任的特点，介绍了区块链独有的技术原理和特性，着重介绍了各种数字货币类型及其生态、价值，并由此延伸出区块链的监管、商业应用、与新技术的结合等内容，对区块链上的原生商业形态也有所涉及，比如 DeFi 等。

本教材共分 10 章，前两章为区块链的入门部分，主要介绍区块链的基本概念和技术原理。第 1 章介绍了区块链的基本概念，在区块链的定义、特性、层级结构、分类等内容的基础上，介绍了区块链的价值和发展。第 2 章主要介绍了区块链的技术原理，具体介绍了对等网络、密码学、共识算法和智能合约等。

第 3～8 章为数字货币及其监管，重点介绍了各种类型的数字货币、交易平台及其监管。数字货币是区块链的第一个大规模落地应用，也是区块链上原生经济形态（如 DeFi）的基础。第 3 章重点介绍了比特币，包括比特币的起源和基本概念，并在此基础上详细讲述了数字货币的制度框架、激励机制和意义。第 4 章重点介绍了以太坊公链，包括以太坊的定义、系统架构、发展历程、智能合约、零知识证明、Gas 机制、DApp、硬分叉、DeFi、以太坊 2.0 等以太坊的技术和生态。作为生态最为丰富的公链，以太坊对于我们了解公链具有非常重要的意义，也是本教材的重点和难点。第 5 章重点介绍了 Diem（原 Libra），包括 Libra 的发行背景、运行机制、全球影响和监管问题等内容。虽然 Libra 已经从作为超主权数字货币的金融基础设施，变成了单一锚定美元的普通稳定币，但 Libra 探索出了数字货币更多的可能性，其强大的影响力让各国政府不得不重视数字货币。第 6 章重点介绍了中央银行数字货币，包括中央银行数字货币的定义、特性和各国在中央银行数字货币上达成的共识，着重介绍了中国的中央银行数字货币，即数字人民币。中央银行数字货币的发行，标志着国家对数字货币的态度，这将会让数字货币走向规范。第 7 章重点介绍数字货币交易平台，包括国内外交易平台的发展历程、运行逻辑、监管逻辑和影响以及我国的监管实践等内容。第 8 章重点介绍区块链的监管，包括区块链经济风险、国际监管通用规则、中国监管实践和趋势等内容。

数字货币是区块链的第一次大规模应用，但不是唯一的应用。第 9 章介绍了区块链的商业应用，包括区块链溯源、供应链金融、跨境支付与清算结算、资产证券化和保险等内容。区块链技术解决了中心化商业的痛点，真正展现了区块链的商业价值，拓展了区块链的应用领域。

在商业化应用的实际过程中，区块链将会与各种新兴技术相结合，比如物联网、大数据和人工智能等。第 10 章重点介绍了区块链与新一代信息技术，详细讲述了新一代信息技术在实际应用中存在的问题，以及区块链解决这些问题的方法和区块链在实际商业中的应用案例。

本教材由中兴协力（山东）教育科技集团的一线区块链产品经理、分析师和山东省区块链金融重点实验室、山东建筑大学、山东财经大学、山东财经大学东方学院、日照职业技术学院、山东畜牧兽医职业学院等高校的老师共同编写。教材融合了企业作者和高校作者的所长，理论和实践并重，系统性强，适合高等院校金融工程、计量金融、经济管理、区块链工程等相关专业的本科和专科教学使用。

由于时间仓促和编者水平有限，书中欠妥与疏忽之处在所难免，希望各位读者及时给我们反馈意见。我们也非常愿意与大家就区块链各项议题进行广泛的交流与探讨。

编者联系方式：zteybchen@126.com。

编　者

2021 年 10 月

目　录

第 1 章　区块链概述

【本章导读】

2019 年 10 月 24 日，习近平总书记在中共中央就区块链技术发展现状和趋势进行的第十八次集体学习中强调，要把区块链作为核心技术自主创新的重要突破口，明确主攻方向，加大投入力度，着力攻克一批关键核心技术，加快推动区块链技术和产业创新发展。

自 2019 年起，我国已着手制定国内的区块链技术标准，各地区积极支持区块链技术和产业的发展，国内的区块链行业迎来了崭新的发展机遇。

本章将从区块链的概念、特点、分类、价值、发展等方面对区块链进行简要介绍，让大家对区块链有个基础的认知。

1.1　区块链的概念

关于区块链(Blockchain)的定义，中华人民共和国工业和信息化部指导发布的《区块链技术和应用发展白皮书 2016》中的解释如下：

狭义来讲，区块链是指按照时间顺序将数据区块以顺序相连的方式组合成的一种链式数据结构，该数据结构也是一种以密码学方式保证其具有不可篡改性和不可伪造性的分布式账本。

广义来讲，区块链技术是利用块链式数据结构来验证和存储数据、利用分布式节点共识算法来生成和更新数据、利用密码学的方式保证数据传输和访问的安全性、利用由自动化脚本代码组成的智能合约来编程和操作数据的一种全新的分布式基础架构与计算范式。

简单来说，区块链是一种由多方共同维护，使用密码学技术保证信息传输和访问安全，能够实现数据一致存储、难以篡改、防止抵赖的记账技术，也称为分布式账本技术(Distributed Ledger Technology)。

区块链中所谓的账本，其作用和现实生活中的账本基本一致，即按照一定的格式记录流水等交易信息。特别是在各种数字货币中，交易内容就是各种转账信息。但与生活中的账本不同的是，这种分布式的账本，链上的每个节点都有一本，节点共同参与记账。上一个区块上的记账信息会被打包到下一个区块上，最终形成一个链式结构。

1.1.1　区块与链

区块链是由“区块+链”构成的。

区块(Block)，是指把已记录数据的文件存储起来，并按照时间的先后顺序记录链上已发生的所有价值交换活动的存储单元。

区块的生成时间是由系统设定的，一般平均每几分钟区块链中就会生成一个新的区块。因为各区块中都包括前一个区块和后一个区块的哈希值，所以每个区块都能找到其前后节点，从而可一直追溯至起始节点，形成一条完整的交易链条，即区块链。

另外，区块链上的各区块都会盖一个时间戳以记录每一条信息写入的时间，整个区块链由此形成了一个不可篡改、不可伪造的数据库。时间戳可证明某人在某天确实做过某事，证明某项活动的最先创造者是谁。这使得事情的“存在性”证明变得非常简单。从第一个区块开始，到最新的区块为止，区块链上存储了全部的历史数据，区块链上的每一条交易数据，都可通过链式结构追本溯源，一笔笔地进行验证。

1. 区块

在区块链中，由参与记账的个体即“矿工”创建的用来存放交易的信息媒介称为“区块”。我们可以认为区块是在区块链上承载交易数据的一个数据包，这是一种被标记上时间戳和前后两个区块的哈希值的数据结构，区块可通过区块链的共识机制验证并确认区块中的交易。

简单来说，区块按照时间先后，一个一个按顺序生成，每个区块都记录了它被创建期间所发生的交易信息，这些区块合在一起就形成了一个完整的记录合集，合集储存了所有价值交换所产生的交易信息。

一个完整区块的基本构成如图 1-1 所示。

(1) 区块头(Block Header)：记录当前区块的元信息，包括当前的版本号、上一区块的哈希值、时间戳、随机数、Merkle 树根节点的哈希值等数据。区块头的数据记录了在 Merkle 树的哈希生成过程中的唯一 Merkle 树根节点的哈希值。

(2) 区块体(Block Body)：记录在一定时间内所生成的详细数据，包括当前区块经过验证的、区块创建过程中所生成的各交易记录或者其他信息，可理解为账本表现形式的一种。

(3) 时间戳(Time Stamp)：时间戳从区块生成的那一刻起就存在于区块之中，是用于标识交易时间的字符序列，具备唯一性。时间戳用以记录并表明存在的、完整的、可验证的数据，是每一次交易记录的认证。

(4) 区块容量(Block Size)：区块链的每个区块都是用来承载某个时间段内的数据的，每个区块通过时间的先后顺序，使用密码学技术相互串联起来，形成一个完整的分布式数据库；区块容量代表了一个区块能容纳多少数据的能力。

(5) 区块高度(Block Height)：区块高度是指某个区块在区块链中和创世区块间隔的块数，即连接在区块链上的区块数量。(注：一条区块链上的第一个区块就叫创世区块，按照惯例，该区块编号为 0)

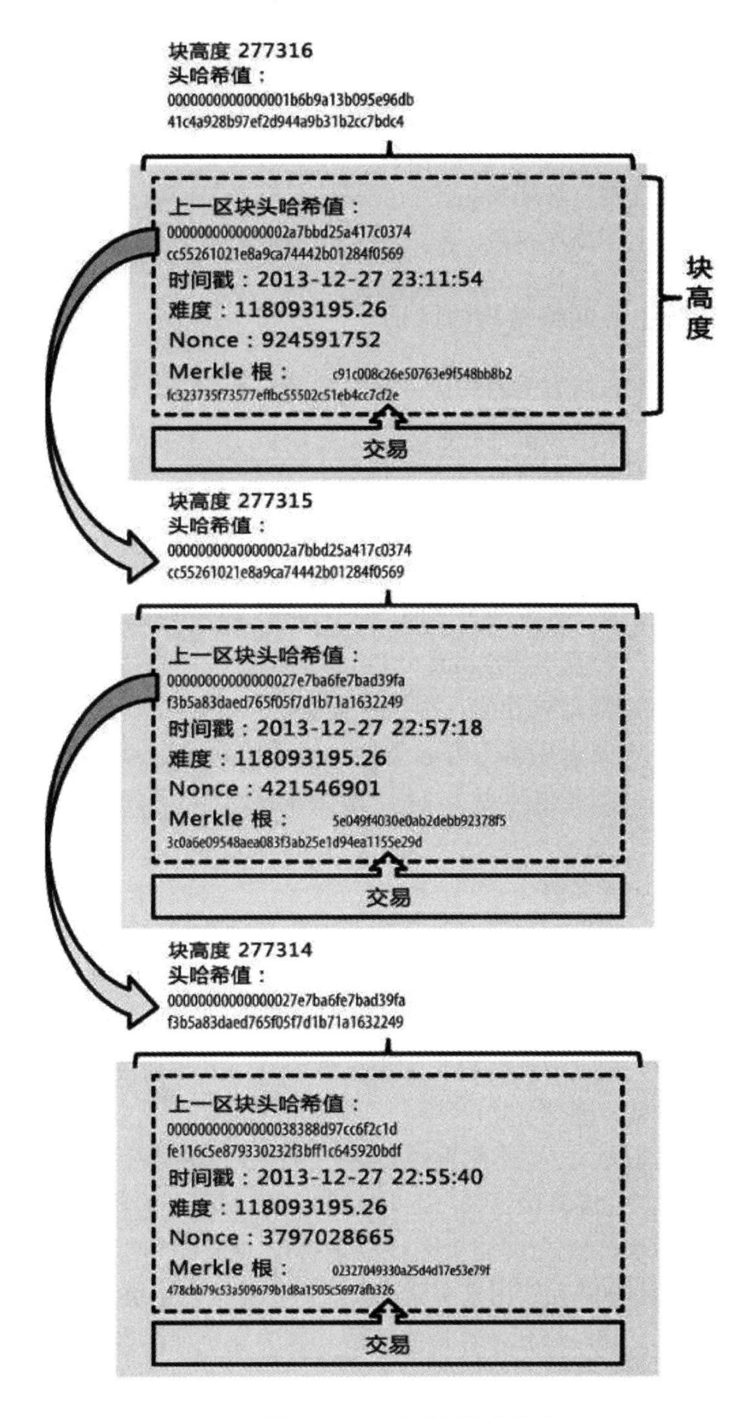

图 1-1　一个完整区块的构成

2. 区块链

区块链(Blockchain)是区块按照事件发生的时间先后顺序，通过区块的哈希值串联而成的，是区块交易记录和状态变化的日志记录。区块所串联形成的“链”如图 1-2 所示。

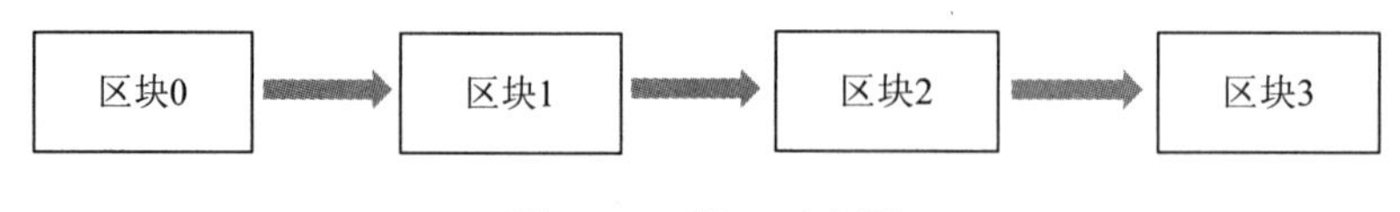

图 1-2　“链”示意图

区块以链条的形式连接，环环相扣，新交易信息一产生，就会被迅速记录成为一个新的区块，连到链条上，逐次累积，形成一个涵盖全部历史交易信息的超级账本。

1.1.2　区块链与传统中心网络结构的区别

区块链可以说是一本将所有节点连成一个链条的分布式公共账本，还是一种点对点的记账系统，其中每一个节点都能在区块链上记录信息。区块链的基本理念是通过建立一个基于网络的公共账本(数据区块)，由网络中的全部参与用户一起在账本上记账，且可用于验证信息的有效性。

传统的中心网络结构是每个节点都要连接到中心服务器才能和其他节点进行信息交换，如果中心服务器故障，各个节点之间就无法通信，整个网络就会陷入瘫痪。

而区块链系统，是一种点对点(Point to Point，简称 P2P)的结构，一个节点是一个数据库。任何一个节点都是对等的，都可以完整地处理信息和交易，并且可以直接连接另外一个节点，中间无需第三方服务器。当其中两个节点发生交易的时候，这笔加密的交易就会广播到其他节点上 (相当于进行记账)，这便可以防止交易双方篡改交易信息。

假设有这样一个区块链案例：

有个 100 人的村子，以前村民都是通过村长进行各种金钱来往，赵大从王五那里买一头猪需要给 1000 元，赵大告诉村长这件事情，村长就通过赵大在村里开设的账户把钱转到王五的账户里，如果村长不操作，这个钱就不能进入到王五的账户上，在这个交易过程中，只有赵大和王五还有村长知道这件事情，其他村民都不知道。作为村长，只有他知道村里的每一笔交易。

后来村长觉得自己年龄大了，不想再操心这些事情了，就引入了区块链交易系统。在这种模式下，赵大可以直接将自己账户上的 1000 元转到王五的账户里；同时这笔交易信息也会同步广播给全体村民(即整个区块链系统)，这就相当于在村子的大喇叭里广播：“赵大给王五转了 1000 元钱用来买猪，大家做个见证，记录一下。”当村里的其他人知道并确认了这笔交易，交易才算最终完成。因为这笔交易被加密处理过，只有王五才能收到这 1000 元，而其他 98 人只能在交易记录中看到这笔交易信息。

除此之外系统可完整地记录整个交易过程，从而溯源整个交易过程。假设赵大把这1000元误转给了李四，因为交易被加密，李四在没有密钥的情况下无法得到这笔钱。还有一种情况是赵大发起1000元的转款后突然后悔，想私自把转款的1000元改成100元，那么他需要将其他98人的账户内之前的交易信息都由1000元改成100元才可以，这实现起来相当困难。如果全网节点足够多(也就是知道交易记录的人足够多)，这样的修改就需要极高的成本(远高于交易成本)，因而理论上这种修改是不能实现的。但是在之前的结构中，村长是可以把这1000元的记录改成100元的，而且只要村长不配合，就无法核对这条信息的准确性。而在区块链系统中的交易，可以在没有担保人(去中心化)作为中介的情况下，全村人共同构成一个点对点网络，为村民之间的交易提供担保。

这个案例展示了区块链的特性，我们可以很直观地看出传统中心化网络和区块链之间的差异。

1.1.3 区块链与数字货币的关系

每当提到区块链时，很多人都会把它看成比特币。虽然区块链技术可以说是来源于比特币，甚至“区块链”的命名也来源于比特币，但是区块链和比特币并不能混为一谈。

从区块链的应用发展历程来看，区块链技术源于比特币，类似发动机技术源于汽车，但也可应用于轮船、火车等。比特币是区块链的成功应用方向之一，区块链是比特币的底层技术与基础架构。比特币与那些模仿它的其他货币(即基于区块链技术开发的其他数字货币)，只是区块链的第一阶段的应用，并不意味着区块链只能应用在比特币或数字货币上。

区块链按访问与管理的权限可分为公有链(Public Blockchain)、联盟链(Consortium Blockchain)和私有链(Private Blockchain)。公有链是完全开放的一种区块链，全世界的人都能参与系统维护的工作，联盟链与私有链则是有限群体或组织参与的区块链。公有链上都有数字货币，而联盟链和私有链一般没有数字货币。这是因为公有链是完全去中心化的，没有一个中心化的机构来管理和维护，要想让大众参与到公有链的开发、管理和维护当中，就必须要设置一定的激励机制，吸引大众参与，这个激励机制就是数字货币。公有链离开“币”的概念难以存活，这是因为公有链的开发、维护和节点的建设、运行，都需要社会大众的参与和付出。另外，公有链对“币”的依赖部分源自其共识算法。一般来说，公有链共识算法的核心思想是通过经济激励来鼓励节点对系统的贡献与付出，通过经济惩罚来阻止节点作恶，这种激励与惩罚的载体就是“币”。没有基于“币”的、合理的经济模型，就没有人愿意参与到公有链的开发及维护中。联盟链和私有链与上述情况完全不同。联盟链或私有链参与节点的投资和收益都是较为特殊的，参与者希望从链上获得可信的数据或共同完成某种业务，所以他们更有义务和责任去维护区块链系统的稳定。因此，PBFT(Practical Byzantine Fault Tolerance，实用拜占庭容错)及其变种算法成为在这种场景下的首选算法。这样，系统中一般也就不会出现“币”的概念。

从区块链技术的发展过程来看，区块链是多种技术的集成，包括智能合约、共识算法、对等网络、账本数据存储、安全隐私保护等，其本身也在不断进行技术创新。而比特币只是区块链多种技术整合的一种形式，比如，比特币提供的脚本非常简单，该脚本的表达能力并非图灵完备的；比特币采用工作量证明(PoW)的共识算法，而工作量证明的共识算法仅是多种共识算法中的一种；在安全隐私保护方面，比特币通过简单的地址匿名实现对隐私的保护，而区块链技术可使用同态加密、零知识证明等方法实现更广泛、更严格的隐私保护需求。用不同的技术组合可以把区块链应用到不同的企业级应用之中。

随着越来越多的政府和企业使用区块链技术，隐私保护的要求逐步提高，如保护交易者身份、交易的内容(转账金额、物流追溯中的位置等)。每个记账节点都需要在隐私保护、数据密文传输存储的前提下验证交易的合法性。不同应用的隐私保护需求不尽相同，很多需求在数字货币中是没有的，因此需要发展区块链技术来解决这些问题。另一个要考虑的区块链技术发展需求是监管的要求，其前提是要保证现实中公司之间的商业往来都合规、满足监管要求，这就为区块链技术带来了新的挑战。当前一些监管问题已经找到了解决方案，其他的问题还在继续研究开发中。

另外，资本市场对于数字货币的青睐为区块链的发展提供了资源和机会，而区块链的不断发展又为数字货币类的应用提供了更加可靠的保障，这也加固了资本市场的投资信心，二者构成了相辅相成的关系。

1.2　区块链的特性与层级结构

1.2.1　区块链的特性

1. 匿名性(Anonymous)

因为区块链每个节点间的数据交换都遵循固定算法，它的数据交互是无须信任中介的(区块链中的程序规则会判断数据的有效性)，所以交易的双方不用通过公开身份让对方信任自己。传统交易都要公开身份，并且要找个双方都信任的中介(一般是银行或者政府)。

2. 自治性(Autonomous)

区块链技术尝试通过构建可靠的自治网络系统，力求从根本上解决价值交换和转移中存在的欺诈与寻租的现象。在具体应用中，区块链采用基于协商一致的规范和协议(一套公开透明的算法)，各个节点都要按照这个规范来操作，这样就使所有的工作都由机器完成，对人的信任改成了对机器的信任，任何人为的干预都不起作用。

3. 开放性(Openness)

区块链的系统是开放的，除了数据的直接关联方的私有信息通过非对称加密技术被加密外，区块链中的数据对所有节点都是公开的，因此整个系统信息具有高度的透明性。

4. 可追溯(Traceability)

区块链系统通过区块数据结构存储创世区块后发生的全部数据，区块链上的任意数据都可以通过链式结构追溯它的本源。

5. 不可篡改(Tamper Proof)

交易信息被添加到区块链上后，就会被区块链上的所有节点共同记录下来，并可以通过加密技术确保此交易信息与在它之前和之后加至区块链中的信息互相关联，因此对区块链中的某条记录进行更改的难度与成本很高。

各区块头都包含了上一个区块数据的哈希值，这些哈希值通过层层嵌套的方式将所有区块串联起来，就形成了区块链。区块链里包括了自该链诞生以来所发生的所有的交易，如果要更改一笔交易，这该区块之后的所有区块的父区块哈希值都要更改，这要通过大量的运算，同时要掌握全网 51%以上的算力。但是，如中本聪所说“如果一个贪婪的攻击者有能力比诚实矿工(区块链中的专业述语，指参与记账的个体)控制更多 CPU 算力，他将被迫进行选择，是通过欺诈以偷回其支付的款项(即双花攻击)，还是通过诚实工作生成新的货币。他应当会发现，按照规则行事更加有利可图，这样的规则有利于他比其他联合起来的每一个人获取更多的新货币，也比破坏这个系统使得其自身财富的有效性受损更好。”

6. 集体维护(Collectively Maintain)

区块链系统是由具备维护功能的节点共同维护的，所有节点都能通过公开的接口查询数据与开发应用。

7. 无须许可(Permission-less)

区块链系统中所有的节点都可以请求将任易一笔交易添加到区块链中，但仅在所有用户都认为这条交易合法的情况下才能进行交易。

8. 去中心化(Decentralization)

去中心化最早是指互联网发展过程中形成的社会关系形态与内容产生形态，是相较于“中心化”而言的新型网络内容的生产过程。在区块链系统中，每笔交易信息都会被记录在每一个节点的账本中，每新增一笔交易，所有节点也都能成为该笔交易的“检查站”，并且使用密码学原理检测其正确性。由此，即使没有交易中心，各种交易仍能安全运行。由于区块链系统中没有中心节点，不仅信息透明度大幅提升，还不会有因中心节点出错而导致全盘皆错的安全性问题。

1.2.2　区块链的层级结构

区块链系统一般由数据层、网络层、共识层、激励层、合约层和应用层组成。其中，共识层主要封装了各种共识算法。激励层将激励机制融入区块链技术体系中，包括经济激励的发放机制和分配机制。合约层主要封装各种脚本、算法和智能合约，是区块链可编程特性的基础。应用层封装了将区块链应用于各种应用场景的应用程序。在模型中，基于时间戳的块链结构、分布式节点的共识机制，基于共识算法的激励机制以及灵活可编程的智能合约是区块链技术最具代表性的创新点。数据层、网络层和共识层是构建区块链应用的必要因素，而激励层、合约层和应用层则不是每个区块链应用的必要因素，一些区块链应用程序并不完全包含这三层。区块链的层级结构如表 1-3 所示。

表 1-3　区块链的层级结构

1. 数据层(Data Layer)

数据层是整个区块链技术中最底层的数据结构，它描述了从创建区块开始的区块链结构。它包含区块数据、链式结构、各式函数、时间戳、数字签名、非对称加密等信息。

2. 网络层(Network Layer)

网络层包括分布式组网机制、数据传输机制、数据验证机制等。网络层主要是通过 P2P 技术实现的，所以区块链在本质上可以说是一个 P2P 网络(后文将详细介绍 P2P

网络)。

3. 共识层(Consensus Layer)

共识层主要包括共识算法和共识机制，使分散在全球各地的区块链节点遵循一定的原则，使由谁添加区块，由谁验证节点信息，如何获得系统奖励等区块链上的各项事务达成一致。它是区块链的核心技术之一，也是区块链社区的治理机制。目前已有十多种共识机制算法，其中最著名的有工作量证明机制、权益证明机制和授权证明机制。

4. 激励层(Actuator Layer)

激励层将经济因素融入区块链技术体系中，主要包括经济激励的发放机制和分配机制。其功能是提供一定的激励，鼓励节点参与区块链的安全验证工作。激励层主要出现在公有链上，因为在完全去中心化的公有链上，只有奖励记账节点，才能调动节点参与记账的积极性，同时，必须对不符合规则的节点进行惩罚，才能让整个系统往一个良性循环的方向发展。所以激励机制往往也是一种博弈机制，让更多遵守规则的节点愿意记账。在私有链中，不一定需要激励机制，因为参与记账的节点往往在链外完成记账，也就是说，可能存在强制性或其他要求让参与者进行记账。

5. 合约层(Contract Layer)

合约层主要包括各种脚本、编程代码、智能算法和智能合约，是区块链编程的基础。通过合约层将代码嵌入到区块链中，实现可定制的智能合约，在满足一定约束条件时，无需第三方即可自动执行，是区块链实现机器信任的基础。

6. 应用层(Application Layer)

应用层封装了区块链面向各种应用场景的应用。例如，在以太坊上构建的各种区块链应用程序都部署在应用层。应用层类似于 Windows 操作系统上的应用、互联网浏览器上的门户网站、搜索引擎、电子商城或移动终端上的 APP。开发人员在以太坊、EOS、QTUM 上部署区块链技术应用，并将其部署到现实生活的场景中。

1.3 区块链的分类

根据网络范围和参与节点的特点，区块链可以分为公有链、联盟链和私有链。表1-4 是三类区块链特性的对比。这里首先对表中术语做简要的介绍。

(1) 共识机制：在分布式系统中，共识是指所有参与节点通过协商协议达成一致的过程。

(2) 去中心化：相对于中心化而言的一种成员组织方式，每个参与者高度自治，参与者之间自由连接，不依赖任何中心系统。

(3) 多中心化：介于去中心化和中心化之间的一种组织结构，各个参与者通过多个局部中心连接在一起。

(4) 激励机制：鼓励参与者参与系统维护的机制，比如比特币系统对于获得相应区块记账权的节点给予比特币奖励。

表 1-4 三类区块链特性对比

对比内容	公有链	联盟链	私有链
参与者	任何人自由进出	联盟成员	个体或公司内部
共识机制	PoW/PoS/DPoS 等	分布式一致性算法	分布式一致性算法
记账人	所有参与者	联盟成员协商确定	自定义
激励机制	需要	可选	可选
中心化程度	去中心化	多中心化	(多)中心化
突出特点	信用的自建立	效率和成本优化	透明和可追溯
承载能力	3～20 笔/秒	1000～1 万笔/秒	1000～20 万笔/秒
典型场景	数字货币、存证	支付、清算、公益	审计、发行

区块链目前分为公有链、私有链和联盟链三大类。这三种模式各有侧重，其应用场景和功能以及基于它们的经济生态模式各有不同。

1.3.1 公有链

公有链(Public Blockchain)的任何节点对所有参与者开放，每个用户都可以参与区块链的计算，任何用户都可以下载一个完整的区块链。

公有链中没有中心化的管理组织。任何节点都拥有平等的权利和义务，其系统中的数据块由整个系统中具有维护功能的节点共同维护。共识过程确定哪些块可以添加到区块链上来确认当前状态。同时，任何在系统内的用户都可以通过激励层的 token(通证)进行交易和领取奖励。公有链是一个完整的区块链系统，该系统除了用自身的管理组织和分布式自治组织来进行管理外，任何其他组织、个人都无权干涉。

作为一个完全去中心化的系统，公有链的安全由加密系统进行维系，并通过项目团队的运营使公有链的安全性和稳定性不断提升。项目团队通过不同的共识机制将经济激励和加密数字验证相结合，并遵循区块链传统的激励原则，即每个人从中都可获得经济激励。在这个系统内，人人都能参与挖矿(区块链的专业述语，即将一段时间内区块链系统中发生的交易进行确认，并记录在区块链上，形成新的区块)和系统生态建设，所有人都是平等的，从而达成完全去中心化的共识。

公有链一般会通过项目代币机制来鼓励参与者竞争记账，确保数据的安全性。从应用上说，公有链包含比特币、以太坊、超级账本及智能合约。

目前，大多数公有链项目都是在以太坊平台上搭建的，因为以太坊是可以被编程的区块链，项目方完全可以按照自己的意愿进行复杂的编写操作来创建自己的公有链项目。

公有链为了达成所有人的共识，需要更多的时间、更多的算力资源去验证并记录每一步操作，并且这些公开、透明、可追溯的记录也会完全暴露在所有人的面前，一些存储着大量资金、安全性低的节点，极有可能被黑客盯上。因此公有链项目总是面临着同时兼具高可用性、高安全性和高效率的技术难点。在实际操作中，如何在去中心化的前提下提高公有链的处理能力，保护用户隐私，同时又符合当地法律法规的要求，这是一个需要我们通过长时间尝试去解决的问题。

公有链的经典案例是比特币系统。比特币开创了去中心化数字货币的先河，并充分验证了区块链技术的可行性和安全性。比特币本质上是一个分布式账本加上一套记账协议。但比特币尚有不足，在比特币体系里只能使用比特币一种符号，很难通过扩展用户自定义信息结构来表达更多的信息，比如资产、身份、股权等，从而导致扩展性不足。以太坊的诞生是为了解决比特币的可扩展性问题。以太坊通过支持一种图灵完备的智能合约语言，极大地扩展了区块链技术的应用范围。以太坊系统也有一个以太坊地址，当用户向合同地址发送交易时，合同便被激活，然后根据交易请求预先约定的合同自动运行。

公有链环境中，节点数量不定，节点实际身份未知，某节点在线与否也无法控制，甚至极有可能被一个蓄意破坏系统者控制。在此种情况下，怎么保证系统可靠可信呢？实际在大部分公有链环境下，主要通过共识算法、激励或惩罚机制、对等的网络数据同步保证最终链上信息的一致性。

公有链系统存在的主要问题如下所述。

1. 效率问题

现有的各类 Po*共识(Proof of XXX)，如比特币的 PoW(Proof of Work)及以太坊计划推出的 PoS(Proof of Stake)，都具有一个很严重的问题，即产生区块的效率较低。由于在公有链中，区块的传递需要时间，为了保证系统的可靠性，大多数公有链系统通过提高一个区块的产生时间来保证产生的区块能够尽可能广泛地扩散到所有节点处，从而降低系统分叉(同一时间段内多个区块同时产生，从而使区块链从原先的一条链分叉成多条链)的可能性。因此，在公有链中，区块的高生成速度与整个系统的低分叉可能性是矛盾的，即必须牺牲其中一个方面的特点来提高另一方面的性能。同时，由于潜在的分叉情况，可能会导致一些刚生成的区块数据回滚。一般来说在公有链中，每个区块都需要等待若干个基于它的后续区块生成，才能够以可接受的概率认为该区块是安全的，而这大约需要一个小时。在基于比特币生成 6 个后续区块之前，比特币中的区块还不能被认为是安全的，这对于大多数企业应用程序来说是不可接受的。

2. 隐私问题

目前，在公有链上传输和存储的数据都是公开的、可见的。只有通过“地址匿名”的方式，交易双方才得到了一定程度的保护。相关当事人可以通过分析交易记录获得一些信息。对于一些涉及大量商业秘密和利益的商业场景，这种方式也是不可接受的。另外在现实世界的业务中，很多业务(比如银行交易)都有实名制的要求，因此在实名制的情况下目前公有链系统的隐私保护确实令人担忧。

3. 最终确定性(Finality)问题

交易的最终确定性是指特定的交易最终是否会被包含在区块链中。PoW 等公有链共识算法无法提供实时确定性。即使一个事务被写到一个块中，它也可能在以后被回滚，这只能保证一定的收敛概率。例如，在比特币中，一项交易在一小时后的最终确定性是 99.9999%，这对现有工商业应用和法律环境来说，其可用性有较大风险。

4. 激励问题

为了鼓励参与节点自发提供资源和维护网络，公有链通常设计激励机制，以确保系统的健康运行。但在现有的大多数激励机制下，需要发行类似的比特币或代币，而这又不一定符合各个国家的监管政策。

1.3.2 联盟链

联盟链(Consortium Blockchain)意味着链上的每个节点都拥有完全平等的权利，每个节点都可以在不完全相互信任的情况下实现可靠的数据交换。联盟链的每个节点通常都有对应的实体组织，只有经过授权才能加入或退出网络。联盟链是企业或组织之间的一种联盟模式。

联盟链通常建立在多个身份已知的组织之间，如多个银行之间的支付结算、多个企业之间的物流供应链管理、政府部门之间的数据共享等。因此，联盟链系统一般要求严格的身份认证和权限管理，节点数量也在一定时间内确定，适合处理需要组织间达成共识的业务。

联盟链的特点如下所述。

1. 效率较公有链有很大提升

联盟链的参与者在现实世界中已相互了解了对方的身份，并支持完整的成员服务管理机制。成员服务模块提供了成员管理的框架，定义了参与者身份和身份验证管理规则；在一定的时间内参与个数确定且节点数量远远小于公有链，他们对于要共同实现的业务在线下已经达成一致理解，因此联盟链共识算法较比特币 PoW 的共识算法约束更少，共识算法运行效率更高，如 PBFT、Raft 等，可以实现毫秒级确认，吞吐率有极大的提升，可达几百到几万 TPS(全称 Transactions Per Second，事务数/秒，指一秒能处理的事务数。一个事务是指一个客户机向服务器发送请求然后服务器做出反应的过程)。

如果是高频交易，那么联盟链需要提供更高的 TPS 支撑，所以交易的吞吐量是区块链技术应用于企业的交易性能指标。利用联盟链，人们可以在使用区块链技术部分架构的同时支持高并发交易。

2. 更好的安全隐私保护

联盟链可以通过加密分区来实现隐私保护，这与公有链有明显的不同。数据仅在联盟成员内部开放，非联盟成员无法访问联盟链内的数据；即使在同一个联盟内，不同业务之间的数据也会进行一定的隔离，比如 Hyperledger Fabric 的通道(Channel)机制将不同业务的区块链进行隔离；不同的厂商又做了大量的隐私保护增强，比如华为公有云的区块链服务(Blockchain Service，BCS)提供了同态加密，对交易金额信息进行保护；通过零知识证明，保护交易参与者的身份。

3. 不需要代币激励

联盟链中的参与方为了共同的业务收益而共同配合，因此有各自贡献算力、存储和网络的动力，一般不需要通过额外的代币进行激励。

4. 可控可监管

人们用联盟链解决了监管的责任人和管理方面的问题，需要进行认证的准入机制相对安全可控，适合监管。

联盟链也存在一些问题，归纳起来主要有下述几个方面。

(1) 要在控制成本的同时提高性能，就必须要建立和维护高性能的共识算法、高效的智能合约引擎。区块链技术是价值传递的互联网，所有人都需要在公平的条件下进行网络连接，联盟链需要有高性能的共识算法设计，否则就失去了存在的意义。

(2) 联盟链需要有实际使用价值和可操作性。节点需要使用，加盟的企业也需要使用，节点和加密的企业需要用一定的标准进行审核并建立接入工作制度。同时，节点的维护也需要更高的要求，一旦出现节点丧失工作环境的情况，需要迅速进行修复，同时不影响整个生态的运行。另外，在联盟链不影响节点和加盟企业的正常流程的执行的情况下，并入联盟链也是难以实现的操作环节。

(3) 联盟链对于安全隐私的界定是分等级的。传统公有链的应用的源代码是公开的，任何人都可以在上面进行二次开发，这对于联盟链而言是很难实现的。同时，联盟链中商业数据和其他数据的隐私保护也不同于一般意义上的保护。由于监管的需要，这些保护是分等级的。

(4) 联盟链需要有可编程性、可拓展性。每个节点、每个企业要加盟联盟链，首先要有一个智能合约，我们可通过创造一套简单易懂的可执行“语言”或功能全面的协议来帮助节点和加盟节点进行网络生态建设。

与公有链相比，现在联盟链的发展势头更强，但需要注意的是，不能让联盟链变成中心化或多中心化的联盟链。与传统的区块链技术相比，今天的大多数联盟链在实现不可逆转交易或降低集中化风险方面没有提供多少帮助。而集中信任会由于网络审计或故障点的失败使整个网络处于危险之中。

相比之下，在比特币等公有链的框架下，一旦交易完成，任何人都不能更改它，执法部门和参与者都无权冻结资金或处以罚款。联盟链与公有链相比，节点数量较少，所有节点联合起来作恶的成本更小，在安全性上让用户无法完全放心。

目前，联盟链的应用场景多集中在通过应用区块链技术来实现信息的不可篡改方面，以提升票据流转的安全性，提高资金管理效率，同时又为客户提供移动端的信用结算产品。在一个去中心化体系下，人们可以利用联盟链建立企业与金融机构的信任关系，提高数字资产可信度，从而降低企业的融资成本。区块链技术可以将部分行业数据转化为受保护的虚拟资产。

1.3.3 私有链

私有链(Private Blockchain)和公有链是一个相对的概念，所谓私有链是指不对外开放，只在内部使用的区块链。私有的区块链中，只有授权的节点可以参与和查看所有数据。

私有链一般适用于特定机构内部的应用场景，比如企业内部的票据管理、账务审计、供应链管理。私有链也可以被应用于政府工作中，如政府部门内部的管理系统、政府预算执行、行业数据统计等，公众享有监督权。

从本质上讲，相较于完全公开、不受控制、不受监管并通过加密技术来保证网络安全的公有链系统，私有链可以创造出访问权限控制更为严格(这样的区块链系统并非任何人都可以参与)、也不需要设计激励层的代币。

通过对比公有链和私有链，可以更好地理解私有链的含义，即私有链系统是针对某一部分特定的群体和行业而创建的。同时，私有链系统依然保留着区块链部分技术架构与部分去中心化的特性。虽然私有链背离了区块链技术完全去中心化的初衷，但是在实际应用中，以区块链技术来解决某些私有链范围内的问题明显是效率很高的方式，或者说在某些不需要完全去中心化的领域，私有链同样可以有很好的应用场景。

私有链没有通证(即以数字形式存在的权益凭证)的设计，因此它的生态的运营和发展完全依赖于私有链中心化的管理，其生态的可持续性和工作效率是值得探讨的问题。

私有链通常都有完善的权限管理系统，要求用户提交身份认证。在私有链环境中，参与者的数量和节点状态通常是确定且可控的，其节点数量比公有链小得多。

私有链的价值主要在于提供一个安全、可追溯、自动化的计算平台，同时可以防止来自内部和外部的恶意数据攻击。

私有链的特点如下：

(1) 更加高效。私有链的规模一般较小，同一个组织内已经有一定的信任机制，即不需要对付可能捣乱的坏人。私有链可以采用一些非拜占庭容错类、对区块进行即时确认的共识算法，如 Paxos、Raft 等，因此确认时延和写入频率较公有链和联盟链都有很大的提高，甚至与中心化数据库的性能相当。

(2) 更好的安全隐私保护。私有链大多位于组织内部，可以充分利用现有的企业信息安全保护机制。同时，信息系统也是组织内部的信息系统，对隐私保护的要求较联盟链弱。相比传统数据库系统，私有链的最大好处是加密审计和自证清白的能力强，没有人可以轻易篡改数据，即使发生篡改也可以追溯到责任方。

1.4　区块链的价值

人是各种社会关系的总和。有人之处就有江湖，有江湖就有纷争。纷争的本质大多是利益纠纷，而为了解决利益纠纷问题，人类发明了各种中介机构，也就是引入一个“公正”的第三方来解决人们之间相互不信任的问题。于是，各类商业平台、支付第三方、P2P 理财、房屋中介、婚介中心等中心化的中介机构应运而生，也在一定程度上发挥了其作为一个中立第三方的作用，成就了更高效的物质或信息资源的交易或交换。然而，随着市场的发展和竞争的日趋激烈，中心化中介机构的一些弊端逐渐显露。由于整个系统都依赖一个中心化的第三方来进行维护，因此当这个中心里有人因为利益原因开始作恶时，整个系统的公平性甚至安全性就会遭到破坏。中心作恶导致参与者蒙受损失的事件层出不穷，如 P2P 爆雷、多个平台用户数据隐私被泄露甚至被恶意兜售、商业平台与商家勾结欺骗消费者、婚介诈骗等，本来为了解决信任问题而引入的中心现在成了最大的信任问题。

区块链是人类迄今为止去中心化和解决信任问题最具革命性的一次探索。通过编码，可以让机器代替第三方中介来监督各种合同的履行，既提高了工作效率，又防止了第三方的作恶行为。

1.4.1　区块链缩短了信任的距离

人类近代生活方式的改变与进步，无不与科学技术的发展有着直接的关系。巧合的是，每一次变革都伴随着某种意义上的“距离”坍塌，而这些变革正在一定程度上缩短这种“距离”，为人们带来便利。技术变革与距离的关系如图 1-5 所示。

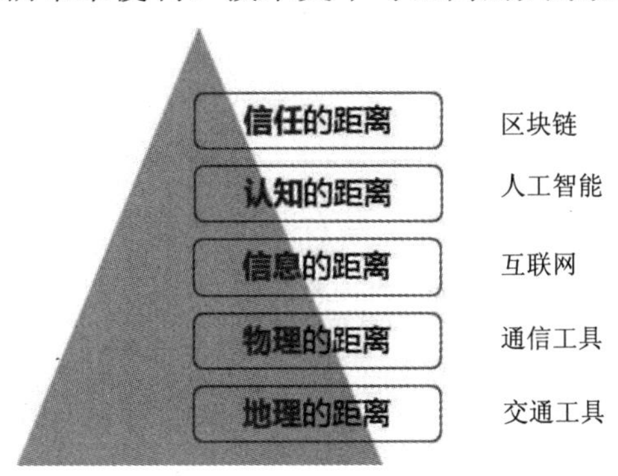

图 1-5　技术变革与“距离”

交通工具的出现，缩短了人们在地理上的距离。当地理的距离缩短之后，人们的需求又上升到了信息的层次。一开始我们使用信件、电报交换文字信息，然后发展到使用电话交换语音信息，紧接着随着互联网的兴起，数字信息的壁垒被彻底打破，我们不再畏惧信息的形式，有互联网作为载体，我们可以便利地以各种形式交换信息数据，生活的便利性大大提高。

然而，便利的互联网也带来了信息量的高速膨胀，人们在面对海量的信息时，很容易陷入迷茫，难以获取真正需要的信息。人工智能的出现解决了人们面对海量信息的困惑，海量数据非但没有成为负担，反而为人们认知世界提供了新的契机，这恰恰缩短了认知的距离。不过，此时人们要获得有效信息依然要依赖各类中间机构对信息的收集和整理，靠单纯的人与人之间的信息传递往往难以获取有效可信的信息。

在这样的背景下，区块链技术应运而生。区块链技术正是以解决人们信任的距离为目标，让信息变得开放、透明、可追溯、不可篡改，人们可以在没有任何中心机构参与的前提下实现价值交换，人与人之间的交互得以进一步简化。

1.4.2　区块链的价值及前景

以比特币为代表的区块链技术的社会化实验，首次实现了真正去中心化的价值交换系统，保证了数字货币交易系统能够长期安全、稳定地运行。随着区块链技术的快速发展，它必将在更多领域和更深层次上影响和改变商业社会的发展。区块链技术对商界的影响主要体现在以下三个方面。

1. 降低社会交易成本

区块链系统的去中心化决定了所有的交易都是由参与者通过分布式共享账本的共识机制建立起来的，参与者可以通过区块链网络提交、确认和跟踪交易内容。这简化了传统交易模式冗长的交易审核、确认等程序，甚至不再需要重复进行对账、价值结算、交易结算等操作，从而使社会交易成本显著降低。

2. 提升社会效率

随着区块链技术在经济社会各个领域的应用，将会优化各个领域的业务流程，降低运营成本，提高协同效率。以金融领域的情况为例：当前的金融体系是一个复杂而庞大的体系，银行间的交易和跨国交易往往依靠各种“中介”组织来实现；交易效率低下，大量资产在交易过程中被锁定或延迟。借助区块链系统的去中心化系统，可以实现社会上的投资交易实时结算，大大提高投资交易效率。将交易场景扩展到其他领域，各种需要依靠“中介”来现场解决信任的问题，或者依靠来回检查解决信息一致性的问题，现在都可以用区块链技术解决。区块链技术作为一种解决方案，可以大大减少交易的操作步骤和人力，减少对中心化机制的依赖，提高效率。

3. 交易透明可监管

信息的实时性和有效性是监督效率的关键。除涉及个人隐私或商业秘密的案件外，区块链技术还能有效实现交易透明化和防篡改的特点。监管机构还可以通过智能合约实现实时透明监管，甚至实现交易合规检查和欺诈检测的自动化。

互联网技术一直处于飞速发展的状态，给人们带来了极大的便利，同时也给人们的生活方式带来了巨大的创新。而区块链技术的发展过程类似于互联网，从表 1-6 可以看出，区块链的更新发展与互联网的更新发展呈现出非常相似的循环变化规律。不同之处在于区块链有更短的周期和更快的迭代。

表 1-6　互联网与区块链发展对比

互联网(10 年尺度)	区块链(5 年尺度)
1974—1983 年 ARPANet 实验网络	2009—2014 年 比特币实验网络
1984—1993 年 TCP/IP 基础协议确立 可拓展基础构架完成	2014—2019 超级账本、以太坊等 基础协议和框架探索
1990—2000 年 HTTP 开始被应用 正式向商用领域开放	2018—2023 年 核心协议探索中 商业应用加速 商业协同网络
2000 年以后 互联网普及	

1.5　区块链的发展

全球新一轮科技革命和产业变革正在深入发展。区块链作为分布式数据存储、点对点传输、共识机制、加密算法等技术的综合应用，被认为是继大型机、个人电脑、互联网之后计算模式的颠覆性创新，并可能在全球范围内引发新的技术创新和产业变革。

区块链技术从问世以来，通过技术和商业模式上的探索，区块链技术的价值也在不断凸显，新的技术架构和商业模式也在不断出现。从技术和商业价值角度看，我们可以把区块链分成三个时代。

1.5.1　区块链 1.0 时代

区块链 1.0 时代是以比特币为代表的虚拟货币时代，它代表了虚拟货币的应用，包括虚拟货币的支付、流通等功能。它主要具有去中心化的数字货币交易和支付功能，目标是实现去中心化的货币和支付手段。

比特币是区块链 1.0 时代最典型的代表。区块链的发展得到了欧美等国家市场的接受，同时也催生了大量的货币交易平台，不仅实现了货币的部分职能，还能够实现货品交易。区块链 1.0 时代只满足虚拟货币的需要，虽然区块链 1.0 时代的蓝图很庞大，但是无法普及到其他的行业中。区块链 1.0 时代还涌现出了大量的山寨币。

比特币的数字货币属性和交易性能只是区块链技术的第一个应用场景。人们通过对比特币架构的理解，对交易性能和基于区块链技术的应用展开了无数的联想，因此，区块链技术进入了 2.0 版时代。

1.5.2　区块链 2.0 时代

如果说以比特币为代表的区块链 1.0 时代为价值传输提供了新的思路和技术手段，那么以以太坊为代表的区块链 2.0 时代则极大地扩展了区块链的应用场景，使区块链的商业应用成为现实。

以太坊将智能合约引入区块链，使区块链跳出了“数字货币”的限制，这是区块链技术的重大飞跃。

以太坊是一个图灵完备的基础协议，与比特币的预编程系统不同，以太坊是一个灵活的、可编程的区块链。以太坊网络允许开发者创建不同复杂性的去中心化应用程序(Decentralized Applicotion，DPP)来满足他们的需求，其应用程序形式已从社交网络发展到在线交易、游戏开发。从这个意义上讲，以太坊是一个平台，开发者可以在这个平台上开发各种应用，如微信 App、支付宝 App 等(与普遍 App 不同，区块链 App 被称为 DApp)。

以太坊代表区块链 2.0 时代的另一个重要原因是，它提出并使用了“智能合约”。智能合约是一组以数字形式为定义的承诺，包括合约参与者，都可以执行这些承诺的协议。智能合约可以看作是为代码执行而定义的一组交易规则，意味着一旦“智能合约”的条款被触发，代码就会自动执行。

1.5.3　区块链 3.0 时代

区块链 3.0 时代超越了数字货币或者金融领域的应用范畴，将区块链技术作为一种泛解决方案，可以在其他领域应用，比如行政管理、文化艺术、企业供应链、医疗健康、物联网、产权登记等。可以认为区块链 3.0 时代是面向行业应用的。

区块链 3.0 时代的应用场景涉及生活的方方面面，因此区块链 3.0 将变得更加实用，使各行各业不再依靠第三方或机构来获得信任和建立信用，通过信任的实现来提高整个系统的效率。

区块链 1.0 时代专注于数字货币；区块链 2.0 时代的代表内容之一是智能合约，可应用于金融市场；区块链 3.0 时代将适用于更多场景，甚至将迎来“区块链的时代”。

1.5.4　区块链常见应用场景

在适用条件下，区块链能解决金融、公益、监管、打假等很多领域的痛点难点问题，使传统的商业模式得到了新的发展。

金融服务是区块链技术的第一个应用领域。区块链技术可以解决金融领域中支付、资产管理、证券等方面的痛点问题。

以支付领域为例，账户检查、清算和结算的费用对于金融机构，特别是跨国金融机构，是相对较高的，这不仅会使在客户端和后台业务的金融机构成本提高，同时也使得小额支付企业业务难以开展。区块链技术的应用有助于缩短金融机构之间的对账时间，降低解决纠纷的成本，显著提高支付业务的处理效率。此外，区块链技术低成本和高效率的优势，使金融机构能更好地处理过去因成本高而被认为不现实的小额跨境支付业务，为普惠金融的实现做出贡献。

在公益领域，区块链技术也有很大的潜力。蚂蚁金服第一个涉及区块链的应用场景是公益。它帮助一群听障儿童获得捐赠，同时利用区块链技术推动公益更加公开透明。

在打击假冒商品的斗争中，区块链技术可以发挥很大的作用。采用区块链技术可以追溯产品的原产地。目前，有很多产品都采用区块链追溯系统，用户可以用自己的手机扫描相应的商品码，就可以知道产品是否是正品以及产品的流转过程。不同于以往要求用户输入商品信息才可验证。区块链还能让一批“记账员”公平、独立、不可抵赖地完成记账。

区块链技术也可以在金融监管中发挥作用。从2017年金融区块链合作联盟(深圳)发布的《FISCO BCOS金融区块链底层平台白皮书》可以看出，区块链为金融监管机构提供了一致且易于审计的数据。通过跨机构区块链的数据分析，可以比传统的审计流程更快、更准确地监管金融业务。例如，在反洗钱场景中，每个账户的余额和交易记录都是可追溯的，任何交易的环节都在监管的视线之内，大大提高了反洗钱的力度。

1.5.5 区块链的价值和作用

虽然区块链技术仍然在可扩展性、隐私性和安全性等方面存在问题，开源项目还不成熟，但现有的应用已经充分展示了区块链的价值。在未来一段时间内，随着区块链技术的不断成熟，其应用将带来以下方面的价值和作用。

1. 推动新一代信息技术产业发展

区块链技术的深入应用，将为云计算、大数据、物联网、人工智能等新一代信息技术的发展创造新的机遇。例如，随着万向区块链、微众银行等重点企业不断推进BaaS(Blockchain as a Service)平台的深入应用，将带动云计算和大数据的发展。这样的机遇将有利于信息技术的升级，也将有助于促进信息产业的跨越式发展。

2. 支持经济社会转型升级

随着区块链技术在金融服务、供应链管理、文化娱乐、智能制造、社会福利、教育就业等经济社会领域的广泛应用，将优化各行业的业务流程，降低运营成本，提高协同效率，为经济社会转型升级提供系统支撑。例如，随着区块链技术在版权交易和保护中的应用不断成熟，它将对促进文化娱乐产业的转型发展起到积极的作用。

3. 培育创新创业新机遇

国内外现有的应用实践证明，区块链技术作为大规模协作的工具，可以将不同经济体的交易广度和深度提升到一个新的水平，并能有效降低交易成本。例如，上海万向区块链股份公司结合“创新能源城”建设，打造区块链创业创新平台，不仅为个人和中小企业的创业创新提供平台支持，也为未来区块链技术的应用奠定了基础。可以预见，随着区块链技术的广泛应用，新的商业模式将大量涌现，为创业和创新创造新的机遇。

4. 改善社会管理和治理

区块链技术在公共管理、社会保障、知识产权的管理和保护、土地所有权管理等领域的应用日趋成熟，有效地促进了公众参与，降低了社会成本，提高了社会管理的质量和效率，对促进社会治理发挥着重要的作用。

最后，随着新一轮工业革命的到来，云计算、大数据、物联网等新一代信息技术在智能制造、金融、能源、医疗等行业发挥着越来越重要的作用。从国内外发展趋势和区块链技术发展的演进路径来看，区块链技术和应用的发展需要依赖云计算、大数据、物联网等新一代信息技术作为基础设施的支撑，而区块链技术和应用的发展对新一代信息技术产业的发展也具有重要的推动作用。

思考与练习

1. 区块链的定义是什么？
2. 区块链就是数字货币吗？
3. 区块链有哪些特性？
4. 区块链分为哪几类？
5. 联盟链的特点是什么？
6. 区块链 1.0 时代、区块链 2.0 时代、区块链 3.0 时代的核心代表分别是什么？

第 2 章　区块链技术原理

区块链作为一种只诞生了十几年的技术，确实是一个新兴的概念，但它所使用的基础技术目前是非常成熟的。区块链的基础技术，如哈希运算、数字签名、P2P 网络、共识算法、智能合约等，在区块链兴起之前就已经被广泛应用于各种互联网场景中，但这并不意味着区块链只是新瓶装旧酒，区块链并不是简单地融合现有的技术。例如，区块链中的共识算法和隐私保护得到了创新，智能合约从简单的想法变成了现实。区块链“去中心化”或“多中心化”的颠覆性设计理念，再加上其数据不变、透明、可追溯、自动执行合同等强大的功能，足以掀起一场新的技术风暴。本章将重点讨论 P2P 技术、密码学、共识算法和智能合约等技术的原理及其在区块链系统中的作用。

2.1　P2P 网　络

2.1.1　P2P 网络概述

P2P(Peer to Peer)网络，又称对等互联网技术、点对点技术，是一种无中心服务器、依靠用户群(Peers)交换信息的互联网系统。

P2P 网络消除了中心化的服务节点，将所有的网络参与者视为对等者(Peer)，并在他们之间分配任务和工作负载。在 P2P 网络中，网络涉及的所有主体都是平等的。具体来说，在一定的沟通过程中，P2P 是指双方为某种目的而双向、直接地交换信息和服务，即所有个人都可以是服务提供者和服务请求者。

由于节点间的数据传输不再依赖于中心服务节点，所以 P2P 网络具有很强的稳定性，任何单个或少量节点故障都不会影响整个网络的正常运行。同时，P2P 网络的网络容量没有上限，因为随着节点数量的增加，整个网络的资源也在逐步增加。由于每个节点都能从其他任何节点接收服务，并且由于 P2P 网络中隐含的激励机制会尝试向其他节点提供服务，所以 P2P 网络中的节点越多，P2P 网络提供的服务质量就越好。

与具有中心服务器的中心网络系统不同，P2P 网络的每个客户端不仅是一个节点，还具有服务器的功能。任何节点都不能直接找到其他节点，必须依赖用户群进行信息交换。

P2P 节点可以在互联网上传播，并对任何人、组织或政府(包括开发者)构成监控挑战。P2P 在高隐私要求、文件共享等领域得到了广泛的应用，使用纯 P2P 技术的网络系统包括比特币、Gnutella 和自由网等。

P2P 的概念与因特网(Internet)的历史一样悠久，Internet 设计的初衷就是对等共享，但受限于计算能力，其对等性一般体现在 Internet 核心部分。近年来，由于主机计算性能、存储容量和网络带宽的不断提高，使得 P2P 再次成为人们关注的焦点，P2P 概念有了更广泛的延伸，使位于网络边缘的主机都能参与网络构建与共享，极大地推动了 Internet 的发展。

P2P 是一种分布式网络应用。P2P 分布式访问意味着 P2P 应用运行在一个无稳定连接、无预知 IP 的高度动态环境中，必须具有相当的自治能力。一个没有等级和中心控制的分布式系统，是位于 IP 层之上并提供例如广域路由、数据查询、近邻选择、冗余存储、信任机制、匿名、高容错性等特性的自组织网络。简而言之，P2P 是一个处于应用层的对等共享的分布式系统。所有参与系统的节点处于完全对等的地位，没有客户端和服务器之分，它们既向别人提供服务，也能享受来自别人的服务。

促进 P2P 概念快速发展的推动力来自于第一代 P2P 网络的典型代表 Napster，其采用中央索引服务器记录所有用户共享的资源，并为用户提供检索服务。中央服务器的存在使检索极为高效，但也使 Napster 在后续发展中遭受到版权的困扰，并最终被迫关闭。为了应对版权诉讼威胁，第二代 P2P 网络应运而生，如早期的 Gnutella，其设计者试图采用无中心的方式使组织节点避免单点失效，但其简单的洪泛(Flooding)查询方式也极大地降低了 P2P 网络的可用性。在前两代 P2P 的基础上，第三代 P2P 网络主要从两个方面进行改进：一方面，节点组织采用动态分层方式，部分节点被动态选取扮演局部中心节点，如 KaZaA(著名 P2P 软件)；另一方面，节点组织采用分布式散列表(Distributed Hash Table)技术，以结构化方式提高查询效率(如 Kadmilia，一种基于 P2P 理念的新型网络拓扑结构)。而新一代 P2P 网络不仅关注其自身的优化，也开始考虑 Internet 底层基础设施因素，尝试与 ISP 互联网服务提供商(Internet Service Provider)相互协作，进一步优化 P2P 网络，降低 P2P 网络对底层设施的冲击。

从 P2P 的发展历程可以看出，P2P 网络经历了盲目发展—激烈对抗—和谐共存的三个发展阶段，无论是 P2P 网络的整体行为还是客户端的个体行为，在这个过程中均产生了不同的变化。如今，一个客户端的网络边界已趋于模糊，单个客户端可以跨越多个不同类型的 P2P 网络，使 P2P 网络的行为变得更加复杂、有趣。

近年来，随着主机计算性能、存储容量和网络性能的不断提高，以及网络用户对更直接、更广泛、更自由的信息交换的需求，P2P 架构再次成为人们关注的焦点。P2P 的概念得到了广泛的延伸，互联网的计算和存储模式正在从集中式向分布式转变，从中心服务器向网络终端设备的边缘扩散。无论是服务器、个人电脑还是移动终端设备都可以直接加入到网络的建设中，这极大地促进了互联网的发展。

2.1.2 P2P网络的特点

与传统的C/S架构相比，P2P架构具有以下四个特性：

1. 对等性

P2P网络中的所有节点是服务器的同时也是客户端，对等连接和资源的直接交换不需要集中式服务器的参与。

2. 可扩展性

由于网络中的每个节点都是一个服务提供者，随着系统中节点数量的增加，系统的服务能力也在不断增强，总能满足用户日益增长的需求。从理论上讲，P2P系统就像一个无限的信息仓库，其可扩展性被认为几乎可以是无限的。

3. 顽健性

由于P2P网络不依赖于集中式服务器，因此不存在由单个节点性能造成的系统瓶颈。P2P网络中的数据和资源分布在所有的网络节点上，具有较高的容错性。由于P2P网络具有自组织能力，所以网络能够始终保持较高的连通性，即使少数节点发生故障，对整个系统的影响也很小。该系统能够在节点不断动态地加入和离开网络的同时保持较高的性能。

4. 高效性

随着硬件水平的不断提高，个人计算机的性能、计算存储容量和网络带宽也在不断提高。P2P网络充分利用个人计算机的空闲资源，以较低的成本消耗交换更高的计算和存储容量。

表2-1从多角度对P2P结构和C/S结构进行了对比，我们可以看到P2P结构无论是在成本、服务能力还是在网络延展性方面都具有较大的优势。

表2-1　P2P结构和C/S结构多角度对比

性能	C/S结构	P2P结构
网络基础设施成本	高	低
系统容错能力	低	高
终端设备是否参与网络服务	否	是
系统负载分布	集中	分散
系统可扩展性	差	非常好(可无限扩)
网络可管理性	高	低
服务质量可控性	高	低
安全性	高	低

P2P 网络具有较长的发展历史，典型的代表性技术及发展历程如下所述：

(1) 最早可追溯到 1979 年杜克大学研究生 Tom Truscott 及 Jim Ellis 使用 P2P 结构开发出的新闻聚合网络 USENET。由于当时计算机及计算机网络还处于初步发展阶段，文件的传输需要通过效率较低的电话线进行，集中式的控制管理方法效率极其低下，于是便催生了 P2P 网络这种分布式的网络结构。

(2) 随着 P2P 网络技术的发展，在 20 世纪 90 年代，出现了世界上第一个大型的 P2P 应用网络 Napster，用于共享 mp3 文件。Napster 采用一个集中式的服务器提供它所有的 mp3 文件的存储位置，然后将 mp3 文件放置于千千万万的个人电脑上。用户通过集中式的服务器查询所需 mp3 文件的位置，再通过 P2P 方式到对等节点处进行下载。虽然 Napster 由于版权问题，被众多唱片公司起诉而被迫关闭，但是其所用的 P2P 技术却因此广为传播。

(3) 借鉴 Napster 的思想，Gnutella 网络于 2000 年被开发。这是第一个真正意义上的“分布式”P2P 网络，它为了解决 Napster 网络的中心目录服务器的瓶颈问题，采取了洪泛的文件查询方式：网络中并不存在中心目录服务器，关于 Gnutella 的所有信息都存放在分布式的节点上。用户只要安装了 Gnutella，就会使自己的电脑变成一台能够提供完整目录和文件服务的服务器，并且会自动搜寻其他同类服务器。

2.1.3　常见 P2P 网络的应用

目前，P2P 技术广泛应用于计算机网络的各个领域，例如分布式计算、文件共享、流媒体直播与视频点播、语音即时通信、网络游戏支持平台等。

1. 分布式计算

P2P 技术可以应用于分布式计算领域，将众多终端主机的空闲计算资源进行联合，从而服务于同一个计算量巨大的科学计算。每次计算过程中，计算任务被划分为多个片并分配到参与计算的 P2P 节点机器上。节点机器利用闲置计算力完成计算任务，返回给一些服务器进行结果整合以达到最终结果。世界上最著名的 P2P 分布式科学计算系统是“SETI@home”，它可以召集具有空闲计算资源的用户组成一个分布式计算网络，通过共同分析射电望远镜传来的数据来完成搜寻地外文明的任务。

2. 文件共享

P2P 技术最直接的应用就是文件共享。在这些基于 P2P 的应用中，每个用户都可以上传文件至网络中，供其他用户下载，不需要借助中心服务器存储这些文件。用户下载完成后，下载的文件也可以作为服务端，供更多用户下载。整个网络中下载人数越多，则下载速度越快。完全不会发生传统中心架构网络中因下载数量过多，导致资源抢占，下载速度过慢的问题。目前国内最为流行的 P2P 文件共享方案是比特洪流。除此之外，还有不少各具特性的文件共享协议，如 Gnutella、Chord、Pastry 等。

3. 流媒体直播

P2P 模式应用于流媒体直播也是十分合适的，目前已有许多这方面的研究，其中较为成熟的流媒体直播解决方案有香港科技大学的 Cool Streaming、清华大学的 Grid Media 等。同时，国内也涌现了很多成功的 P2P 流媒体直播商业产品，如 PPLive、PPStream 等。

4. IP 层语音通信

IP 层语音通信(Voice Over Internet Protocol，VOIP)是一种全新的网络电话通信业务，它和传统的公共交换电话网(Public Switched Telephone Network， PSTN)电话业务相比，有着扩展性好、部署方便、价格低廉等明显的优点。目前，最为流行的 P2P VOIP 应用是 Skype，它能够提供清晰的语音和免费服务，使用起来极其方便快捷。

2.2 密码学基础

密码学是区块链的基础。区块链大量运用了各种算法，主要包括哈希算法和一系列加密算法。

2.2.1 哈希算法

1. 哈希算法

根据维基百科定义，哈希算法(Hash Function)又称散列算法、哈希函数，是一种从任何一种数据中创建小的数字“指纹”的方法。哈希函数把消息或数据压缩成摘要，使得数据量变小，将数据的格式固定下来。该函数将数据打乱混合，重新创建一个叫作散列值(hash values，hash codes，hash sums，或 hashes)的指纹。

举例：

• 输入：This is a Hash example!

其哈希值：

f7f2cf0bcbfbc11a8ab6b6883b03c721407da5c9745d46a5fc53830d4749504a

• 输入：

A purely peer-to-peer version of electronic cash would allow online payments to be sent directly from one party to another without going through a financial institution.Digital signatures provide part of the solution，but the main benefits are lost if a trusted third party is still required to prevent double-spending.We proPoSe absolution to the double-spending problem using a peer-to-peer network.The network timestamps transactions by Hashing them into an ongoing chain of Hash-based proof-of-work，forming a record that cannot be changed without redoing the proof-of work.The longest chain not only serves as proof of the sequence of events witnessed，but proof that it came from the largest pool of CPU power.As long as a majority of CPU power is controlled by nodes that are not cooperating to attack the network，they'll generate the longest chain and outpace attackers.The network itself requires minimal structure.Messages are broadcast on a best effort basis，and nodes can leave and rejoin the network at will，accepting the longest proof-of-work chain as proof of what happened while they were gone.

其哈希值：

3143293acc4a9692a3db8460b24f6c0777dbbed03909ad8eeb27849039a5113b

应用中的哈希值通常被称为指纹(Fingerprint)或摘要(Digest)。哈希算法的核心思想也经常被用于内容的编址或命名算法上。

哈希算法在现代密码学中有着十分重要的作用，经常被用来实现数据完整性和实体认证，同时也是构成多种密码系统和协议的安全保障。

2. 哈希算法的特性

一个优秀的哈希算法应该具有正向快速、输入敏感、逆向困难、强抗碰撞等特点。

1) 正向快速

正向即由输入计算输出的过程，对于给定的数据，可以在很短的时间内快速获得哈希值。例如，常用的 SHA256 算法在普通计算机上每秒可以进行 2000 万次哈希运算。

2) 输入敏感

这一特点是指输入信息的任何微小变化，即使是单个字符的变化，都会使生成的哈希值与原始哈希值显著不同。同时，通过比较新旧散列值之间的差异来预测数据内容的变化是完全不可能的。因此，很容易用一个哈希值验证两个文件的内容是否相同。此功能广泛用于错误检查。在网络传输中，发送方发送内容和数据的哈希值，接收器在接收到数据后，只需再次对数据进行哈希运算，并比较输出和接收到的哈希值，以确定数据是否被损坏。

3) 逆向困难

知道输入值后，使用哈希函数进行计算就很容易知道哈希值是什么；但是知道哈希值，却没有办法计算原始输入值。这一特性是哈希算法安全性的基础，是现代密码学的重要组成部分。哈希算法在密码学中有很多应用。这里，我们将以哈希密码为例来说明。当前生活离不开各种账号和密码，但并不是每个人都有为每个账号分别设置密码的好习惯，为了方便记忆，很多人的多个账号都使用同一套密码。这些密码被完好无损地保存在数据库中，一旦数据被泄露，那么用户其他账号的所有密码都可能被暴露，从而带来重大风险。因此，后台数据库中只会保存密码的哈希值，每次登录时，计算出用户输入的密码的哈希值，并将计算出的哈希值与保存在数据库中的哈希值进行比较。由于相同的输入在哈希算法固定时会得到相同的哈希值，因此只要用户输入的哈希值能够通过验证，用户的密码就会得到验证。在该方案中，即使数据被泄露，黑客也无法根据密码的哈希值得到原始密码，从而保证了密码的安全性。

4) 强抗碰撞性

碰撞是哈希函数的一个重要概念，它反映了哈希函数的安全性。所谓碰撞是指两条不同的消息在同一哈希函数的作用下具有相同的哈希值。强抗碰撞性，即不同的输入很难产生相同的哈希输出。当然，因为哈希算法的输出数是有限的，输入是无限的，所以没有一个哈希算法是不会碰撞的。然而，哈希算法仍然被广泛应用，因为只要算法保证碰撞概率足够小，通过暴力枚举获得哈希值对应输入的概率就较小，为此付出的代价也相应较高。因此只要能保证破解的代价足够大，那么破解就没有意义。比如我们买双色球的时候，可以买所有的组合来保证我们会赢，但是成本远远大于收益。一个好的哈希算法需要确保查找碰撞输入的成本远远大于收益。

如果原始消息在传输过程中被篡改，则运行哈希函数后，新的哈希值将与原始值不同，从而很容易检测到消息的完整性在传输过程中是否受到损害。在区块链中，某一块的头信息会存储前一块信息的哈希值。如果可以获得前一块的信息，则任何用户都可以将计算出的哈希值与存储的哈希值进行比较，以检测前一块信息的完整性。

哈希算法的上述特性保证了区块链的不可篡改性。一个区块中的所有数据都可以通过哈希算法获得，但是通过这个哈希值不能导出原始内容。因此，区块链的哈希值能够唯一、准确地标识一个区块，任何节点都可以通过简单、快速地对块的内容进行哈希运算，独立地获取该块的哈希值。如果要确认块的内容是否被篡改，可以使用哈希算法重新计算并比较哈希值进行确认。

3. 常见的哈希算法

目前常用的哈希算法主要有 MD 算法和 SHA 算法两种。

MD 是 Message Digest 的缩写，MD 算法主要包含 MD4 和 MD5 两个系列。MD4 是 MIT 的 Ronald L.Rivest 在 1990 年设计的，其输出为 128 位，但目前已被证明该算法不够安全。MD5 是 Rivest 于 1991 年对 MD4 的改进版本，其输出也是 128 位。MD5 比 MD4 的抗分析性和抗差分性能更好，但相对来说其运算过程也比较复杂，运算速度较慢，而且研究已经证明 MD5 不具备“强抗碰撞性”。

SHA(Secure Hash Algorithm)并不是一个算法，而是一个 Hash 函数族，由美国国家标准与技术研究院(National Institute of Standards and Technology，NIST)于 1993 年发布。SHA-1 算法在 1995 年面世，它的输出为长度是 160 位的哈希值，其抗穷举性更好。SHA-1 设计时模仿了 MD4 算法，采用了类似原理。SHA-1 已被证明不具备“强抗碰撞性”。为了提高安全性，NIST 还设计出了 SHA-224、SHA-256、SHA-384 和 SHA-512 算法(统称为 SHA-2)，跟 SHA-1 算法原理类似。SHA-3 的相关算法也已被提出。目前，MD5 和 SHA1 已经被破解，一般建议至少使用 SHA256 或更安全的算法。

由于哈希函数的多样性，不同的哈希算法特性也不尽相同。SHA 算法相对于 MD 算法来说，防碰撞性更好，而 MD 算法的运行速度比 SHA 算法更快。常见的哈希算法如表 2-2 所示。

表 2-2　常见哈希算法

算法名称	输出大小/bit	内部大小/bit	区块大小/bit	长度大小/bit	字符尺寸/bit	碰撞情形
HAVAL	256/224/192/160/128	256	1024	64	32	是
MD2	128	384	128	否	8	大多数
MD4	128	128	512	64	32	是
MD5	128	128	512	64	32	是
PANAMA	256	8736	256	否	32	是
RadioGataún	任意长	58 个字	3 个字	否	1~64	是
RiPEMD	128	128	512	64	32	是
RiPEMD-128/256	128/256	128/256	512	64	32	否
RiPEMD-160320	160/320	160/320	512	64	32	否
SHA-0	160	160	512	64	32	是
SHA-1	160	160	512	64	32	有缺陷
SHA-256/224	256/224	256	512	64	32	否
SHA-512/384	512/384	512	1024	128	64	否
Tiger (2) -192/160/128	192/160/128	192	512	64	64	否
WHIRLPOOL	512	512	512	256	8	否

4. 哈希算法的用途

1) 信息查询

区块链的哈希值可以唯一地、准确地标识一个区块。区块链中的任何节点都可以通过简单的哈希计算得到该区块的哈希值。如果计算出的哈希值没有改变，这意味着区块链中的信息没有被篡改。同时哈希值与区块之间——对应的关系，也使得哈希算法成为区块链网络中进行信息查询的一种重要手段。

2) 数据校验

由于哈希算法抗篡改的特性，可以利用哈希值进行数据的校验。在区块链网络中发送信息和传送文件的时候，经常会通过 MD5 算法校验数据的正确性和完整性。

3) 哈希指针

哈希指针是一种数据结构，它是指向存储数据的位置和位置数据的哈希值的指针。普通指针只能告诉您数据的位置。哈希指针除了告诉您数据的位置之外，还提供一种验证数据是否被篡改的方法。在区块链中，SHA-256 算法被用来生成哈希指针，标识区块和检验区块的正确性。

4) 数字摘要

数字摘要是对数字内容进行哈希运算，以获得一个唯一的摘要值，该摘要值表示原始完整的数字内容。数字摘要是哈希算法最重要的用途之一。利用哈希函数的抗碰撞性，数字摘要确保了内容不被篡改。

5. Hash 攻击与防护

哈希算法经常被用来保存密码。例如，登录网站的用户需要使用用户名和密码进行身份验证。如果网站后台直接保存用户密码，一旦数据库泄露后果不堪设想。大量用户倾向于在多个站点上选择相同或关联的密码，利用 Hash 的特性，后台只能保存密码的哈希值，这样每次的哈希值都是一致的，说明输入的密码是正确的。即使数据库遭到破坏，也无法从哈希值还原密码，只有进行穷举测试。但是，由于有时用户设置的密码强度不够，只是一些常见的简单字符串，如 password、123456 等，有人收集这些常见的密码，计算出相应的哈希值，并制作成字典，这样，可以通过哈希值快速回溯原始密码。这一类以空间换时间的攻击方法包括字典攻击和彩虹表攻击(只保存 Hash 链的起始值和结束值，与字典攻击相比可以节省存储空间)。为了防止这种侵蚀，一般采用加盐(salt)的方法。不是存储口令明文的哈希值，而是存储密码明文的哈希值加上一个随机字符串(即“盐”)之后的哈希值。Hash 结果和“盐”存放在不同的地方，使得攻击者很难破解，除非两者同时泄漏。

6. Merkle 树

Merkle(默克尔)树，又称哈希树，是一种典型的二叉树结构，由一个根节点、一组中间节点和一组叶节点组成。Merkle 树本质上是一种哈希树，1979 年瑞夫·默克尔申请了该专利，因此得名。

哈希算法前文已经介绍了，在区块链中默克尔树就是当前区块所有交易信息的一个哈希值。但是这个哈希值不是直接计算所有交易内容得到的哈希，而是一个哈希二叉树。

利用从一个节点出发到达 Merkle 树的根所经过的路径上存储的哈希值，可以构造一个 Merkle 证明，验证范围从少量数据(如单个哈希)可以扩展到无限大小的大量数据。

首先，计算每个事务的哈希值；然后两个一组，计算这两个哈希值以获得新的哈希值，将两个旧哈希值作为新哈希值的叶子节点；如果哈希值的数目是奇数，则再次计算最后一个哈希值。重复上述计算，直到只剩下一个哈希值，它作为 Merkle 树的根，形成二叉树的结构。

图 2-1 显示了一个 Merkle 哈希树，其中节点 A 的值必须根据节点 C 和 D 上的值进行计算。叶子节点 C 和 D 分别存储数据块 001 和 002 的哈希值，而非叶子节点 A 存储其子节点 C 和 D 的组合的哈希值，这种非叶子节点的哈希值称为路径哈希值，而叶子节点的哈希值是实际数据的哈希值。在计算机中，Merkle 树主要用于完整性验证。在处理完整性验证的应用场景中，特别是在分布式环境中，Merkle 树可以显著减少传输的数据量和计算复杂度。

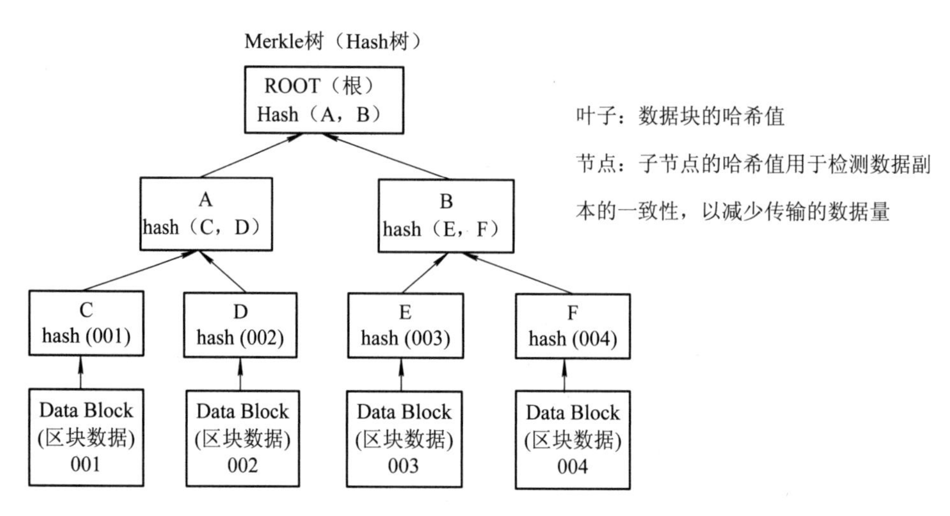

图 2-1　Merkle 哈希树

Merkle 树的主要特点是：最下面的叶节点包含存储的数据或其哈希值；非叶子节点(包括中间节点和根节点)是其两个子节点内容的哈希值。此外，Merkle 树可以推广到多分叉树的情况，其中非叶节点的内容是其所有子节点的内容的哈希值。Merkle 树能够一层一层地记录哈希值，这让它具有一些独特的特性，例如，底层数据中的任何更改都会一层一层地传递到其父节点，即一直传递到树的根节点。这意味着树根的值实际上表示所有基础数据的“数字摘要”。

Merkle 树让用户可以将从区块头得到的 Merkle 树根和别的用户所提供的中间哈希值列表相结合，去验证在区块中是否包含某个交易。提供中间哈希值的用户不需要信任，因为伪造块头的代价很高，如果伪造了中间散列，将导致身份验证失败。

在区块链中，我们只需要保留对我们有用的事务信息，并删除或备份其他设备上的其余事务信息。如果需要验证事务的内容，则只需要验证 Merkle 树。如果根哈希验证失败，则验证两个叶子节点，然后验证哈希验证失败的节点的叶节点，最后，可以准确地识别被篡改的事务。

2.2.2　加解密算法

加解密算法是密码学的核心技术，从设计思想上可以分为两种基本类型，如表 2-3 所示。

表 2-3　加密算法两种类型

算法类型	特点	优势	缺陷	代表算法
对称加密	加解密的密钥相同	计算效率高，加密强度高	需提前共享密钥，易泄露	DES、3DES、AES、IDEA
非对称加密	加解密的密钥不相关	无需提前共享密钥	计算效率低，仍存在中间人攻击可能	RSA、EIGamal、椭圆曲线系列算法

1. 加解密系统基本组成

现代加解密系统的典型组成部分一般包括加解密算法、加密密钥和解密密钥。其中，加解密算法本身是固定的，一般是公开可见的；密钥是最关键的信息，需要安全保存，甚至需要特殊的硬件保护。一般来说，对于同一算法，每次加密前需要根据具体算法随机生成密钥，长度越长，加密效果就越强。

在加密过程中，可通过加密算法和加密密钥对明文进行加密，得到密文。在解密过程中，可通过解密算法和解密密钥对密文进行解密，得到没有加密的明文。根据加密和解密过程中使用的密钥是否相同，算法可分为对称加密(Symmetric Cryptography，又称单密钥加密，Common-key Cryptography)和非对称加密(Asymmetric Cryptography，又称公钥加密，Public-key Cryptography)。这两种模式是相辅相成的，因为它们是针对不同的需求量身定做的。有时可以将它们结合使用，形成一种混合加密机制。

实际上，密码学实现的安全往往是通过算法所依赖的数学问题来提供的，而并非通过对算法的实现过程进行保密。

2. 公钥与私钥

公私钥对是区块链所使用的加密技术的基石。

公私钥对由公钥和私钥两部分组成。这两个密钥是具有特定数学关系的大整数，用于代替密码和用户名。公钥，就像一个人的名字或用户名。在大多数情况下，所有者可以与任何请求者共享他的公钥，而获得公钥的人可以利用它去联系公钥的所有者。公钥与所有者的信用相关，一个人可以创建许多公钥用以实现不同的目的。公钥可以用于引用或查看账户，但公钥本身不能用于进行账户的任何操作。

私钥则像密码一样，用于验证某些操作。私钥和密码之间的区别是：如果要使用密码，必须将其发送给某个人或服务器，以便其对密码进行验证；而使用私钥时则无须将其发送给任何人，私钥能够让你可以在不向任何人发送你的秘密信息的情况下对你自己进行身份认证，这种身份验证是完全安全的，不易受其他系统的安全漏洞影响。私钥不应向任何人分享，它曾经存储或直接使用过的唯一场所就是在你的本地设备上。

3. 对称加密与非对称加密

加密技术一般分为两大类：对称式和非对称式。

1) 对称加密

对称加密是一种加密算法，要求加密和解密的密钥都相同。对称加密具有加解密效率高(速度快、占用空间小)和加密强度高等优点。它通常在消息发送方需要加密大量数据时使用，对称加密通常称为“Session Key”。

这种加密技术今天被广泛使用。例如，美国政府采用的 DES 加密标准是一种典型的“对称式”加密方法，Session Key 长度为 56bits。对称加密的对称性是指使用这种加密方法的双方使用相同的密钥进行加密和解密。因此，加密的安全性不仅取决于加密算法本身，密钥管理的安全性也尤为重要。

对称密码从实现原理上可分为分组密码和序列密码。前者是应用最广泛的加密单元，它将明文分为固定长度的数据块。后者一次只加密一个字节或字符，密码也在不断地变化，只用于某些特定领域，如数字媒体的加密。

2) 非对称加密

非对称密码学是现代密码学史上的一项伟大发明，它可以解决对称密码体制中密钥提前分配的问题。非对称加密是加密和解密使用不同的密钥，通常有两个密钥，称为“公钥”和“私钥”。公钥与私钥配对，必须成对使用，否则无法打开加密文件。如果使用公钥加密数据，则解密只能使用相应的私钥。如果数据是用私钥加密的，则解密只能使用相应的公钥。私钥一般需要通过随机数算法生成，公钥可以根据私钥生成。公钥通常是公共的，其他人可以访问；私钥通常由个人持有，其他人无法访问。

非对称加密的优点是公钥和私钥是分开的，可以使用不安全的通道。在对称加密方法中，如果加密文件通过网络传输，则很难不把密钥告诉对方，所以无论采用什么方法文件都有可能被窃听。非对称加密方法有两个密钥，因“公钥”可以是公开的，不怕别人知道，接收者解密时只需要使用自己的私钥，所以可以很好地避免了密钥传输的安全问题。其缺点是处理速度(特别是密钥生成和解密过程)往往较慢，一般比对称加解密算法慢 2～3 个数量级；同时加密强度往往不如对称加密算法。

由于非对称加密算法的运行速度比对称加密算法慢得多，所以当需要加密大量的数据时，建议采用对称加密算法来提高加解密速度。由于对称加密算法的密钥管理是一个复杂的过程，而密钥管理的好坏直接决定了其安全性，因此当数据量很小时，可以考虑采用非对称加密算法。在实际操作过程中，通常是先用非对称加密算法对对称算法的密钥进行管理，然后用对称加密算法对数据进行加密。这样，将两种加密算法的优点融为一体，既实现了加密速度快的优点，又实现了密钥管理安全方便的优点。需要注意的是，对称加密算法不能实现签名，签名只能被非对称算法采用。包括比特币在内的区块链，通常使用对称加密和非对称加密的组合。

4. 数字证书

非对称加密算法和数字签名的一个重要方面是公钥的分发。理论上，任何人都可以公开访问对方的公钥。但是，公钥可能是假的呢？在传输过程中公钥被篡改了呢？一旦公钥本身出了问题，基于公钥的整个安全系统的安全性就会丢失。数字证书机制就解决了这一问题，它就像日常生活中的证书一样，可以证明所记录信息的有效性。例如，证明公钥属于实体(组织或个人)，并且确保一旦内容被篡改就能被探测出来，从而实现对用户公钥的安全分发。根据所保护公钥的用途，可以将数字证书分为加密数字证书(Encryption Certificate)和签名验证数字证书(Signature Certificate)。前者保护那些用于加密信息的公钥；后者保护那些用于解密签名进行身份验证的公钥。这两种类型的公钥也可以放置在同一证书中。一般来说，证书需要由证书颁发机构(Certification Authority，CA)签发和背书。权威的证书认证机构包括 DigiCert、GlobalSign、VeriSign

等，用户也可以在专用网络中构建自己的本地 CA 系统，在私有网络中进行使用。

2.2.3 消息认证与数字签名

利用消息认证码和数字签名技术对消息摘要进行加密，可以实现消息的防篡改和身份认证。

1. 消息认证码

消息认证码全称是“基于 Hash 的消息身份认证码”(Hash-based Message Authentication Code，HMAC)。消息验证码基于对称加密技术，可用于保护消息的完整性(Integrity)，其基本过程是：使用预先共享的对称密钥和哈希算法对消息进行加密以获得 HMAC 值。这个 HMAC 值的持有者可以证明它拥有共享的对称密钥，还可以使用 HMAC 来确保消息内容没有被篡改。一个典型的 HMAC (K，H，Message)算法由三个因素组成：K 是事先共享的对称密钥，H 是事先约定的哈希算法(公认的经典算法如 SHA-256)，Message 是要处理的消息内容。如果不知道 K 或 H，则无法从消息中获得正确的 HMAC 值。消息认证码通常用于证明身份场景。使用消息认证码的主要问题是需要共享密钥，在密钥可能由多方拥有的情况下，无法证明消息来源确切的身份。如果使用非对称加密，则可以追溯到源头的身份，即数字签名。

2. 数字签名

在日常生活中，我们都熟悉手写签名，作为确定身份和责任的重要手段，各种重要文件和合同都需要签名确认。当同一个字由不同的人书写时，虽然其意义完全相同，但笔迹的附加值却完全不同，刻意模仿可以通过专业手段来识别。由于签名是唯一的，因此身份和责任可以通过签名来确定。区块链网络包含大量的节点，不同的节点拥有不同的权限。举个简单的例子，在现实生活中，你只能把自己的钱转给别人，不能把别人的钱转给自己。区块链中的转移操作也必须由发送方发起。区块链主要利用数字签名实现访问控制，识别交易发起人的合法身份，防止恶意节点冒充身份。

数字签名又称电子签名，它是通过一定的算法实现与传统物理签名相似的效果。目前，已有欧盟、美国、中国等 20 多个国家和地区承认数字签名的法律效力。2000年，我国新的《合同法》首次确认了电子合同和数字签名的法律效力。2005 年 4 月 1日，我国第一部《电子签名法》正式实施。数字签名在 ISO7498-2 标准中的定义是：附加在数据单元上的一些数据，或是对数据单元所做的密码变换，这种数据和变换允许数据单元的接收者用以确认数据单元来源和数据单元的完整性，并保护数据，防止被人(例如接收者)进行伪造。

需要注意的是数字签名并不意味着是通过图像扫描、电子板录入等方式获得电子版的实物签名，而是通过密码学领域的相关算法对签名内容进行处理，获取用于表示签名的字符段。在密码学领域中，一套数字签名算法一般包括两种操作：签名和签名验证。数据签名后，很容易验证数据的完整性，并且不可否认。数字签名只需要使用匹配的签名验证方法来进行验证，而不需要像传统的物理签名那样进行专业的身份验证。数字签名通常采用非对称加密算法技术，即每个节点需要一对私钥和公钥。所谓私钥就是只有自己才能拥有的密钥，签名时需要用到私钥。不同的私钥对同一段数据的签名方式完全不同，类似于物理签名的笔迹。数字签名通常作为附加信息附加到原始消息上，以证明消息发送者的身份。公钥是一种所有人都能获得的密钥，需要进行验证。因为每个人都可以访问公钥，所以所有节点都可以验证身份的有效性。

数字签名的流程如下：

(1) 发送方 A 将原始数据通过哈希算法计算数字摘要，用非对称密钥对中的私钥对数字摘要进行加密，这个加密后的数据为数字签名；

(2) 数字签名与原始数据一起发送给验证签名的任何一方。

验证数字签名的流程如下：

(1) 签名的验证方一定要持有发送方 A 的非对称密钥对的公钥；

(2) 在接收到数字签名与 A 的原始数据后，先使用公钥对数字签名进行解密，得到原始摘要值；

(3) 将 A 的原始数据通过同样的哈希算法计算摘要值，进而比对解密得到的摘要值与重新计算的摘要值是否相同，如果相同，则签名验证通过。

A 的公钥可以解密数字签名，保证了原始数据确实来自 A。

解密后的摘要值与原始数据经重新计算后得到的摘要值相同，保证了原始数据在传输过程中未经过篡改。签名及签名验证的流程如图 2-2 所示。

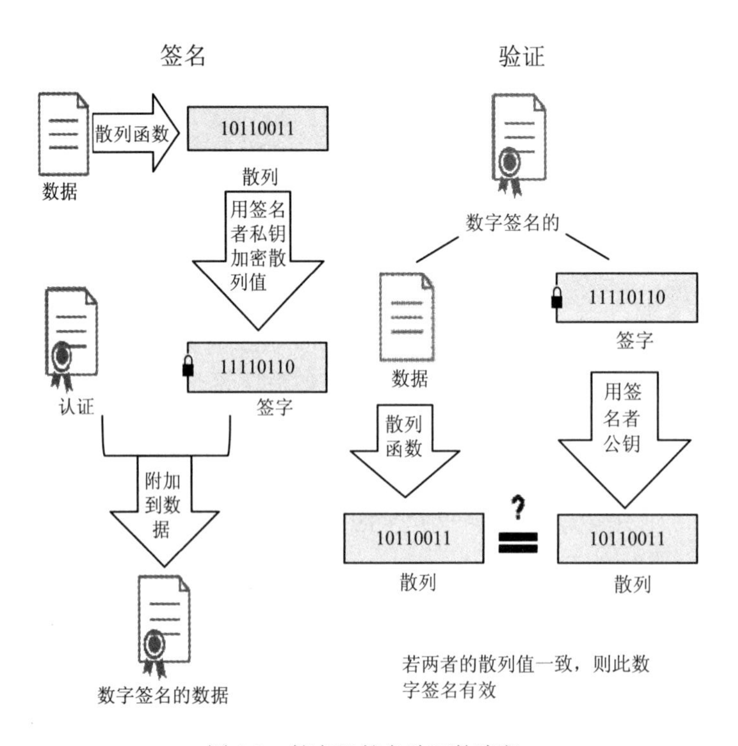

图 2-2　签名及签名验证的流程

除普通的数字签名应用场景外，针对一些特定的安全需求也产生了一些特殊数字签名技术，包括盲签名、多重签名、群签名、环签名等。

1. 盲签名

盲签名(Blind Signature)是由 David Chaum 于 1982 年在论文《Blind Signatures for Untraceable Payment》中提出的。盲签名是指需要签名者在看不到原始内容的情况下对邮件进行签名。盲签名可以保护签名内容，防止签名者看到原始内容；此外，盲签名还可以实现防止追踪(Unlinkability)，即签名者不能将签名内容与签名结果进行匹配。其典型的实现案例包括 RSA 盲签名算法。

2. 多重签名

多重签名(Multiple Signature)即 n 个签名者中，若收集到至少 m 个(n≥m≥1)签名，则认为文件是合法的。其中，n 是提供的公钥的数目，m 是需要匹配公钥的签名的最小数目。多重签名可以有效地应用于多投票联合决策，例如双方协商，第三方担任审计员等情况。谈判可以由三方中的任何一方达成协议。比特币交易支持多重签名，可以实现多个人共同管理一个账户的比特币交易。

3. 群签名

群签名(Group Signature)是指一个群的成员可以代表该群进行匿名签名。它可以验证签名是否来自组，但无法准确地跟踪签名的成员。组签名要求存在组管理员才能添加新的组成员，因此组管理员可能会跟踪已签名的成员身份。群签名是由 David Chaum 和 Eugene van Heyst 于 1991 年首次提出的。

4. 环签名

环签名(Ring Signature)最早是由密码学专家 Rivest、Shamir 和 Tauman 在 2001 年提出的。环签名属于一种简化的群签名。签名者首先选择一个临时的签名者集合，其中包括签名者本人；然后签名者可以使用自己的私钥和签名集合中其他人的公钥独立地生成签名，而不需要其他人的帮助。签名者集合的其他成员可能不知道他们被包含在最终签名中。环签名在保护匿名性方面有很多用途。

2.3 共识算法

2.3.1 拜占庭将军问题

拜占庭将军问题是 Leslie Lamport 在 20 世纪 80 年代提出的一个假象问题。拜占庭是东罗马帝国的首都，由于当时拜占庭罗马帝国幅员辽阔，拜占庭罗马帝国的军队驻扎地相隔很远，因此将军们不得不依靠信使传递信息。战争爆发时，拜占庭的将军们必须要一致决定是否攻击某个特定的敌人，问题是将军们的地理位置不同，并且将军们中间有叛徒，叛徒可以任意行动，并达到以下目的：诱使某些将领采取进攻行动，促成并非所有将领都同意的决定，例如在将领不愿意的时候促成进攻，或者迷惑某些将领，使他们无法作出决定。如果一个叛徒达到了这些目的之一，任何攻击的结果都是注定要失败的。换言之，拜占庭将军问题的实质是在不信任环境中，为将军们找到一种就作战计划达成共识的方法。

拜占庭假设是对现实世界的模型化。在现实世界中，由于硬件错误、网络拥塞或断开以及恶意攻击等因素，计算机和网络可能会以不可预测的方式运行。拜占庭容错协议必须处理这些故障，并且这些协议必须满足待解决问题的规范要求。

要解决拜占庭将军问题，必须满足一致性和正确性两个条件：

- 一致性

条件 1：每两个忠诚的将军必须收到相同的值 v(i)(v(i)是第 i 个将军的命令)。

- 正确性

条件 2：如果第 i 个将军是忠诚的，那么他发送的命令和每个忠诚将军收到的 v(i)相同。

如此，我们便得到了一致性和正确性的形式化条件(条件 1 和条件 2)，这个条件是充分条件。考虑到正确性条件是针对单个将军，而一致性条件是针对所有将军的，为方便我们重写，一致性条件为：

条件 1’：无论 i 将军是忠诚或是叛徒，任何两个忠诚的将军都使用相同的 v(i)。

条件 1 和条件 1’是完全相等的，如此一致性条件(条件 1’)和正确性条件(条件 2)都只涉及一个将军 i 如何帮别的将军接受自己送出的值 v(i)，所以可以将问题改为司令—副官模式来简化问题，即一个司令把自己的命令传递给 n-1 个副官，使得：

IC1：所有忠诚的副官遵守一个命令，即一致性。

IC2：若司令是忠诚的，每一个忠诚的副官遵守他发出的命令，即正确性。

IC1 和 IC2 分别由条件 1’和条件 2 演化得来。司令—副官模式只要使得将军们可以沿着命令的传输路线，依次对过程中的每个节点做一次且仅做一次访问，就可以变成完整问题，而他们采用的算法可以是完全一致的。IC1 和 IC2 构成了解决拜占庭将军问题的充分条件，在这种模式下，以司令—副官的形式达成的一致意味着司令的命令得到了有效传达；若出现了异议，有异议的将军会作为司令发起新的司令—副官模式寻求自己的观点表达，以协商达成一致。

但是，如果通信是经过身份验证，防篡改、防伪造的(如使用身份验证、消息签名等)，那么就可以提供找到任何数量的叛徒(至少两个忠诚的将军)的解决方案。

在异步通信的情况下，找到解决方案的情况并不乐观。Fischer-Lynch-Paterson 定理证明了只要有叛徒，拜占庭将军问题就没有解决方案。翻译成分布式计算语言，就是在一个多进程异步系统中，只要一个进程不可靠，那么，就没有协议可以保证所有进程在有限的时间内保持一致。

由此可见，拜占庭将军问题是分布式系统中一个非常具有挑战性的问题。由于分布式系统不能依赖同步通信，所以，其性能和效率将非常低。因此，寻找一种实用的算法来解决拜占庭将军问题是分布式计算中的一个重要问题。

在传统的中心化系统中，由于中心节点的权威性，其他节点可以以中心节点记录的数据为准，需要做的只是简单地复制中心节点的数据，因此很容易达成共识。然而，在区块链这样的去中心化系统中，没有中央权威节点，所有节点平等参与共识过程。由于所涉及的每个节点的状态和网络环境不同，且交易信息的传输需要时间，消息传输本身也不可靠，因此每个节点很难保持需要记录的交易内容和交易顺序的一致性。更不用说，由于区块链中参与节点的身份很难控制，也可能存在恶意节点故意阻碍消息传递或向不同节点发送不一致的信息，以干扰整个区块链系统的记账一致性并从中获利的情况。因此，区块链系统的会计一致性，即共识问题，关系到整个区块链系统的正确性和安全性。

在区块链网络中，由于应用场景不同，设计目标也不同，所以不同的区块链系统应采用不同的共识算法来解决相应的共识问题。

2.3.2　工作量证明(PoW)

工作量证明(Proof of Work，PoW)，指通过一定的工作量来获得相应的奖励。

工作量证明是对“拒绝服务攻击”(攻击者想办法让目标机器停止提供服务，是黑客常用的攻击手段之一)和其他滥用服务的经济对策。工作量证明要求发起者执行一定数量的操作，这意味着计算机需要一定的时间来执行。这个概念最早是由 Cynthia Dwork 和 Moni Naor 在 1993 年的一篇学术论文中提出的。专业术语“工作量证明”(PoW)最早是在 1999 年由 Markus jakobson 和 Ari Juels 在一篇论文中提出的。

工作量证明最初用于抵御“拒绝服务攻击”和网络爬虫，后来被广泛用于反垃圾邮件。它的设计理念是：普通用户需要一定的时间来写电子邮件，但垃圾邮件发送者不能接受这种等待时间；如果 PoW 系统能使垃圾邮件发送者需要更多的时间来发送邮件，则会增加他们的成本，起到抵御攻击的作用。

哈希运算是一种最常见的工作量证明机制，它是亚当·贝克(Adam Back)在 1997 年发明的，用于抵抗邮件的“拒绝服务攻击”及垃圾邮件网关滥用。在比特币出现之前，哈希现金(Hash Cash)是一种用于防止拒绝式服务攻击和垃圾信息的机制，被微软用来过滤垃圾邮件和设计 Hotmail / Exchange / Outlook 等产品(微软使用了一种与哈希现金不兼容的格式，并将其命名为电子邮戳)。该机制主要利用哈希运算的复杂性，即在给定的初始值中，通过简单的值递增规律，利用哈希冲突的原理找到一个特定的冲突值。通过调整碰撞值长度，来调整工作负载(碰撞值越长，需要的计算量越大)。

哈希现金也被哈尔·芬尼(Hal Finney)用于比特币之前的数字货币实验中，实验形式是可重用的工作量证明(Reusable Proof of Work，RPOW)。此外，戴伟的 B-money、尼克·萨博的比特金(Bit-Gold)这些比特币的先行者，都是在哈希现金的框架下进行挖矿(利用电脑硬件计算出比特币的位置并获取的过程)的。

PoW 共识算法的核心思想实际上是所有节点争夺记账的权利，每一批参与记账(或挖掘一个区块)的节点全都被分配了一个“难题”，只有能够解出这个难题的节点挖出的区块才是有效的。同时，所有的节点都在试图解决这个难题，产生自己的区块，并将自己的区块附加到现有的区块链上，但只有整个网络中最长的区块链才被认为是合法和正确的。

简单地说，PoW 是一本证书，用以确认一定数量的工作已经完成。PoW 系统的主要特征是计算的不对称性。工作端需要做一些困难的工作才能得到一个结果，但验证方却很容易通过结果来检查工作端是不是做了相应的工作。

比特币区块链系统采取这种共识算法基于两点：一是利用“难题”难以解答的特点，很容易验证答案的正确性。同时，问题的“难度”，使得整个网络节点需要一定的时间才能解答出一个问题，部分问题的“难度”也很容易通过调整参数来控制，所以这是一种很好地控制区块链增长速度的方法。并且，通过控制区块链的增长速度，也保证了如果一个节点成功地解决了问题并生成区块，那么区块可以以更快的速度(相对于其他节点解决问题的速度)在所有节点之间传播，并得到其他节点的验证。此功能结合其“最长有效期”评估机制，可以防止恶意节点控制区块链，即在大多数节点都是诚实(正常记账出块，认同最长链有效)的情况下，避免恶意节点对区块链的控制。这是因为，在诚实节点占据全网 50%以上的算力时，当前最长链的下一个区块很大概率也是由诚实节点生成的，并且该诚实节点一旦解决了“难题”并生成了区块，就会在很短的时间内告知全网其他节点，而全网的其他节点在验证完毕该区块后，便会基于该区块继续解决下一个难题以生成后续的区块。这样一来，恶意节点很难完全掌控区块的后续生成。

PoW 共识算法所设计的“难题”一般都是需要节点通过进行大量的计算才能够解答的，为了确保节点愿意执行如此多的计算来维持区块链的增长，系统会给每个有效区块的生产者一定数量的奖励。

然而，不得不承认，PoW 算法除了维持区块链增长之外没有其他意义，因为在运算的过程中，该算法不仅需要消耗巨大的能源，而且大多数参与者的开销远大于收入，参与者的开销还会随着参与者数量的增加而增加。

2.3.3 权益证明(PoS)

工作量证明算法需要让所有节点解决密码难题，只有第一个答对问题的人才会得到奖品。这就导致要在计算机 CPU、GPU、FPFA 等硬件上投入更高的费用，对于拥有更好、更多计算机硬件设备的人来说，工作量证明会更有回报，这些利用电脑硬件计算比特币的位置并获取奖励的人，我们称之为“矿工”。因为当计算机硬件能力越强，就越有可能创造下一个区块并赢得奖品。在全网算力提升到了一定程度后，过低的获取奖励的概率会促使一些“Bitcointalk”(比特币社区)上的用户开发出一种可以将矿工们的少量算力聚集在一起合并运作的网络，我们称之为矿池(Mining Pools)，将矿工的计算能力结合起来，在矿池中的人平均分配工作奖金。总而言之，工作量证明需要矿工们消耗大量的能量，从而促进矿池的产生。这使得区块链更加中心化，而不是去中心化。

为了减小工作量证明的弊端，必须找到新的算法，使其做到与工作量证明一样高效甚至更好，权益证明(Proof of Stake，PoS)就是其中之一。

权益证明最早于2013年提出，并在点点币系统中实施，类似于现实生活中的股东机制。人们拥有的股份越多，就越容易获取记账权。

点点币在SHA-256的哈希运算的难度方面引入了币龄的概念，使得运算的难度与交易输入的币龄成反比，币龄是持币数量与持币天数的乘积。实际上，点点币的权益证明机制结合了随机化与币龄的概念，其要求至少30天未使用的币可以参与竞争下一区块，持有的时间越久并且数量越大的币集，就越有更大的可能获取下一区块的签名权。然而，一旦持币的权益被用于签名一个区块，则币龄将清零，这样必须等待至少30日才能签署另一个区块。同时，为防止持币时间非常久或持币量非常大的权益人控制区块链，点点币规定下一区块的最大概率在90天后达到最大值，以此来保护区块链网络。点点币的开发者声称这规则将使得恶意攻击变得困难，因为没有中心化的挖矿池需求，且购买半数以上点点币的开销要超过获得51%哈希计算能力的收益，而且参与竞争的过程无需消耗大量的计算能力。

基于账户余额的选择将导致中心化的现象，例如，最富有的成员可能拥有永久优势。为此，人们设计了不同的方法来选择下一个合法区块，即权益证明。权益证明必须以某种方式定义任何区块链中的下一个合法区块。

权益证明中没有矿工，但是有验证者(Validator)。并不是让人们“挖(Mine)”新区块而是让人们“铸造(Mint)”或“制造(Forge)”新区块。验证者不是完全随机选择的，要成为验证者，就需要在网络中存入一定数量的货币作为权益，这可以看作是保证金。权益份额的大小决定了被选中为验证者来创建下一个区块的概率。如果A在网络中存入100美元，B在网络中存入1000美元，那么B被选择作为验证者的可能性是A的10倍以上。虽然偏袒富人似乎不公平，但实际上该方法比工作量证明更公平。因为一轮挖矿结束后，挖矿成功的矿工币龄将会清零，并不能持续挖到矿。但是回到权益证明，如果选择一个节点来验证下一个区块，它将检查中间的所有事务是否有效。如果一切正常，区块通过验证并被添加到区块链中。作为一种奖励，这个验证者将获得每一项交易过程中产生的费用。

就如何信任网络中的其他验证者而言，则需要用到权益。如果验证者进行欺诈性交易，他们将损失部分权益。只要股权收益高于验证收益，那么验证者为了获得股权收益，一般不会进行欺诈性交易。否则，他们损失的钱比获得的多。这就是货币激励，只要权益高于总交易费用即可。

如果该节点不再是验证者，其权益和赚取的交易费用将在一段时间后返还给这个节点，但并不是马上返还，因为如果在这个节点所在的区块发现欺诈行为，网络会对该节点进行惩罚。因此，工作量证明和权益证明之间的区别还是比较明显的。

权益证明的一个优势是不允许每个人都挖掘新区块，所以它使用的能源更少，而且更去中心化。因为工作量证明里有个矿池，这些人聚集在一起，消耗大量资源以提高他们快速开拓新区块的机会，从而获得奖励，如今大部分比特币区块链都由这些矿池控制，它们的集中开采过程是危险的。如果各个矿池合并，它们将主导网络，开展欺诈交易。

权益证明的另一个重要的优势是构建基于权益证明的区块链节点比工作量证明的节点便宜，不需要昂贵的采矿设备。因此权益证明激励了更多人建立节点，使网络更加去中心化和安全。

但权益证明也不是完美的，还是有漏洞。

权益证明算法在选择下一个验证者时需要小心，因为权益的大小存在差异，做出的选择可能不是完全随机的，因为富人将会被频繁地选择为验证者，从而获得更多的交易费用。

2.3.4　**授权权益证明**(DPoS)

PoW 机制和 PoS 机制虽然都能有效地解决共识问题，但是现有的比特币 PoW 机制纯粹依赖算力，导致专业从事挖矿的矿工群体似乎已和比特币社区完全分隔，而某些矿池的巨大算力俨然成为另一个中心，这一现象与比特币的去中心化思想是相冲突的。虽然 PoS 机制考虑到了 PoW 的不足，但依据权益结余来选择，会导致富有账户的权力更大，甚至可能支配记账权。

股份授权证明机制(Delegated Proof of Stake，DPoS)的出现正是为了解决 PoW 机制和 PoS 机制的缺陷。比特股(Bitshare)是一类采用 DPoS 机制的数字货币，它希望通过引入一个民主化概念来减少中心化的负面影响。比特股引入了见证人的概念，它可以生成区块并允许所有拥有比特币的人通过投票来选择见证人，总同意票数排名为前 101 名的候选者可以当选为见证人，同时，要保证至少一半的参与投票者已经足够地去中心化。见证人的候选名单每个维护周期(1 天)更新一次。机制会随机安排见证人，每个见证人有 2 秒的时间按顺序生成区块。如果见证人无法在给定的时间中生成区块，区块生成权限则会交给下一个时间片对应的见证人。DPoS 的这种设计使得区块的生成更加快捷、更加节能。

DPoS 充分保证了持票人的投票权，以公平、民主的方式达成共识。他们投票选出的 n 个见证人可视为 n 个矿工，这 n 个矿工拥有完全平等的权利。如果这些见证人出现提供的计算能力不稳定、其计算机崩溃或试图利用其权力作恶等现象，股东可以随时投票更换这些见证人。

比特股还设计了另外一种竞选。当选代表有权提议更改网络参数，包括交易费、区块大小、见证人费用和区块区间。如果大多数代表同意提议的变更，持股人有两周的审查期，在此期间他们可以撤换代表并取消提议的变更。这种设计确保了代表在技术上无权直接修改参数，并且对网络参数的所有更改最终都由持股人批准的流程。

2.3.5　实用拜占庭容错(PBFT)

实用拜占庭容错(Practical Byzantine Fault Tolerance，PBFT)算法是由 MIT(美国麻省理工学院)的 Miguel 和 barbaraliskov 在 1999 年的一篇学术论文中首次提出的。他们的意图是设计一个具有低延迟的存储系统的设计系统，把算法复杂度从指数级降低到多项式级，让拜占庭容错算法在实际系统应用中可行。实用拜占庭容错算法主要应用于不需要大容量但需要处理多事件的数字资产平台，每个节点都可以发布公钥。节点将对通过节点的所有消息进行签名，以验证其准确性。当获得一定数量的签名时，该事务被认为是有效的。

实用拜占庭容错机制会规定系统中的一个节点是主节点(领导节点)，其他节点是次节点(候补节点)。当主节点失效时，系统中所有合法节点都有资格从次节点升级到主节点，并遵循少数服从多数的原则，确保诚实节点能够达成共识。

但是要想让实用拜占庭容错机制正常工作，恶意节点的数量必须少于网络中节点总数的三分之一。至于容错度，Leslie Lamport 在论文中还论证了拜占庭将军问题，即当恶意节点数为 m 时，只要节点总数能达到 3 m + 1，就可以保证一致性。换句话说，为了达成共识，系统中至少要保证三分之二的节点必须是诚实的。

1. 实用拜占庭容错机制运行的 4 个过程

(1) 用户将请求发送给主节点；

(2) 主节点向所有次节点广播用户请求；

(3) 主节点和次节点一起完成用户请求，并向用户发送回复信息；

(4) 当用户收到来自网络中每个节点的 M + 1 回复时(M 表示网络中允许的最大恶意节点数)时，表示请求已完成。

每次完成一轮请求时，该机制都会替换主节点，还可以设置主节点轮替协议。如果主节点在指定的时间内没有向次节点广播用户请求，则将按照协议中指定的顺序替换主节点。网络中的诚实节点也有权对当前主节点的合法性进行投票，如果超过一半的诚实节点认为当前主节点是非法的，则协议中规定的次节点将替换主节点。

2. 实用拜占庭容错机制的价值

(1) 提高计算效率。与工作量证明(PoW)共识机制相比，实用拜占庭容错机制可以在分布式系统中实现一致性，不需要通过计算来解决复杂的数学问题，可以有效地节省能源消耗。

(2) 缩短交易确认时间。在以工作量证明(PoW)为共识机制的比特币区块链中，所有节点都参与交易验证，根据参与验证的节点数量，出块的时间从 10 分钟到 60 分钟不等。但在采用实用拜占庭式容错机制的区块链中，一旦交易得到诚实节点的批准，就不需要其他方重新确认，从而缩短了交易时间。

(3) 减小奖励差异。实用拜占庭容错机制中所有节点都会回复用户需求并对系统的决策作出同等的贡献，因此收到的奖励差异也相应地减小。

3. 实用拜占庭容错机制的问题

(1) 延展性问题。由于实用的拜占庭容错机制最多只能容忍占系统节点总数 1/3 的恶意节点，系统规模越大，节点越多，容错系统的压力越大，就越容易出现安全问题。这限制了使用此机制的系统的伸缩延展性。

(2) 易受女巫攻击。女巫攻击是指单个恶意节点伪装成多个身份，增加其在系统中的权重，夺取系统的控制权。一般来说，随着系统中节点数量的增加，恶意节点需要伪装成更多的身份，而伪造难度的增加自然会降低系统被女巫攻击的风险。然而，由于采用实用拜占庭容错机制的系统延展性较低，通常是一个节点数较少的小型网络，因此单独使用实用拜占庭容错机制被女巫攻击的风险大。

2.3.6 一致性共识算法(Raft)

在许多分布式系统场景中，拜占庭将军问题不需要求解，即在这些分布式系统的实际场景中，假设不需要考虑拜占庭失效，而只处理一般的崩溃失效。在这种情况下，用 Paxos 这样的协议会更有效率。Paxos 是 Lamport 为维护分布式系统的一致性而设计的一种协议。

但是由于 Paxos 的复杂性和难以理解的问题，所以出现了各种各样的实现和变种。例如 Google 的 GFS 和 Bigtable 采用了基于 Paxos 的 Chubby 的分布式锁协议；ahoo 的 Hadoop 系统采用了类似 Paxos 协议的 Zookeeper 协议。

Raft 是一种易于理解的分布式一致性算法，它的设计是为了避免 Paxos 的复杂性。

在私有链和联盟链下，共识算法一般要求为具有很强的一致性和较高的共识效率。此外，私有链和联盟链的安全性一般高于公链场景，不会频繁地出现拜占庭故障。因此，在某些情况下，可以考虑使用非拜占庭协议的分布式共识算法。在 Hyperledger 的 Fabric 项目中，共识模块被设计成一个可插拔的模块，支持 PBFT、Raft 等共识算法。

Raft 最初是一个用于管理复制日志的共识算法，它是为现实世界应用程序构建的一种协议，其重点是协议的实现和理解。Raft 是在非拜占庭故障下达成共识的强一致协议。

在区块链系统中，使用 Raft 来实现记账共识的过程如下：

首先选举一名 leader，接着赋予 leader 完全的权力去管理记账。leader 从客户端接收记账请求，之后完成记账工作，生成区块，并把它复制到其他记账节点上。从整个过程来看，leader 简化了记账操作的管理。

例如，leader 可以在不考虑其他记账节点的情况下决定是否接受新的交易记录；leader 可能失效或与其他节点失去联系，在这种情况下，系统就会选出新的 leader。

基于 leader 方法，Raft 将共识问题分解为三个相对独立的子问题。

(1) leader 的选举：当现存在的 leader 失效时，必须选出新 leader。

(2) 记账：leader 必须要接受来自客户端的交易记录项，并将交易记录项复制到参与共识记账的节点上，并让其他记账节点识别该笔交易对应的区块。

(3) 安全：如果某个记账节点对其状态机应用了某个特定的区块项，其他的服务器就不能对同一个区块索引应用不同的命令。

Raft 集群通常包含五个服务器，并允许系统有两个发生故障的服务器。每个服务器处于三种状态之一：leader、follower 或 candidate。在正常操作中，只有一个 leader，其余的服务器都是 follower。follower 是被动的，他们不会自己提出要求，而是回应 leader 和 candidate 的要求；leader 处理所有客户端的请求(若客户端联系 follower，则该 follower 将转发给 leader)；candidate 用来选举 leader。Raft 分为两个主要阶段：首先是 leader 选举过程，然后根据选出的 leader 执行日志复制、记账等正常操作。

1. leader 的选举

当 follower 在选举超时却没有收到来自 leader 的心跳消息时，follower 将转换到 candidate 状态。为避免选举冲突，此超时为 150 到 300 ms 之间的随机数。

通常在 Raft 系统中，任何服务器都可以成为一个候选者 candidate，通过向其他服务器的追随者 follower 发送请求来选择自己成为 leader。其他服务器同意了，则发出 ok。请注意，如果其中一个 follower 宕机，在这个过程中没有收到选举请求，候选者可以自己选举。只要获得 N/2+1 的多数票，候选者仍然可以成为 leader。这样，候选者就变成了一个可以向选民(即 follower)发出指示的 leader，比如记账指令。之后通过心跳通知进行记账。一旦 leader 崩溃，其中一名 follower 就成为候选者，并发出投票邀请。follower 同意后，就成为 leader，继续负责记账和其他指导工作。

2. 记账过程

Raft 的记账流程如下：

(1) 假设已经选择出 leader，客户端发出添加日志的请求；

(2) leader 要求 follower 按照他的指示，将新的日志内容添加到自己的日志中；

(3) 大多数 follower 服务器将交易记录写入账户后，确认添加成功并发送成功确认消息；

(4) 在下一次心跳中，leader 将通知所有 follower 更新已确认的项目；

(5) 对每个新事务重复此过程。

如果在此过程中发生网络通信故障，导致 leader 无法访问大多数 follower，则 leader 只能更新其有权访问的 follower 服务器。由于大多数服务器 follower 没有 leader，所以他们将重新选举一名候选人作为 leader，这位 leader 随后将作为代表与外界互动。如果外界要求他们添加一个新的交易记录，新的 leader 会将此信息通知给大多数 follower。如果此时网络故障得到修复，则原来的 leader 将成为 follower。

在失去联系的阶段，旧 leader 所做的任何更新都不能算作已确认，它们都会回滚以接收新 leader 的新的更新。

本节介绍了分布式系统中常见的共识算法。其中，拜占庭容错协议和 Raft 是联盟链和私有链中常用的共识算法。

2.4 智能合约

智能合约的推出是区块链发展的里程碑。从最初将区块链作为单一的数字货币应用到如今融入各个领域，智能合约都不可或缺。从金融到政府服务，从供应链到游戏，几乎所有这些应用程序都以智能合约的形式在不同的区块链平台上运行。

2.4.1 智能合约的定义

根据维基百科定义，智能合约(Smart Contract)是一种特殊协议，在区块链内制定合约时使用，当中包含了代码函数 (Function)，其具有能与其他合约进行交互、做决策、存储资料及发送以太币等功能。智能合约主要提供验证及运行合约内所订立的条件，允许在没有第三方的情况下进行可信交易，这些交易是可追踪且不可逆转的。

区块链中的智能合约条款是使用计算机语言而不是日常的合同语言或法律记录的，其本质是一种计算机程序，类似于写在区块链中的 if-then 语句，使得当事先编程的条件被触发时，程序就会自动被触发，从而实现智能化履行相应的合同条款。合约一旦写入，合同的条款不能更改，区块链中的智能合约可以被用户信任。以太坊创始人 Vitalik Buterin 率先将智能合约引入区块链，开启了区块链 2.0 时代。在区块链中使用智能合约不仅会触发事件，还会自动将其实现。

从法律意义上看，智能合约是否是实际的合同还有待观察，但在计算机科学中，智能合约作为一种计算机协议，一旦创立和部署就能实现自我执行(Self-executing)和自我验证(Self-verifying)，还不需要人为干预。从技术角度看，智能合约可以看作是计算机程序，它可以自主地执行全部或部分合约的相关操作，并产生相应的可验证证据，以证明合约操作的有效性。在部署智能合约之前，已列出与该合约相关的所有条款的逻辑流程。智能合约通常具有一个用户界面(Interface)，允许用户与已签订的合约交互，这些交互遵循已经制定的逻辑。由于密码学技术的存在，这些交互可以被严格验证，以确保合约按照先前规定执行，从而防止违约。

例如，银行账户管理可以看作是一组智能合约应用程序。按照传统的方式，账户存款的操作需要中心化的银行的授权，没有银行的存在，用户甚至无法做最简单的存款或取款。智能合约可以优化中心化的银行业务。所有账户操作都可以通过严格的逻辑操作来预先确定，只要合同被正确调用，银行就不需要参与操作。另一个例子是，用户的信息注册系统可以通过智能合约完全实现，这样就不需要人工维护中心化数据。用户可以通过预先写入的合同，实现信息注册、修改、取消等功能。

此外，通过设计更复杂的合同，智能合约几乎可以适用于需要记录信息状态的任何情况，例如各种信息记录系统和金融衍生工具服务。但这要求合同设计者能够理解业务操作流程的细节并适当地设计它，因为一旦部署了智能合约，就无法做到人为干预，因此没办法来随时修复合同设计中的缺陷。

2.4.2 智能合约的历史

智能合约的概念早于区块链，但直到区块链诞生，智能合约才真正实现广泛应用。

二十世纪七八十年代，随着计算机的发明，计算机的理论研究达到了一个高潮。研究人员致力于让人们从生产劳动中解放出来，让计算机帮助他们做更多的工作。由此，人们提出了让计算机代替人来管理商业市场的想法。与此同时，公钥密码学得到了巨大的发展，但计算机完全取代人类的商业管理技术还不成熟。直到 20 世纪 90 年代，从事数字合同和货币研究的计算机科学家尼克·萨博(Nick Szabo)才首次创造了“智能合约”一词，旨在将现有的合同法律法规和相关商业惯例转移到互联网上。通过互联网，陌生人可以实现以前只能在线下进行的商业活动，实现真正完整的电子商务。1994 年，Nick Saab 将智能合约描述如下：

“智能合约是一种交易协议，由计算机处理可执行的合同条款。总体目标是能够满足共同的合同条件，如支付、抵押、保密，甚至强制执行，并尽量减少恶意或意外事件发生的可能性以及对可信中介机构的需求。智能合约的经济目标包括减少合同欺诈造成的损失、减少仲裁和执行成本以及其他交易成本。”尼克·萨博等研究人员希望利用密码学协议等数字安全机制，实现逻辑清晰、易于测试、责任追究简单的合约，这将大大改善传统合同的制定和履行方式，并降低相关成本，将所有的条款都纳入计算机控制下运行的协议。

智能合约的思想虽然提出已久，但并未引起广泛关注。虽然这个想法很好，但是缺乏一个好的平台来运行智能合约，以确保智能合约被执行，并且执行逻辑不会中途被修改。

在区块链技术出现之后，区块链去中心化、可追溯、不可改变的特性，使得各种合约的自动执行成为可能。一旦智能合约部署在区块链上，所有参与节点将严格遵循既定逻辑。基于区块链上大多数节点都不会作恶的原则，如果一个节点修改了智能合约逻辑，执行的结果就无法被其他节点验证，也不会被识别，即修改无效。借助区块链技术，智能合约发展迅速。许多研究机构将区块链智能合约作为未来互联网合约的重要研究方向。许多智能合约项目已初步实现，并吸引了大量资金的投入。

2.4.3　智能合约的运作方式

基于区块链的智能合约工作流程如下：

(1) 多个用户共同创建智能合约；

(2) 智能合约被分散并存储在整个区块链网络中；

(3) 智能合约自动执行。

1. 制定一份智能合约

在区块链(如以太坊)中，两个或两个以上的注册用户都承诺双方的权利和义务；这些权利和义务被编辑成一个称为智能合约的程序；参与者利用密钥签署合同，以确保合同的有效性；根据承诺内容签订的智能合约被传递到区块链中，供网络上的节点查阅。

2. 智能合约验证生效

生成的智能合约在网络上传播，每个节点接收一个。区块链中的验证节点根据相应的共识机制，在指定的时间段内就最新的智能合约集合达成共识。新达成的智能合约集合将在整个网络中按区块分布，每个区块包含以下信息：当前块的哈希值、前一块的哈希值、达成共识时的时间戳、其他描述性信息，当然还有最重要的信息——一组已达成一致的智能合约。接收智能合约集的节点验证每个合约，验证后的合约最终写入区块链。验证主要是检验合同参与者的私钥签名是否与账号匹配。

3. 智能合约的执行

智能合约会定期检查是否存在相关事件和触发条件，符合条件的事件将被推送到队列中进行验证。区块链上的验证节点首先对事件进行签名验证，确保事件的有效性，在大多数验证节点对此事件达成共识后，智能合约将自动执行并通知用户；成功执行的智能合约将移出区块，而未执行的合约将继续等待下一轮处理，直到成功执行。智能合约的运作过程是完全数字化、自动化和去中心化的，这大大降低了执行和合规合同的成本。

2.4.4　智能合约的现实价值

智能合约是一种计算机协议，旨在以信息化的方式传播、验证以及执行合同。智能合约在降低社会信任成本、重建商业环境等方面发挥着重要作用。智能合约与传统合约有本质的不同，传统的合同由于需要人来执行，往往会受到太多人为因素的干扰，而智能合约可以在没有人为因素的情况下自动执行。在基于区块链的系统中，由于资产已经与智能合约挂钩，一旦触发了预先编程的条件，智能合约就会执行以计算机代码编写的合约条款，并在现实世界中直接交付资产。这样，合同本身就可以保证在不受人为因素干扰的情况下正常执行。区块链技术是使交易记录完全开放、不可修改的技术手段，而智能合约相当于一个不变的、公平的中间人，它定义了整个事务处理过程中的所有逻辑规则，是一个非常核心的环节。

金融是智能合约的主要应用领域。基于区块链的智能合约可以通过设置条件和代码，实现数字身份权益保护、财务数据文件的数字化记录、股权支付分割和债务自动化管理、场外衍生品交易处理的优化、财产所有权转移等方面的应用。这些金融服务曾经都是依靠人工参与传统流程的操作，这就需要很高的人力成本。智能合约的应用将减少人工操作产生的错误和成本，同时提高操作的效率和透明度。另一方面，近年来，包括 IBM、纳斯达克、微软等公司也在探索智能合约在物联网中的应用。物联网的发展需要标准化和可扩展的开放协议，以避免物联网基础设施的重复，确保物联网的中立性，并解决行业参与者的担忧。除了商业应用之外，区块链智能合约还可以用来构建分散的自治组织(DAO)。传统的组织是由机构和集中的执行者来维护的，而 DAO 可以在合同承诺完成的基础上，通过系统实现自动化管理，如在触发条件出现时，撤换成员、解散组织、分配资金等。

2.4.5　智能合约的优点及风险

如今，尽管智能合约尚未得到广泛的应用和实践，但其优势已得到大部分研究人员和业内人士的认可。

一般而言，智能合约具有以下优势：

1. 实时更新

由于智能合约的执行不需要人工第三方权威机构的参与，也不需要中心化代理服务，它可以随时响应用户的请求，大大提高交易效率。用户不用等到银行开门，就可以自己办理相关业务，只要通过互联网一切都可以轻松迅速地解决。

2. 准确执行

智能合约所有条款的执行，都是在计算机的绝对控制下预先确定后执行的。因此，所有的执行结果都是准确的，不易出现错误的结果。这是传统合同制定和执行中所期望的。如今，智能合约的准确执行得益于密码学和区块链技术的飞速发展。

3. 人为干预风险低

在智能合约部署后，一切合约都将无法修改，合约的任何一方都不能干预合约的执行。也就是说任何合约都不可以为了自己的利益而违背承诺，即使发生终止事件，事件相关责任人也将受到相应的处罚，处罚是合同一开始就已经决定好的，这在合同生效后是不能改变的。

4. 去中心化权威

通常，智能合约不需要一个中心化的权威机构来仲裁合约是否按规定执行。合同的监督和仲裁是由计算机完成的。区块链上的智能合约更具有这一特点。一般来说，区块链网络中没有绝对的权力来监督合同的执行，但网络中的大多数用户是按照规定来判断合同是否执行的。这种大多数人的监督是通过 PoW 或 PoS 技术来实现。

5. 较低的运行成本

智能合约的非人为干预可以大大降低合同执行、裁决的人工成本。但这可能会使传统行业的一些工人，如银行业面临失业的风险，但从长远来看，这将鼓励行业将自身转变为更新、更好的行业。

尽管智能合约具有许多明显的优势，但对智能合约的深入研究才刚刚开始，其广泛应用仍面临着各种潜在的甚至是破坏性的风险。

由于合同是严肃的业务，传统的合同往往需要一个专业律师团队来撰写。俗话说“术业有专攻”，目前智能合约的开发主要由软件从业者完成，他们对智能合约的理解可能缺乏完整性。因此，与传统合同相比，它们更容易产生逻辑漏洞。由于现有的部分支持智能合约的区块链平台提供了利用如 Go 语言、Java 语言等高级语言编写智能合约的功能，而这种高级语言有一定“不确定性”的指令，可能会造成执行智能节点状态的一些不确定性契约的内部差异，从而影响整个系统的一致性。因此，智能合约的作者需要非常小心，以避免编写具有逻辑漏洞或具有不确定性的智能合约。目前，一些区块链平台已经引入了一些改进的机制来消除执行过程中的不确定性。例如，超级账本项目的 Fabric 子项目引入了执行、背书、验证、排序和写入账本的机制；以太坊项目还通过限制用户编写智能合约的能力，确保了运行的智能合约执行操作的确定性。

但智能合约也存在缺陷。2016 年 4 月，历史上最大的众筹项目之一的 The DAO 正式上线。经过一个多月的众筹，筹得价值超过 1.5 亿美元的以太币来建设这个项目。这个惊人的数字表明，大家对区块链技术以及后来智能合约被广泛应用的前景是多么有信心。但仅仅过了一个多月，以太坊(TheDAO 的基础平台)的创始人之一 Vitalik Buterin 在其“Slock.It”社区里发表声明，称 DAO 上有一个巨大的漏洞，许多以太币被“偷走”，未来可能还会有更多以太币被盗，这种攻击的发生正是因为 The DAO 的智能合约从一开始就有设计缺陷。由于基于区块的智能合约的非人工干预性质，此缺陷无法在线修复，这就使得黑客可以从项目中不断地窃取以太币。

技术的应用应该有坚实的理论基础。因此，完全去中心化的智能合约是否成熟，以及如何应对攻击将成为今后讨论的主要课题。不过，业内人士普遍认为，区块链技术和智能合约将成为互联网未来发展的重要方向，我们现在面临的挫折是新技术成熟的必然过程。

随着智能合约的普及，智能合约的编写一定会越来越严谨和规范，同时，其开发门槛也会越来越低，相应领域的专家也可参与到智能合约的开发工作中，智能合约必定能在更多的领域发挥越来越重要的作用。

思考与练习

1. 什么是 P2P 网络？
2. 什么是哈希算法？
3. 简单介绍一种共识机制。
4. 什么是智能合约？
5. 智能合约有什么优势和风险？

第3章　比　特　币

【本章导读】

比特币(BitCoin，BTC)是基于区块链技术的一种数字货币，是区块链技术的第一个大规模落地应用，也是目前区块链技术最成功的落地应用，并且是第一个经过大规模、长时间检验的数字货币系统，无论是在信息技术的历史上还是在金融学的历史上都具有十分重要的意义。本章将从区块链的诞生和发展入手，为大家详细地解释区块链的基本概念、货币制度体系、激励机制等内容。

3.1　比特币的基本概念

3.1.1　比特币的诞生和发展

20 世纪 70 年代末，“密码朋克(Cypherpunk)”运动悄然萌发，参与者是一群信奉网络乌托邦的“极客”，同时，他们也是第一批关注个人隐私和信息加密的人。比特币就是在“密码朋克”运动中孕育而生的。

1992 年，英特尔的高级科学家 Timothy C. May 构建了“密码朋克”邮件列表组织，一周之后，小组成员埃里克 • 休斯(Eric Hughes)开发出了名为“Crypto 匿名邮件列表”的系统，这相当于是一套可以接收加密邮件，同时能抹掉使用人身份印记的邮件系统。

1993 年，埃里克•休斯写了《密码朋克宣言》，“密码朋克”一词首次在历史上出现。匿名交易系统不是秘密交易系统，匿名交易系统只是隐去了交易者的身份信息，交易过程则是公开透明的，可以在区块链浏览器中看到的。个体用户在使用匿名系统的时候，只有在需要透露他们身份的时候，才会通过授权来确认他们身份——这才是隐私的本质。“密码朋克”的最基本内涵就是对隐私重要性的笃信，而这也成为比特币这种数字货币诞生的基础。

1997 年，亚当 • 贝克(Adam Back)创建了“Hashcash”。就其本质来说，它其实是一种反垃圾邮件的机制，其通过增加发送电子邮件的时间和计算能力，从而提高发送垃圾邮件的成本，即发件人必须证明他们已经在电子邮件的标题制作中花费了精力，创建出一种“邮票”——类似于比特币中使用的工作量证明(PoW)，然后才能发送邮件。

据统计，在比特币诞生之前，经过“密码朋克”成员的讨论得知发明失败的数字货币和支付系统多达数十个，这些事例为比特币的诞生提供了大量宝贵的经验教训。

1998 年，“密码朋克”成员戴伟(Wei Dai)提出了匿名的、分布式的电子数字货币系统——B-money：用户的资金信息记录在由网络上每一个参与者维护的一个个独立的数据库中，另外所有记录都需要以特定用户组的方式进行保存，并对记录数据进行监管。用户组参与者需要把自己的钱存入到一个特殊账户中，用户组如果表现诚实，他们就会获得激励，如果他们表现得不诚实，就会损失这笔资金。这种方法被称为“权益证明(Proof of Stake)”，特定组用户(或主节点)如果试图进行任何欺诈性交易，那么他们将会失去自己所有的资金。

2008 年 10 月，一个化名为中本聪(Satoshi Nakamoto)的“密码朋克”成员在邮件列表中发布了一篇名为《比特币：一种点对点的电子现金系统》的论文，即《比特币白皮书》，文中直接引用了亚当·贝克和戴伟的思想研究成果，这也正式宣告了比特币的诞生。

中本聪认为，借助金融机构作为可资信赖的第三方来处理电子支付信息，内生性地受制于“基于信用的模式(Trust Based Model)”的弱点。

因此，他希望能创建一套“基于密码学原理而不是基于信用，使得任何达成一致的双方能够直接进行支付，从而不需要第三方中介的参与”的电子支付系统。对于现实生活中的现金交易，这个系统需要起到两个重要作用：一是防止货币伪造，二是杜绝重复支付现象。

研究报告发表之后，中本聪开始着手关于比特币的发行、交易和账户管理系统等工作。

2009 年 1 月，中本聪在芬兰赫尔辛基的一个小型服务器上开发出了比特币的第一个区块——创世区块(Genesis Block)，并获得了 50 个比特币的奖励，在此之后，创世区块计入公开账簿，人类正式进入比特币时代。

3.1.2 比特币的定义

比特币(Bitcoin，BTC)是一种基于去中心化理念，采用点对点网络与共识机制，开放源代码，以区块链作为底层技术的数字加密货币。有些国家和地区将比特币认定为虚拟商品或证券，而不是货币。

任何人都可以参与比特币活动，可以通过被称为“挖矿”的计算机运算来得到比特币。为避免通货膨胀问题，比特币协议数量上限为 2100 万个。

比特币以私钥作为数字签名，允许个人直接支付货款给他人(与现金相同)，不需经过如银行、清算中心、证券商、电子支付平台等第三方机构，从而避免了高额的手续费、繁琐的流程以及受监管等问题，任何用户只要拥有可连线互联网的数字设备即可操作。

比特币是区块链支付系统和虚拟计价工具，由于其采用密码技术来控制货币的生产和转移，没有中央银行等传统权威机构作为货币发行机构，所以比特币无法任意增发，且交易在全球网络中运行，有特殊的隐秘性，加上不必经过第三方金融机构，因此得到越来越广泛的应用，但也要警惕它成为非法交易的介质。

作为记账系统，比特币不依赖中央机构发行新钱、维护交易，而是由区块链完成发币、上链、信息验证等工作，并用数字加密算法、全网抵御51%算力攻击，保证了资产与交易的安全。交易记录被全体网络电脑收录维护，每笔交易的有效性都必须经过区块链的检验确认。

作为记账单位，比特币的最小单位称为“1 聪”，具本为 0.00000001 个比特币。如有必要，也可以修改协议将其分割为更小的单位，以保证其流通方便。每产出 21 万个区块，挖矿奖励减半一次，周期大约为 4 年，最近一次减半在 2020 年 5 月 12 日，而这种收敛等比数列的和必然是有限的(等比数列公比绝对值小于 1，即可认为该等比数列的和单调有界，具有收敛性，可以求出极限值。)。到 2140 年，新的比特币将不再产生，最终流通中的比特币将略低于 2100 万个。截至 2019 年 5 月 12 日，比特币总存量约 17695512 个，实际可流通的量还会因为私钥丢失等因素而减少。

3.1.3 挖矿

挖矿(Mining)，是指利用电脑硬件计算出比特币的位置并获取比特币的过程。由于其工作原理与开采矿物十分相似，因而得名。挖矿时需要确认虚拟货币的交易，并在交易过程中运行复杂的运算，进行挖矿工作的比特币勘探者也被称为“矿工”。矿工们利用计算机执行这些运算，然后获得数字货币奖励。比特币采用的共识机制是工作量证明(Proof of Work，PoW)，因此，本节讨论的挖矿主要是比特币的 PoW 挖矿。

1. 工作原理

比特币网络中的任何一个节点，如果想生成一个新的区块并写入区块链，必须解答比特币网络给出的工作量证明问题。这道题的三个关键要素是工作量证明函数、区块及难度值。工作量证明函数是这道题的计算方法，区块决定了这道题的输入数据，难度值决定了解这道题所需要的计算量。

比特币矿工通过解决这种问题来管理比特币网络，确认交易并且防止双重支付。双重支付(Double-Spending，又称一币多付、双花攻击)是一种数字货币失败模式的构想，即同一笔数字货币可以被花两次以上。

中本聪在他的论文中阐述：“在没有中央权威存在的条件下，这种方式既鼓励矿工支持比特币网络，又让比特币的货币流通体系有了最初的货币注入源头。”

比特币的挖矿与节点软件主要通过 P2P 网络、数字签名、交互式证明系统来进行零知识证明与验证交易。

每一个网络节点在挖矿成功(即争夺到将交易打包上链的记账权)后，会向整个区块链网络广播这些交易。其他节点收到广播后，会对这些交易进行验证。如果验证通过，就相当于所有节点对将这笔交易上链达成了共识，交易将会被上传到区块链上；如果验证没有通过，则相当于所有节点对将这笔交易上链没有达成共识，交易将不会被上传到区块链上。被打包的交易上链后，将会生成新的区块。上一区块的哈希值将会成为新区块链的区块头，通过哈希值，形成连续的区块链。

中本聪设计了第一版的比特币挖矿程序，这一程序随后被开发为广泛使用的第一代挖矿软件 Bitcoin，这一代软件从 2009 年到 2010 年中期都比较流行。

每一个比特币的节点都会收集所有尚未确认的交易，并将其归集到一个区块中，矿工节点会附加一个随机数(Nonce)，并计算前一个区块的 SHA-256 散列运算值。挖矿节点不断重复进行尝试，直到它找到的随机数(Nonce)使得产生的散列值低于某个特定的目标。

由于散列运算是不可逆的，查找到符合要求的随机数(Nonce)非常困难，从而需要一个可以预计总次数的不断试错的过程。这时，工作量证明机制就发挥作用了。当一个节点找到了符合要求的解，那么它就可以向全网广播自己的结果。其他节点就可以接收这个新解出来的区块，并检验其是否符合规则。如果其他节点通过计算散列值发现确实满足要求(比特币要求的运算目标)，那么该区块则被认定为有效，其他的节点就会接受该区块。

2. 挖矿奖励

除了将接收到的交易信息打包到区块中，每个区块都会允许“发行”一定数量的新比特币，用来激励成功发现新区块的矿工。

比特币系统按照设定好的货币增发节奏决定发行的比特币数量。如果其他支付交易有支付手续费的，矿工还会获得手续费。由于矿工可以自行决定是否将某一个交易信息打包到区块中，因此矿工有可能优先选择手续费较高的交易来打包。

比特币区块的产生速率为每 10 分钟一个，但每个区块中，新发行的比特币不能超过 6.25 个，而且每产出 21 万个区块，比特币的数量就会减半，其周期大约为每 4 年就会发生一次。2020 年 5 月 12 日比特币第三次减半，减半后的爆块奖励(矿工发现新的区块后，获得的区块奖励)为 6.25 个。因此，比特币的总数量不会超过 2100 万个。随着新发行比特币数量的下降，手续费将成为挖矿的主要动机。

那些在较早时期将电脑资源投入到比特币挖矿活动中的用户，相对于较晚加入的矿工而言，比较容易获得比特币。这样设计的原因主要是为了保证在比特币的早期发展阶段可以吸引足够的算力来处理区块。事实上如果没人挖矿，比特币的初期交易活动就无法处理。

3. 挖矿难度

为了使得产生区块的速度维持在大约每 10 分钟一个，产生新区块的难度会定期调整。

如果产生区块的速度加快了，就提高挖矿难度；如果产生区块的速度变慢了，就降低难度。比特币系统在每 2016 个区块被产出后(约两周的时间)，会以最近这段时间区块的产生速度为参数，自动重新计算接下来的 2016 个区块的挖矿难度。而难度基本上就决定了一个有效的区块头(Block Header)的哈希值应小于设定值，也就是说该哈希值必须要恰好落在目标区间之内才算有效，目标区间越小就意味着命中几率越低，挖矿的难度越高。

由于 ASIC(专用集成电路)计算设备的爆炸式加入，因此挖矿难度呈现几何级数的上升，目前年均难度增长约为 3%，这让普通个人挖矿者的挖矿工作变得异常困难。

4. 挖矿设备和矿池

早期，比特币矿工都是通过 Intel 或 AMD 的 CPU 产品来挖矿。但由于挖矿是运算密集型应用，且随着挖矿人数与设备性能的不断提升，挖矿难度的逐渐增加，现在使用 CPU 挖矿已毫无收益甚至亏损。

2013 年第一季度后，矿工逐渐开始采用 GPU 或 FPGA 等挖矿设备。同时，ASIC 设备也在 2013 年中期大量上市。

从 2013 年 7 月起，全网的算力由于 ASIC 设备的大量投入运营而直线上涨。以 2013 年 7 月的平均算力计算，用 CPU 挖矿设备进行挖矿的电力成本远高于收益，而 FPGA 设备也接近无收益。据 2013 年 9 月平均算力估算，现有的针对个人开发的小型 ASIC 挖矿设备在未来 1 到 2 个月内收益也接近于零。大量算力被 5 thash/s 以上的集群式 ASIC 挖矿设备独占。个人挖矿由于没有收益，几乎被挤出挖矿群体。而部分比特币矿工为省下自己挖矿的成本，将挖矿程序制作成恶意程序，在网络上感染其他人的电脑，来替自己挖矿。

由于比特币全网的运算水准在不断地呈指数级别上涨，单个设备或少量的算力都无法在比特币网络上获取到比特币网络提供的区块奖励。在全网算力提升到一定程度后，过低的获取奖励的概率促使一些“Bitcointalk”论坛上的极客开发出一种可以将少量算力合并起来联合运作的方法，使用这种方式创建的网站被称作“矿池”(Mining Pool)。在此机制中，不论个人矿工所能使用的运算力的多寡，无论是否成功挖掘出有效区块，只要是通过加入矿池来参与挖矿活动，皆可经由对矿池的贡献来获得少量比特币奖励，即多人合作挖矿，获得的比特币奖励则依照贡献度分配。

3.2　比特币的交易

3.2.1　钱包、公钥、私钥和地址

1. 钱包

比特币钱包有控制用户访问权限、管理密钥和地址、跟踪余额以及创建交易和签

名交易等功能。其中，最核心的功能是保管私钥。一旦私钥被泄露或者遗忘，就会造成比特币被盗走或丢失的严重后果。由于整套比特币体系有去中心化和匿名的特性，比特币一旦被盗，任何人都没有权力或能力找回。

比特币钱包使用者可以检查、存储、花费其持有的比特币。钱包形式多种多样，功能可繁可简，它可以是遵守比特币协议运行的各种工具，如电脑客户端、手机客户端、网站服务、专用设备，也可以是存储着比特币密钥的介质，如一张纸、一段暗号、一个快闪U盘、一个文本文档，因为只要掌握比特币的密钥，就可以处置其对应地址中包含的比特币。比特币无法存入一般的银行账户，交易只能在比特币网络上进行，使用前需下载客户端或接入线上网络。

1) Core客户端

比特币最初客户端为Bitcoin QT，由中本聪开发，支持钱包加密存储。加密的钱包在每次付款的时候，都必须输入密码。忘记密码时，Bitcoin QT也可以通过备份的钱包文件(wallet.dat)进行正常交易。在比特币钱包中，掌握密钥即拥有相应地址中比特币的处置权，无论对钱包文件(内容包括各个地址对应的密钥)进行加密还是删除，都不能否定它。

其他客户端都是以Bitcoin QT为原型开发的，如Armory、Electrum和MultiBit等，通常支持云存储区块，以避免用户花费大量时间和磁盘空间下载旧交易信息，并且各自提供高级功能。

2) 硬件钱包

硬件钱包是专门处理比特币的智能设备，例如只安装了比特币客户端与联网功能的RPI(树莓派，只有信用卡大小的微型电脑)。硬件钱包通常可以提供更多的安全保障措施。

3) 在线钱包服务

在线钱包服务可以让用户在任何浏览器和移动设备上使用比特币，通常它还提供一些额外的功能，使用户在使用比特币时更加方便。但选择在线钱包服务时必须慎重，因为其安全性会受到服务商的影响。

线上钱包服务有“区块链上”(On-chain)与“区块链下”(Off-chain)的区别：链上钱包的服务商帮助用户保管加密后的私密密钥，用户的比特币余额可以在区块链上查询到，类似为每位用户准备了一个独立的保险箱；链下钱包服务商帮助用户保管比特币本身，相当于把用户资金放在自己的金库中，给用户提供存款证明。

4) 离线钱包

比特币最需要保护的核心部分是私密密钥(私钥)，因为用户是以私钥来证明所有权，并以此使用比特币的。存储私密密钥的介质也可以称为钱包，当钱包丢失、损毁时，比特币也随之丢失。离线钱包可以是纸钱包、脑钱包、冷钱包、轻量钱包。

(1) 纸钱包：把私钥打印在纸上存放，再删除电脑上的钱包文件，实现钱包的网络隔离。

(2) 脑钱包：用户可自行设置密码，并以此进行散列运算，生成对应的私钥与地址，以后只需记住这个密码即可使用钱包中的比特币。

(3) 冷钱包：在一台不联网的电脑上随机生成比特币的地址和私钥，并且在今后的使用中也不连接互联网，而只通过二维码或U盘来发送相关交易的电子签名。

(4) 轻量钱包：无需同步区块链的比特币钱包，轻量钱包相对在线钱包的优点是不会因为在线钱包网站的问题而丢失比特币，缺点是只能在已安装轻量钱包的电脑或手机上使用，便捷性略差。

2. 密钥和地址

比特币在产生地址时，相对应的密钥也会一起产生，彼此的关系犹如银行存款的账号和密码，有些在线钱包的密钥是存储在云端的，用户只能通过使用该在线钱包的服务功能使用比特币。

1) 密钥

比特币的密钥的作用相当于金融卡的密码，用于证明比特币的所有权。密钥分为私钥和公钥，成对存在，因而也被称为“密钥对”。私钥由用户自己保存，公钥则在进行交易时，发送给对方。

密钥对的工作流程如下：

用户通过自己的私钥给交易消息签名，以证明消息的发布者是本人。用户没有私钥，就不能给消息签名，用户将与私钥对应的公钥公布出来，使得区块链上的验证节点可以对消息签名进行确认，作为不记名货币。网络上无法准确辨识比特币所有权的证明，也就不能使用比特币。

私钥必须保密，否则任何人只要拥有某一地址的私钥，就能使用其中的比特币。私钥不能丢失，它不像金融卡在密码遗忘时，用户可以根据当地的金融规范，携带自己的身份证件，亲自前往金融机构网点，办理密码重置后继续使用原来的账户。若比特币的私钥丢失，将如同忘记保险箱的密码而无法正常打开保险箱，并且没有方法重置(除非有事先备份)密码。2013 年，有一位英国用户因为不小心丢弃了存有其私钥的硬盘，导致里面的 7500 个比特币(当时价值 750 万美元)无法使用。除非私钥被找到，否则这些比特币将永远闲置在区块链里，不再流通，从而使得流通中的比特币减少。而破解私钥的难度很高，这是因为其中一个不记名的比特币的主要安全机制。根据区块链分析机构 Chainalysis 的估算，在 2017 年底时，约有 17%至 23%的比特币，即 278 万个到 379 万个的比特币因为私钥丢失、密码遗忘等原因，而不能进入流通领域，也永远无法使用。

比特币的私密密钥通常由“51 比特”或“52 比特”字符表示，其编码方式与比特币地址相似。“51 比特”标记法由数字“5”开头，“52 比特”标记法由“K”或“L”开头。比特币地址是由比特币公钥通过散列运算得出的，公钥是可以通过私钥推算出来的。所以掌握私钥就可以推算出公钥对应的地址(不可逆)，这相当于只需要输入一组正确的密码，就可以推算出账户名称并登录，却无法从账户名称反向推算出密码。

2) 地址

地址用于接收比特币，功能类似于银行的存款账号，但不需要进行实名登记。如果只是公开地址，则不必担心里面的比特币被盗走，因为它没有任何身份信息，可以离线产生。比特币的地址是由用户的公钥经过 SHA-256 哈希运算后，再通过 RIPEMD-160 哈希运算得出的，其长度固定为 160 个比特(bits)，通常会利用 Base58 将之编码成一串由英文字母和数字所组成的字符串，以方便显示或散布。其特征是以“1”或者“3”开头，隔离见证地址则以“bc1q”作为开头。传统比特币的地址区分大小写，包含 27～34 位字母、数字、拉丁字符(0，O，I 除外)等字符，“1”开头的地址长为 26～34 位字符，“3”开头的地址长为 34 位字符，例如“1DwunA9otZZQyhkVvkLJ8DV1tuSwMF7r3v”和“3F46LGk7RVGWohM2gDh5bufxpxG5wKhtgU”。地址也可编码成快速反应矩阵码(QR-Code)的形式让移动设备能够便捷地读取复制。比特币客户端可以离线生成比特币地址(页面存档备份，存于互联网档案馆)。一个人可以拥有多个比特币地址，并用在不同的交易上，而且除非自己揭露，或与其他资料链接，否则外人无法看出其中的关系。

用户账户的地址和私钥都保存在比特币钱包的文件里，一般情况下私钥由比特币客户端软件自动进行加密或解密运算。

3.2.2 UTXO 模型

比特币的点对点网络将所有的交易历史记录都存储在区块链中，比特币交易就是在区块链账本上“记账”，通常它由比特币客户端协助完成。付款方需要以自己的私钥对交易进行数字签名，以证明付款方对转出的这笔比特币拥有所有权并认可该次交易。比特币会被记录在收款方的地址上，交易无需收款方参与，收款方可以不在线，甚至不存在。交易的资金支付来源，也就是花费，称为“输入”；资金去向，也就是收入，称为“输出”。如有输入，则输入必须大于等于输出，输入大于输出的部分即为交易手续费。

矿工产出交易没有输入，只有输出，交易记录会显示新生成的比特币(Newly Generated Coins)。除矿工产出交易外，一个输入必然是另一笔交易的一个输出，也就是一笔收入必然是其他人的支付。一个输入没有成为另一笔交易的输出时，它是“未花费的”，类似于银行卡中的“账户余额”。收录此交易的区块被广播后，此交易就有了“1 个确认”。矿工们平均每 10 分钟产生一个区块，每一个新区块的诞生会使此交易的确认数加 1。当确认数达到 6 时，通常这笔交易被认为是比较安全、难以逆转的。比特币交易为不可逆，每一笔交易都无法撤销，商家不必因诈骗式的拒付而遭受损失。唯一可以获得退款的方法，就是请对方再做一笔反向交易，但需要对方的配合。

比特币交易模型是“未花费交易输出”，英文为 Unspent Transaction Outputs，简称

UTXO 模型。钱包里存储的并不是每个账号的余额，而是一笔笔的交易，也就是一笔笔的 UTXO，每个账户的余额是通过 UTXO 计算出来的，而不是直接存储余额。

1. UTXO 模型

UTXO 模型是比特币生成和验证交易的一个核心概念。交易构成了一组链式结构，所有合法的比特币交易都可以追溯到前一个或多个交易的输出，这些链条的源头都是挖矿奖励，末尾则是当前未花费的交易输出。所有的未花费(使用)的输出即整个比特币网络的 UTXO。

它的总体设计是基于这样一种思路：如果 A 要花费一笔钱，比如 100 元，这笔钱不会凭空产生，那么必然由 B 先花费了 100 元，之后被 A 赚到这 100 元，然后 A 才能继续花费这一笔钱。这个链条的源头就是先产生这笔钱，在比特币中这被称为铸币(mintage)，然后会产生这样一个链条，铸币→B→A→?。整个过程从铸币开始，一直可以追溯到当前的状态，当接收到一个 UTXO 输入的时候，基于这个模型可以判断这笔钱有没有在别的地方被花费过。

每次发生交易，用户需要将新的交易记录写到比特币区块链网络中，等网络确认后即可认为交易完成。

每个交易都会包括一些输入和一些输出，未经使用的交易的输出(Unspent Transaction Outputs, UTXO)可以被新的交易引用作为合法的输入，而被使用过的交易的输出(Spent Transaction Outputs, STO)则无法被引用作为合法输入。

一笔合法的交易，即是一个引用某些已存在交易的 UTXO 作为交易的输入，并生成新的输出的过程。在交易过程中，转账方需要通过签名脚本来证明自己是 UTXO 的合法使用者，并且需要指定输出脚本来限制未来本交易的使用者(收款方)。对每笔交易，转账方需要进行签名确认，并且对每一笔交易来说，总输入不能小于总输出。总输入比总输出多余的部分称为交易费用(Transaction Fee)，这部分交易费用为生成包含该交易区块的矿工所获得。目前规定每笔交易的交易费用不能小于 0.0001BTC，因为交易费用越高，就会有越多的矿工愿意打包该交易，这笔交易也就会越早被放到网络中。交易费用作为矿工的奖励的同时，也可以避免网络受到大量的攻击。在一般情况下，交易的输入、输出可以为多方参与。

2. 找零机制

假设中本聪有一个面值为 50 的 UTXO，转给尼克・萨博 10 个比特币，除了要写尼克・萨博这个收款人的地址，还要写找零地址，目的是说明多出来的 40 个 BTC 要放到哪个比特币地址。这个地址可以是原来发起转账的地址，也可以是其他的比特币地址，但前提是必须要写一个找零地址，用以告诉矿工剩下的 40 个 BTC 想要放在哪里。因此交易收款方的地址有两个，一个是尼克・萨博的地址，另一个是中本聪的地址，中本聪设置的找零地址就是发起交易的这个地址，但是通常情况下，出于隐私保护的考虑，找零地址是不会和原交易发起地址相同的。

如果交易的时候不写找零地址，那么剩下的钱会被系统默认为全部归属于矿工，即全部被当成是矿工帮你打包交易而得到的手续费。

现在的数字货币钱包软件都非常人性化，这体现在它照顾到了一些总是忘记或者压根就不知道需要设置找零地址的人群，它会自动帮助用户去生成一个找零地址和手续费，但是如果你觉得钱包自动设置的手续费太高了，那么可以进行下调，或者你想要交易被尽快确认，也可以调高手续费。

3. 矿工对UTXO进行校验

作为矿工，打包前要考虑的三个问题：

(1) 发起交易者的地址里是否有足够的UTXO。

矿工会查看交易者的UTXO集(UTXO集是矿工保存的所有UTXO集合)，矿工可以从这个集合里面去查询发起者的交易地址中是否有足够的余额，如果余额不足，则交易无效。

(2) 发起者的这笔交易使用的比特币是否是双花。

矿工查询区块链账本上的数据，检验这笔交易发起者之前是否已经用这笔比特币买过其他的东西，如果使用的UTXO已经给别人支付过了，则存在双花的问题，那么这笔交易就不能通过矿工的校验。

(3) 发起者能否提供合法的私钥签名。

合法的私钥签名用来证实发起者对这个比特币地址是否有控制权的，如果不能提供私钥签名，那么矿工就会判定他发行的这笔交易是非法的，不能通过检验。

3.3 比特币的货币制度框架

作为诞生在区块链上的数字货币，比特币的货币制度与基于民族、国家、区域性制度的法定货币(指只能依靠政府的法令使其成为合法通货的货币，简称法币)相比有着根本性的差异。

信息及网络技术掀起的“数字洪流”不断冲击着基于地理疆域的“内部”和“外部”之间的边界，世界逐渐形成了一个全球化数字经济体。如何建立一种可以超越区域性限制的货币制度，将会直接决定这种货币能否在全球范围内获得人们的普遍信任。比特币作为诞生于互联网，且完全基于互联网而流通的数字货币，正是一种全球性制度创新的突出代表。

3.3.1 比特币的制度基础

社会信任若想突破传统模式的区域性限制，就必须在更广阔的时空范围内建立社会成员对于“外部世界的共识”，这样才能形成并维系人们对于这个世界及其运作方式的稳定性的期待。在由数字信息构建的网络空间中，无论是对“外部世界”的界定，还是社会成员之间的“共识”，都是由“代码(Code)”定义的，因此社会标准及行为规则的制度化也只能通过代码来实现。

劳伦斯 ·莱斯格(Lawrence Lessig)在 1999 年发表的《代码 2.0：网络空间中的法律》一书中提出了“代码即法律”(Code is Law)的理念。莱斯格认为，任何时代都有其特定的“规制者”(Regulator)，而网络空间的规制者就是“代码”，它们构建起了网络空间的软件和硬件。正是这些代码及其结构，决定了人们在网络空间中体验生活的基本方式。在这个数字世界中，“代码”的逻辑和内容决定了人与人、人与事物以及事务与事物之间的相互关系，改变了“客观存在的外部世界”的定义和形式，同时也决定了网络空间的制度规范的建立、执行和维系。

代码就是人类利用计算机媒介在数字世界中实现通信的符号及语言，并且利用由代码组成的算法(Algorithm)和软件(Software)，构建起形塑数字世界及数字化活动的规则框架。

算法是一套定义明确的指令，能帮助你完成某个特定的任务。算法是可预测的(Predictable)、确定性的(Deterministic)、不可更改的(Not Subject To Change)。

在数字世界中，基于代码的算法决定了“何事在何时何地发生”，因而它代表了事物之间的绝对逻辑关系，并且不以行动者的个人意志为转移。在这个意义上，代码不仅仅是一种符号体系，更是一种规则，它是决定数字世界如何形成并得以运转的制度基础。

比特币货币制度的建立、执行及维系，都是通过代码及算法来实现的，并且没有任何特定的人或机构为其货币制度进行背书。相当于是把人们对于货币制度的信任，从传统的权威机构(如中央银行)转移到了代码及算法上了。比特币的系统代码规定了比特币的最高总量只能有 2100 万个，并限制了比特币的发行速度，预估在 2140 年，所有的“新币”都将完成分发。正是比特币代码及算法的可预测性、确定性及不可更改性，这才构成了人们对其货币制度的信任基础。

正是比特币基于代码及算法的制度基础，使得人们对比特币币的体系及其发展充满期待，同时使其与主权货币制度形成了鲜明的对比。作为一种“无中生有”的数字货币，比特币不依赖物质基础或权威机构的背书，而是通过人们对代码的信任来建立共识。正如每张美元纸钞上都印有“我们信奉上帝”(In God We Trust)，比特币社区则以“我们信奉代码”(In Code We Trust)为标语。

早期区块链社区中，投资者在选择一个区块链项目时，其最重视的判断指标不是人的可信度，而是代码的可信度。这是因为在人们见不到的网络空间中，塑造社会经济交换的制度架构已经发生了根本性转变。代码不仅构成了人们对于“外部世界的共识”，同时它也是一种基本手段和工具，使得人们将这些共识转变为可操作化的项目。

无论是在抽象的区块链制度设计层面，还是在具体的交易制度实施层面，代码都构成了区块链数字货币制度框架的核心。这种基于“代码即权威”的发展逻辑也凸显了比特币这种“去中心化数字货币”与主权货币的制度体系存在根本差异。

3.3.2 比特币的制度原则

代码作为网络空间的规制者，可以被分为两种类型，即“封闭式”和“开放式”。封闭式代码代表的是“私有软件”，即由某个软件开发者(个体或机构)集中设计、生产、发布，并且不对外公开源代码，从而将软件的运作及执行方式掩盖起来，使其成为一种私有资源。开放式代码则代表了“开源软件”，即源代码完全对外开放，所有人都可以自由地使用、学习甚至修改这个软件，并且可以进行免费的复制及分发。

作为开源运动的元老，雷蒙德(Eric S.Raymond)所撰写的《大教堂与集市》被视为是开源运动的奠基性著作。雷蒙德将基于封闭式代码的软件开发方式比喻成“大教堂模式”，它代表了一种由上而下的、垂直的、封闭的集中式开发过程。而开源软件的开发则基于一种“集市模式”，这里没有封闭的层级结构，更像是一个嘈杂的、汇聚了不同议题及方案的大集市，是一种由众多分散的志愿者共同参与构建的软件开发方式。

雷蒙德认为，大教堂与集市模式的一个关键区别在于二者如何解决软件开发过程中所面临的程序缺陷，即“漏洞”(bug)的问题。在大教堂模式中，“bug”被视为是一个极为复杂且难以彻底解决的问题，因此若要开发一个可信的软件，就“要经过几个人数月的全心投入和仔细检查，才能有些信心说已经剔除了所有的错误。而软件的发布间隔越长，倘若等待已久的发布版本并不完美，人们的期望就越发不可避免地降低。”因此，人们对于一个私有软件的信任是基于对少数人的专业能力以及对一个经过精密计划的开发过程的信任。相比之下，集市模式所遵循的原则是“只要眼睛多，bug 容易捉”，雷蒙德将其称为 Linux 法则。

这是因为当“上千名合作开发者热切地钻研每个新发布的代码版本的情况下，你可以假定 bug 是浅显易找的，或者假定它至少是很快就会变得浅显易找。”

因此，当开源软件能够通过一种开放式系统聚集众多的参与者，并尝试着从不同的角度及方法来解决同一个问题时，它反而会比一个由少数“专家”构成的封闭系统更加可信。

如今，“开源”作为一种开放的、分布式的、基于自愿合作的软件开发模式，已经在众多成功的案例中证明了其创新能力及社会影响力。同时，“开源”的含义也日渐从一种软件开发的“技术原则”，演化成所有开放式系统的“制度原则”。

在由代码和算法构建的网络空间中，只有通过开放源代码，才能让社会成员对一种制度体系的设计、建构及执行过程进行必要的认识、监督及制约，从而树立起公众对于某个软件系统及其制度的信任。

比特币作为一个开源软件，实际上就是一份用密码学和计算机代码编写的“开放协议”(Open Protocol)，它最早由中本聪于 2009 年发布到网络中，然后便完全由一个开源社区集体参与维护和改进。人们不需要信任某个具体的开发者，但却可以信任其彻底开源的制度架构。因此，“信任”就从具体的开发者(或机构)身上转移到一个可以被“公开检验”的开源代码系统之中，并由此获得了独立于任何特定对象以外的“客观性”，从而建立并维系起人们对于整个系统的可靠性的稳定期待。

中本聪作为比特币的创始人，是比特币系统源代码和软件的最初设计者及发布者。自从他将其研究成果在互联网上公开发布之后，比特币就成了一个开放式系统。人们逐渐围绕比特币形成了一个庞大的“开源社区”，不断吸引着全球上万名的志愿者贡献出自己的力量来确保其代码及软件的维护和发展。在这种意义上，比特币早已脱离了“中本聪”这个特定对象的控制，并且也不依赖于任何特定的“规则制定者”背书，而是通过开放透明的“集市模式”汇聚了来自世界各地的自愿贡献者的研究成果，它以一种独立于任何特定对象以外的方式建立了人们对于该系统的信任。

3.3.3 比特币的制度结构

“去中心化”(Decentralization)、“点对点”(P2P)、“分布式”(Distributed)都是近年来在互联网领域出现率极高的词汇，并且在一定程度上描述了一种共同的趋势——信息时代组织结构正在从科层制的金字塔结构向扁平化的网络结构进行转型。一般来说，“去中心化”描述的是一个系统从“中心”向“非中心”模式转化的动态发展过程。“点对点”更多地被用来指一种基于对等参与节点的网络通信技术。“分布式”则偏重描述一个网络化结构，而这个网络化结构由众多分散的系统参与者构成。在比特币所构建的货币制度体系中，这三个概念紧密相关且互为表里。作为一个开源软件，比特币所依靠的一个关键技术就是点对点技术。在一个开放的数字世界中，正是基于点对点技术的发展与普及，人们才能以开源的原则构建一种基于分布式网络的制度结构。

中本聪在比特币的白皮书中，将点对点技术称为“一个点对点电子现金系统”，就是希望通过点对点技术来取代传统机构对于系统信息的垄断，并在分布式网络的基础上构建一套可靠的货币制度。

在比特币的分布式网络中，不存在任何中心控制节点，而是通过运行开源软件，让所有网络中的对等节点都可以参与系统管理并对其发展方向提出修改意见，最终形成一组公认的系统代码及制度安排。简单来说，比特币系统规定所有信息(包括交易双方的账号、交易内容等任何形式的数字信息)都必须先通过一个名为“SHA-256”的“哈希函数方程”(Hash Function)进行密码学处理。这个方程会将任意长短的数字信息输出为一个由256比特组成的统一格式的“哈希值”(Hash code)，且这个哈希值看上去是完全随机的，没有任何规律可循。然而，每一组信息都只能生成一个固定且唯一的哈希值，如果输入的信息中发生了任何微小的改变，输出的哈希值就会迥然不同。所以哈希值就如同一组信息的指纹，在隐藏信息内容的同时，也可以被用来验证原始信息是否准确和完整。通过运用哈希算法，系统将任意长度的信息转换为统一的标准格式，然后向全网公布，并等待分散在网络中的节点最终可以被各自收集并记录到基于区块链的分布式账本中。

不同于中心化信息系统，比特币的分布式账本没有一个集中的信息记录者或管理者，而是每隔10分钟就会随机选定某一个节点赋予其记账权，并负责将这10分钟内经过哈希方程处理的数据组合成为一个新的数据区块，然后记录到区块链中。同时，系统规定所有数据一旦写入某个区块就会被永久性地储存在那里，不能删除，也不能更改。所有区块按照时间顺序首尾相连，组成一个不断延伸的链条，因而被称为“区块链”。这就如同在之前的账本上加了一页，然后再将这页纸的内容向全网公布，让每个节点都进行备份，从而集体更新这份账本。因此，区块链技术意味着人们能够在密码学和信息科技的基础上，用一个分布式网络来开展所有基于“信息交互”的社会活动，比特币就是针对“货币”这个最先被“信息化”和“数字化”的对象。在由信息流构建的数字世界中，以一种分布式架构推动货币制度的结构性创新。

比特币的兴起，意味着在这个快速发展并且充满未知的数字世界中，“分布式”比“集中式”更能有效地动员并管理人们基于信息交互而展开社会活动。在比特币的分布式网络中，整个系统的信息资源及管理成本都是由全网节点共同分享的，它通过打破传统中心化信息系统的信息黑箱，大幅减少了由于信息不透明而导致的权力集中和权力滥用等弊端。在摆脱了工业时代区域性制度的限制后，比特币的分布式网络在全球范围内构建了一种信息时代特有的架构，也为人们对于比特币的信任提供了必要的制度基础。

3.3.4 比特币的发币机制

比特币的网络节点通过投入计算机硬件和电力资源来竞争记账。因为比特币系统规定，在每10分钟一次的算力竞争中，第一个算出符合要求的结果的节点将赢得记账权，并能获得一定数量的比特币作为奖赏，就好比通过“挖矿”来发现“黄金”。

这种发币机制具有以下优点：

(1) 它解决了新币的制造及分配的合理性问题。不同于法定货币，比特币每年发行多少货币，通过什么渠道流入市场，并没有权威机构进行决定。在这个去中心化的数字货币系统中，所有比特币都是作为竞争记账的“奖金”而被创造出来，并以系统事先预设的发行速度分发给那些为系统贡献算力的矿工们。

(2) 它使得节点愿意贡献出资源来参与维护整个系统的安全。由于比特币本身是“货币”，具备价值，关乎个人利益，人们才会愿意为了赢得比特币而付出时间和资源来竞争记账，从而保障了系统信息在缺少中央机构监管的情况下，也难以被少数恶意攻击者控制并篡改。

(3) 它保证了参与者能够自觉验证数据块所含的交易信息的合规性，并诚实记账。这是由于系统规定每个节点在记账过程中，必须严格遵守系统相关规定，其中包括应如何收集、验证及记录交易信息等几十条规则，比如，必须验证区块所含交易不存在“双重支付”的情况等等。凡是含有违规交易的区块，即使赢得了竞争，也会在接受其他网络节点检验时被宣布失效。由于竞争记账需要耗费真实的经济成本，且只有合规的数据区块才能够获得奖赏，因此人们会自然而然地遵守规则并检验所有交易信息是否合规。在这种情形下，即使有一个人或机构拥有了全网超过 51%的算力，按照理性经济人的逐利原则，他依然会按照系统规则记账，因为只有维护比特币系统的可信性，比特币本身才会有价值，他所拥有的算力才有意义。

综上所述，比特币通过一种巧妙的利益分配机制使比特币系统可以通过新币的发行来奖励那些自愿参与竞争，贡献自身的资源，并以符合规则的行为来维护系统安全性及可靠性的节点。正是这种基于系统内生货币而形成的激励机制，使比特币系统得以通过一种制度化手段对人们的行为进行约束和形塑，从而将众多参与者的“个体利益”整合并转化为系统的“集体利益”。

思考与练习

1. 什么是比特币？
2. 比特币的矿工是怎么挖矿的？
3. 简述比特币的制度结构。

第4章 以太坊公链

【本章导读】

以太坊因其丰富的生态被誉为“最强大的公链”和“公链之王”。与比特币公链的不兼容性相比，以太坊公链更像是一个可编程的公链平台，任何人都可以在这个平台上创建去中心化的应用程序、编写智能合约和发行自己的数字货币。本章将从以太坊的概述入手，讲述以太坊的基本概念、发展历程等内容，并为大家介绍区块链原生金融形态——去中心化金融(DeFi)，并对以太坊2.0进行展望。

4.1 以太坊概述

自2008年比特币出现以来，数字货币的存在逐渐被一些人所接受。人们同时也在积极进行基于商业应用的思考和开发比特币的方法。随着应用的扩展，人们发现比特币的设计只适用于虚拟货币场景，因为非图灵完备的存在，保存状态的账户概念的缺乏，以及PoW挖矿机制造成的资源浪费和效率问题等因素，所以比特币不适合很多区块链应用场景。于是人们需要一个基于区块链的新型智能合约开发平台，它具有高效的共识机制，同时必须兼备图灵完备性和支持多种应用场景，以太坊就是在这种情况下产生的。

4.1.1 以太坊的定义

以太坊(Ethereum)是一个开源的有智能合约功能的公共区块链平台，通过其专用数字货币——以太币(Ether，ETH)提供去中心化的以太虚拟机(Ethereum Virtual Machine，EVM)来处理点对点合约。

以太坊是一个开放源代码的项目，由全球范围内的很多人共同创建。作为一个全新开放的区块链平台，它的设计十分灵活，极具适应性，允许任何人在平台中建立和使用通过区块链技术运行的去中心化应用。

以太坊的新颖之处在于其神奇的计算机网络，它促成了一种新型的软件应用，即去中心化应用，并将信任逻辑嵌入小程序里，运行在区块链上。与比特币相比，以太坊建立了一种新的密码学技术基础框架，使得开发应用运行起来更便捷，并对轻客户端(轻客户端是连接到全节点与区块链交互的软件)反应友好，同时允许应用安全地共享一个可信的经济环境和可靠的区块链。以太坊在全球范围内激发了商业和社会的创新，为前所未有的去中心化应用打开了大门，从长远来看，它所带来的改变将影响全球经济和控制结构。

以太坊创建了当前数字货币的通用标准——ERC-20。当前市面上流行的数字货币大多数都是基于 ERC-20 标准开发而成的，它使数字货币在区块链上的发行变得简单。

ERC 是“Etuereum Request for Comment”的缩写。以太坊社区为了创建一套符合以太坊平台的标准，其开发人员提交了一个以太坊改进方案(EIP)，改进方案中包括协议规范和合约标准，最终确定的 EIP 为以太坊开发者提供了一套可实施的标准，这使得智能合约可以遵循这些通用的接口标准来构建。

ERC-20 标准规定了各个代币的基本功能，它可以快速发币，并且使用方便，因此空投币和大部分基于以太坊合约的代币基本上就是利用 ERC-20 标准开发的。

4.1.2 以太坊的系统架构

以太坊项目定义了一套完整的软件协议栈(又称协议堆叠，是计算机网络协议套件的一个具体的软件实现)。它是去中心化的，也就是说以太坊网络是由多个相同功能的节点组成，并没有服务器和客户端之分。以太坊协议栈的总体架构表如下 4-1 所示。

表 4-1 以太坊协议栈的总体架构

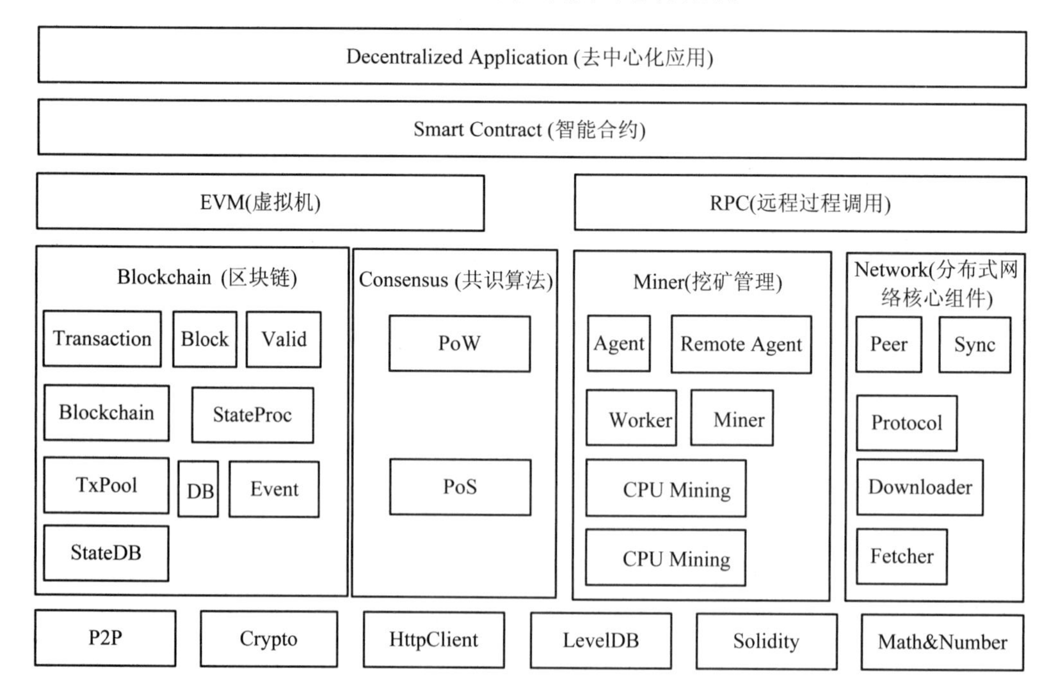

表 4-1 中最上层是去中心化应用模块，实现区块链之上的业务逻辑；其次是智能

合约层，通过合约的编写和调用，实现图灵完备的编程操作；接下来就是EVM和RPC，EVM负责解析和执行合约操作，RPC提供外部访问能力；然后是核心层，分为区块链、共识算法、挖矿管理、分布式网络核心组件；最底层就是一些基础库，比如P2P通信协议、加密算法库、LevelDB数据库、Http、Solidy语言支持以及Math运算支持。

从逻辑分层的角度来看，以太坊分为应用层、合约层、激励层、共识层、网络层和数据层。其中应用层对应DApp应用模块；合约层对应EVM虚拟机和RPC能力接入；激励层则涉及矿工账户管理，代币转移模块；共识层包含共识算法和引擎；网络层指的是P2P接入和消息交互；最下面是数据层，负责处理链相关的数据结构，具有很强的持久化功能。

4.1.3 以太坊的创立与发展

2013年底，以太坊创始人Vitalik Buterin发布了以太坊白皮书，并提出了让区块链本身具备可编程能力，从而实现任意复杂商业逻辑运算的想法。白皮书详细描述了以太坊协议的技术设计理念和基本原理以及智能合约的结构。Vitalik Buterin在全球的密码学货币社区中陆续召集了一批认可以太坊理念的开发者，并启动了项目。

2014年1月，在美国迈阿密召开的北美比特币大会上，Vitalik正式向外界宣布成立以太坊项目。同时，Vitalik Buterin联合Gavin Wood和Jeffery Wilcke共同创建以太坊，即开发一个通用的、无需信任的下一代智能合约平台。

2014年2月，Vitalik在迈阿密比特币会议上第一次公布了以太坊项目，该项目的核心开发团队成为世界级的数字货币团队。

2014年4月，Gavin发表了以太坊黄皮书，这被誉为以太坊的“技术圣经”，书中明确定义了以太坊虚拟机EVM的实现规范。按照黄皮书中的具体说明，以太坊已经获7种编程语言(C++，Go，Python，Java，JavaScript，Haskell，Rust)的支持，也获得了完善的开源社区的支持。

2014年6月，为快速建立一个包括开发者、矿工和其他利益相关方在内的大型网络，以太坊宣布了以太币预售计划，预售的资金由位于瑞士楚格的以太坊基金(Ethereum Faundation，EF)经营管理。

从2014年7月开始，以太坊进行了为期42天的公开代币预售，总共售出60 102 216个以太币，接收到比特币为31 591个，当时市值为18 439 086美元。以太坊的这次众筹被认为是最成功的众筹项目之一，这笔资金一部分被用于支付项目前期的法务咨询和代码开发，其他部分用于维持项目后续的开发。

以太币预售成功之后，以太坊的开发在非营利组织ETH DEV的管理下走向正式化，它依据ETHereum Suisse的合约来进行管理，并由Vitalik Buterin、Gavin Wood和JefferyWilcke担任管理职务。ETH DEV团队频繁向开发社区提交技术原型(Proof-of-Concept)供开发者社群进行评估，同时还在讨论版上发表了大量的技术文章来介绍以太坊的核心思想。这些举措吸引了大量用户，同时也推动了项目自身的快速发展，为整个区块链领域带来了巨大的影响。直至今日，以太坊的社区影响力丝毫没有减弱的趋势。

2014 年 11 月，ETH DEV 组织了 DEVCON-0 开发者大会。全世界以太坊社区的开发者聚集在德国柏林，对各种技术问题进行了广泛讨论，其中一些重要的对话和演示为后续的以太坊技术路线奠定了坚实的基础。

2015 年 4 月，DEVgrants 项目宣布成立。该项目为以太坊平台以及基于平台的应用项目的开发提供资金支持，其中，几百名为以太坊做出贡献的开发者获得了相应的奖励。这一项目旨在奖励和扶持开发者们，直到今天，DEVgrants 项目还在发挥作用。

经历了 2014 年和 2015 年两年的开发，第 9 代技术原型测试网络 Olympic 开始公测，为鼓励开发者参与，以太坊核心团队对于拥有丰富测试记录或已经成功侵入系统的开发者安排了重金奖励。与此同时，团队也邀请了多家第三方安全公司对协议的核心组件(以太坊虚拟机 EVM、网络和 PoW 共识)进行了代码审计。在这次审查当中，很多安全问题浮现出来，问题提出并再次检测后，以太坊成为了一个更安全、可靠的平台。

2015 年早期，以太坊奖励项目启动，给发现以太坊软件弱点的人提供比特币奖金，这对提升以太坊的可靠性、安全性和以太坊社群技术上的自信有很大的帮助。

2015 年 7 月 30 日，以太坊 Frontier 网络发布。开发者们开始在 Frontier 网络上开发去中心化应用，矿工开始加入网络进行挖矿。矿工一方面通过挖矿得到代币奖励，另一方面也提升了全网的算力，降低网络被黑客攻击的风险。Frontier 是以太坊发展过程中的第一个里程碑，它虽然在开发者心目中的定位是公开测试版本，但在稳定性和其他性能方面的表现远远超出了大家的期望，从而吸引了更多的开发者加入构建以太坊生态的行列。

2015 年 11 月，DEVCON-1 开发者大会在英国伦敦举行，在为期 5 天的会议中举办了 100 多场活动，形式包括专题演示、圆桌会议和总结发言等，共吸引了 400 多名参与者，参与者中包含开发者、学者、企业家和公司高管。UBS、IBM 和微软等大公司也在现场对这一技术表现了浓厚的兴趣。微软还正式宣布将在其 Azure 云平台上提供以太坊 BaaS 服务。从此，以太坊真正让区块链技术成为了整个行业的主流，同时也牢牢确立了其在区块链技术社区的中心地位。

2016 年 3 月 14 日，以太坊平台的第二个主要版本 Homestead 对外发布，同时也是以太坊发布的第一个正式版本，它包括几处协议变更和网络设计变更，使网络进一步升级成为可能。Homestead 在区块高度达到 1 150 000 时，系统会自动完成升级。Homestead 引入了 EIP-2、EIP-7 和 EIP-8 在内的几项后向不兼容改进，所以是以太坊的一次硬分叉，所有以太坊节点需提前完成版本升级，从而与主链的数据保持同步。

2016 年 6 月 16 日，DEVCON-2 开发者大会在中国上海举行，会议的主题聚焦在智能合约和网络安全上，然而，出乎所有人的意料，在会议的第二天发生了区块链历史上最严重的攻击事件。由于 The DAO 项目编写的智能合约存在着重大缺陷而遭受黑客攻击，导致 360 万以太币资产被盗，最终通过社区投票决定在区块高度达到 1 920 000 时实施硬分叉，分叉后的 The DAO 合约里的所有资金被退回到众筹参与人的账户，众筹人只要调用撤消(withdraw)方法，就可用 DAO 币换回以太币。The DAO 是人类尝试完全自治组织的一次艰难试验，因在技术上存在缺陷，其理念上和现行的政治、经济、道德、法律等体系也不能完全匹配，最终以失败告终。The DAO 也给了我们很多可借鉴的经验，例如，智能合约漏洞的处理以及代码自治和人类监管之间的平衡等。在 The DAO 事件之后，以太坊的技术体系逐步趋于完善。

2017 年 3 月，摩根大通、芝加哥交易所集团、纽约梅隆银行、汤森路透、微软、英特尔、埃森哲等 20 多家全球顶尖金融机构和科技公司成立企业以太坊联盟(Enterprise Ethereum Alliance，EEA)，称旨在创建一个企业级区块链解决方案，共同开发产业标准。

2017 年 7 月 19 日，有黑客针对 Parity 钱包 1.5 或更高版本中存在的漏洞进行越权函数调用，发起了攻击并从三个多重签名合约里一共窃取超过十五万个以太币，按当时市值计算造成约三千万美元的损失。

2017 年 9 月 18 日，以太坊开发团队开始测试“大都会”(Metropolis)版本的第一阶段：拜占庭分叉(详见 4.2.5 节)。

2017 年 10 月，主网在 4 370 000 区块高度成功完成拜占庭分叉。此次硬分叉为智能合约的开发者提供了灵活的参数，同时，为后期“大都会”的升级引入零知识证明(zkSnarks)等技术做了准备。

市值排名前 100 的代币(指基于以太坊、NEO 等底层平台开发的 Token)中，有 94%的代币是建立在以太坊之上的，而在前 800 名代币中，则有 87%的代币是建立在以太坊上。这些基于以太坊的“ERC-20 标准的代币”，直接将 2017 年代币融资市场的总额推升到了 55 亿美元。

2017 年 11 月 1 日，DEVCON-3 开发者大会在墨西哥的海边小城坎昆召开，历时 4 天。参会人数暴增到 1800 人，是 DEVCON-2 大会人数的两倍。大会上 Vitalik Buterin 对 PoS 共识和分片的开发现状做了介绍，其余参会者的主题演讲也十分精彩。演讲场数共达 128 场，内容覆盖 PoS 共识、形式化证明、智能合约、“zkSnarks”零知识证明、Whisper 和 Swarm 组件、数字钱包、DApp 等重要技术方向。以太坊计划的最终版本为 Serenity。在此阶段，以太坊将彻底从 PoW 转换到 PoS，这似乎是一个长期的过程，但并不是那么遥远。PoW 是对计算能力的严重浪费，从 PoW 的约束中解脱出来，网络将更加快速，对新用户来说更加容易使用，也更能抵制挖矿的中心化等现象，这将与智能合约对区块链的意义一样巨大。转换到 PoS 以后，之前的挖矿需求将被终止，新发行的以太币数量也会大大降低，甚至不再增发新币。

2017 年 11 月 6 日，由于开发者和用户的“失误操作”意外触发代码漏洞，且在 2017 年 7 月 20 日后修复创建的 Parity 多重签名钱包又全部瘫痪，导致价值超过 1.54

亿美元，共计 93 万个以太币被冻结锁死，至今未能找回。

2018 年 1 月 6 日，以太坊达到 1033 美金，总市值达到 1 千多亿。

2018 年 9 月，比特币核心开发者 Jeremy Rubin 在美国科技媒体 TechCrunch 上发表文章《ETH 的崩溃无法避免》，称就算以太坊网络继续存续，ETH 的价值也会必然归零。Vitalik 在回应中承认了问题的存在，此番言论造成 ETH 的价格一度下挫，许多以太坊的项目开始转移到 EOS、波场等其他公链。在 ETH 的价格影响下，以太坊的全网算力开始收缩。

2018 年 12 月 10 日，Vitalik 在推特上宣称，未来采用基于权益证明(PoS)的分片技术的区块链“效率将提高数千倍”。

2019 年 2 月，以太坊项目进行“大都会”(Metropolis)的第一阶段：君士坦丁堡硬分叉。这是一个刺激以太坊网络改变其核心共识机制算法的代码，这一段代码启动之后，以太坊便会面临所谓的“冰河时代”，在该网络上创建新区块的难度将会不断提升，最终减慢到完全停止，在该硬分叉升级之后，以太坊区块链的状态将“永久性”地改变。

2020 年 8 月初开始陆续上线以太坊 2.0 的版本测试网。

2020 年 10 月，信标链候选版本发布。由于 DeFi(去中心化金融)项目的高活跃度，以太坊交易费用超过比特币，其年化费用收益能达到 7.6 亿美元。

2020 年 12 月，信标链正式上线，以太坊进入 2.0 阶段。

4.2　以太坊的基础概念

4.2.1　以太坊上的智能合约

所谓智能合约就是能够执行合约条款的计算机化的交易协议。其出发点就是要在互联网和电子商务中，在陌生人之间实现类似于法律合同效用的商业行为。

20 世纪 90 年代，Nick Szabo 首次提出智能合约的理念。由于缺少可信的执行环境，智能合约并没有被应用到实际产业中。自比特币诞生后，人们逐渐认识到比特币的底层技术可以为智能合约提供可信的执行环境。

基于区块链技术的智能合约不仅可以发挥其在成本效率方面的优势，还可以避免恶意行为对合约正常执行时的干扰，将智能合约以数字化的形式写入区块链中。根据区块链技术的特性，它能够保障智能合约在存储、读取、执行整个过程是透明可跟踪、不可篡改的。同时，通过区块链自带的共识算法来构建出一套状态机系统(又称有限状态自动机，是现实事物运行规则抽象而成的一个数学模型)，使智能合约能够高效地运行。

如果说比特币引领了区块链技术，那么以太坊则让智能合约复活，而且智能合约程序不只是一个可以自动执行的计算机程序，它自己就是一个系统参与者，可以接收和储存价值，也可以向外发送信息和价值。这个程序就像一个可以信任的人，它可以临时保管资产，而且总是按照事先约定的规则执行操作。

例如，一个人掌握一个存储合约，形式为“A 每天最多可以提现 X 个币，B 每天最多提现 Y 个币，A 和 B 一起可以随意提取，A 可以停掉 B 的提现权”。对这种合约符合逻辑的扩展就是去中心化组织(DAO)自治地管理组织的资产，并用智能合约的方式来编码，用程序实现这些组织的规则。以太坊的目标就是可以自由创建“合约”，提供一个内置成熟、图灵完备语言的区块链，用这种语言可以创建合约来对任意状态转换功能进行编码，用户只要用代码来实现逻辑，就能够创建设想的系统。

如果说区块链 1.0 利用比特币解决了货币和支付手段的去中心化问题，那么区块链 2.0 就是更宏观地对整个市场去中心化，即利用区块链技术来转换许多不同的数字资产而不仅仅是比特币，通过转换来创建不同资产的价值。区块链技术的去中心化记账功能可以被用来创建、确认、转移各种不同类型的资产及合约。未来几乎所有类型的金融交易都可以被改造成在区块链上进行的活动，包括股票、私募股权、众筹、债券和其他类型的金融衍生品，如期货、期权等。

1. 智能合约常见误区

这里还需要再说明一下理解智能合约这个概念时容易产生的误区。

1) 智能合约是自动执行的代码

很多人认为，智能合约是一个可以自动执行的程序，就像定期还信用卡一样，如果用户部署了智能合约，并将其设置为每月运行一次，那么智能合约可以在每个月的某一天自动执行相关交易。但事实不是这样的，智能合约甚至比不上目前的传统程序，因为它不能自己输入条件来执行合约，就像自动售货机一样，只有当用户将钱放入自动售货机时，它才能执行向客户销售商品的过程。

用户需要在以太坊上支付一定的费用，如 ETH，并通过“手动”输入运行参数来运行智能合约。因此，除非区块链之外有输入，并且智能合约的功能被调用，否则智能合约不会自动跑起来。智能合约不只是在区块链的一个节点上运行，它们同时在所有涉及验证数据的机器上运行，这些机器的数量可以达到几千台。智能合约使用相同的代码和输入相同的数据，检查它们是否得到相同的输出结果，并对输出结果达成一致意见，这些结果将永久写入块中，不可篡改。

2) 智能合约可以将业务流程自动化

智能合约可以将业务流程实现自动化，但该方式成本高，不建议这么做。像保险赔付、投注等业务使用的传统软件技术已经可以实现自动化流程，并且可能比智能合约更适合，例如投资银行的金融市场交易业务多年以来一直基于股价或其他数据进行自动支付。执行智能合约的代码是需要经济成本的，并且逻辑越复杂成本越高。

3) 智能合约可以直接连接到互联网上的其他应用

智能合约可以直接连接到互联网上的其他应用的。因为智能合约的代码在所有节点上的每一步执行结果都必须是一致的。如果合约中有获取比特币或美元汇率的代码，在不同的时间里，哪怕是相差几秒，获取的结果都可能不同。但实际上，真正有趣的复杂合约都需要来自区块链以外的数据，如果智能合约无法访问外部数据，这会大大限制其应用场景。例如，当区块链执行远期合约时，就需合约到期日的比特币或美元汇率。以太坊本身没有办法来解决“区块链以外的数据”问题，正如它的白皮书所说“提供真实的可信任中介者仍是必需的”。

2. 智能合约的工作原理

基于区块链的智能合约包含了交易处理和信息保存机制，以及一个完整的用于接受和处理各种智能合约的状态机。交易保存和状态处理是在平台上完成的，区块链交易主要包含要发送的交易数据以及描述相关事件的信息数据。随后，事物和事件信息被传输到智能合约中，合约资源库中的资源状态将被更新，状态机将触发智能合约的判断。一旦满足自动状态机中一个或多个动作的触发条件，状态机会根据预设信息自动选择要执行的契约动作。

智能合约系统根据事件描述信息中包含的触发条件，在满足触发条件时，自动从智能合约发送包括触发条件在内的预置数据资源和事件。整个智能合约系统的核心是智能合约模块以事务和事件的形式对智能合约进行处理，输出的仍然是一组事务和事件，且只是一个由事务处理模块和状态机组成的系统，它不会生成或修改智能合约，它的存在只是为了使一组具有触发条件的复杂数字承诺能够根据参与者的意愿正确执行。

基于区块链的智能合约的构建和执行分为以下几个步骤：

(1) 多个用户参与智能合约的制定。

(2) 合同通过 P2P 网络传播并存储在区块链中。

(3) 区块链构建的智能合约自动执行。

3. 以太坊虚拟机(EVM)

以太坊虚拟机(EVM)是以太坊智能合约的运行环境。

这是以太坊的另一项重大创新项目。它由许多相互连接的电脑组成，任何人都可以上传程序并让它们自动执行，同时它确保了每个程序的当前和以前所有的状态始终是公开可见的。这些程序在区块链上运行，并严格按照 EVM 进行定义，所以任何人都可以为所有权、事务格式和状态转换函数创建业务逻辑。

4.2.2 零知识证明

1. 定义

简单来说，零知识证明就是用户可以向其他人证明他拥有某个数据或可以完成某个计算，而不需要向他们展示改数据的过程，或者他们自己直接完成这个计算的过程。

它所实现的效果是在证明一个声明的真实性时，用户可以无须揭示除了其真实性以外的任何信息。

例如，中本聪向尼克·萨博转账1000个以太币，正常情况下，矿工需要知道中本聪的账户余额才能验证中本聪是否可以转这笔账。如果使用零知识证明，中本聪则不需要展示他的真实余额，只需要证明他有大于1000的余额即可，这样在交易记录上则无法跟踪到中本聪的账户余额变化。

加密货币Zcash是首个实现零知识证明技术的公共区块链。在普通的公有链上，任何人都可以看到从一个地址到另一个地址的价值传输，而在公共Zcash区块链上，可以创建匿名交易来实现Zcash的“不可跟踪”。Zcash上加密的交易隐藏了发件人和收件人的地址，以及一个地址发送给另一个地址的价值。与其他区块链不同，Zcash用户可以通过加密完全隐藏他们的交易，唯一公开的是在某个时间点发生了某事，这意味着如果其他人不知道他们的实际身份或真实世界的地址，则无法看到货币从哪里流入或流出。

2. 应用场景

零知识证明最大的应用领域是账户的财务隐私，如以下场景：

(1) 公司不想让竞争对手知道他们的供应链信息。

(2) 一个人不想让公众知道他所付钱的人的身份，比如破产律师或离婚律师。

(3) 有钱人不希望别人跟踪他们的财富。

(4) 不同商品的买卖双方之间的其他中间人，不希望买卖中断。

(5) 银行、对冲基金和其他从事金融工具(证券、债券、衍生品)交易的金融实体不希望其他人知道他们的头寸或利益，这些信息会将交易者置于不利的地位，从而影响交易者顺利交易的能力。

4.2.3　Gas 机制

在以太坊上执行任何一笔交易都会收取一定数量的执行费用，该费用不是固定的，是由EVM根据每笔交易中执行合约代码逻辑的动态计算出来的，计算该执行费用的方法叫作Gas机制。

1. 基本概念

Gas机制中有几个概念需要重点介绍一下。

1) Gas

Gas是计算交易执行费用的最基本单位。在以太坊上，交易、执行智能合约都需要花费Gas，合约越复杂，需要支付的Gas费就越高。

2) Gas的价格

每笔交易中每个Gas的价格可以由发送者指定，一笔交易的费用是Gas的价格乘以该交易中所有指令消耗的 Gas 的数量之和，矿工在挖矿时优先选择交易费用高的交易打包，这样，发送者如果希望交易被较快地写入区块，可以通过提高 Gas 的价格的方式，提高被矿工优先打包的概率。

3) Gas 上限

在每笔交易中，不仅可以指定 Gas 的价格，也需要指定本次交易最多可以使用的 Gas 的数量，但这个上限是不能超过区块的 Gas 上限。原因很简单，如果超过的话，该交易将无法被打包到一个区块中。另一方面，Gas 上限必须超过实际 Gas 使用消耗，当交易执行失败时，比如一些恶意的垃圾交易，将扣除发送者 Gas 上限指定的数量，以此增加攻击者的成本。

4) Gas≠token

虽然 Gas 是可以被衡量的单位，但 Gas 并不是一种 token。也就是说，你不能拥有 1000 个 Gas，Gas 只存在于 Ethereum 虚拟机的内部，作为执行多少工作的计算数量单位。在实际交易执行时，交易手续费需要转换为一定数量的以太币作为奖励支付给矿工。

2. Gas 机制的作用

使用 Gas 来衡量在一个具体计算中要求的费用单位，不仅保证了交易费用的相对稳定性，也可以确保以太坊节点不会因为进行大量密集的工作而影响其他功能的正常运行。以太坊通过这种经济手段解决了垃圾交易攻击的问题，是一种很巧妙的设计。

Gas 机制有以下作用。

1) 保持交易费的相对稳定

由于以太币拥有快速变化的市场价格，如果交易费用直接使用以太币来衡量，会使得交易费用频繁大幅波动，影响用户交易的体验，不利于以太坊生态发展。以太坊希望交易成本不应该随着以太币价格的变化而快速变化，所以将 Gas 计算的价格与以太币的价格分开，进行独立计价，每次以太币价格波动时，操作的成本保持基本不变。这种策略不同于比特币的交易费用策略，比特币交易费用仅基于交易的可执行字节数目，虽然根据交易或合约的长度来衡量费用是必要的，但由于以太坊允许任意复杂的计算机代码运行，并且很短的代码都可能导致大量的计算工作，所以用计算量衡量交易费用也是非常重要的。

2) 保证节点运行的安全性

以太坊使用计算量来衡量交易费用是一个动态计算的过程，除了需要保证交易费计算的公平性外，更重要的是出于安全考虑。智能合约的代码一般需要存储状态数据，状态数据随着区块全网同步并永久存储。如果有恶意用户使用智能合约生成大量的垃圾存储，那么就会导致链上的永久存储垃圾数据同步增加负担。为了防止这种攻击情况的出现，智能合约要求新建存储类型的数据的操作需要支付相对较多的Gas数量。

3) 限制执行智能合约函数所需的工作量

每笔执行智能合约函数的交易都需要设置一个Gas数量上限，以防止带有恶意逻辑的合约代码(例如死循环)无限制地执行。如果定义每个指令的执行都要消耗一定的Gas，当Gas消耗达到Gas数量上限，就会无条件停止该合约代码的执行，保护以太坊节点正常运行。

3. 交易费用计算

Gas费用由下面三种情况组成：

(1) 智能合约代码执行的操作固有费用；

(2) 合约内执行创建新合约、调用其他合约函数的费用；

(3) 由于内存使用量的增加，可能会支付Gas。

以上三种费用都是执行交易操作的先决条件。

用户执行一笔交易时，首先需要从该用户账户预先支付"足够的"以太币，数量为预设的Gas数量上限×Gas价格(Gas价格即每个Gas的价格，Gas的价格单位为Gwei，比如1Gwei)。如果交易成功，执行后剩下一些Gas将以同样的方式退还给发送用户；如果Gas在执行交易过程中任何时候被用完(即它小于0)，就会触发一个Gas异常，并恢复当前虚拟机调用栈中对状态所做的所有修改，也就是说会恢复所有的之前对该交易执行的修改，就像什么都没有发生一样，但是与预付的全部Gas上限等价的以太币将被奖励给矿工，不再退还给发送者。出现Gas异常的交易也会被矿工打包到区块，提交到链上，交易发送者预支的以太币会被该矿工获得。

4.2.4 去中心化应用(DApp)

1. DApp定义

DApp是Decentralized Application的缩写，即去中心化应用，也有人称为分布式应用。

DApp就是在底层区块链平台衍生的各种分布式应用，是区块链世界中的服务提供形式。DApp之于区块链，有些类似App之于IOS系统和Android系统。

2. DApp的特点

(1) DApp通过网络节点执行去中心化操作，可以运行在用户的个人设备之上，比如手机、个人电脑。DApp永远属于用户，也可以自由转移给任何人。

(2) DApp运行在对等网络，既不依赖中心服务器，不需要专门的通信服务器传递消息，也不需要中心数据库来记数据。数据保存在用户个人空间，可以是手机，也可以是个人云盘。

(3) DApp 数据加密后存储在区块链上，可以依托于区块链进行产权交易、销售，承载没有中介的交易方式。

(4) DApp 参与者的信息被安全储存，可以保护数字资产，保证产权不会被泄露、被破坏。

(5) DApp 必须开源、自治，可以由用户自由打包生成，签名标记所属权。它的发布不受任何机构限制，各种创意与创新可以自由地表达和实现。

4.2.5 其他

1. 账户

比特币区块链是一个交易列表，而以太坊的基本单位是账号。以太坊区块链跟踪每个账户的状态，在以太坊区块链上的所有状态转换都是账户之间的价值和信息转移。

以太坊有两种账户，它们共用同一个地址空间：

外部账户(Externally Owned Accounts)，由密钥控制。

合约账户(Contract Accounts)，由智能合约的代码控制。

1) 外部账户

该类账户被公钥—私钥对控制。以太坊地址代表一个账户。对于外部账户，地址是作为控制该账户的公钥的最后 20 个字节导出的。例如，0x71C7656EC7ab88b098defB751B7401B5f6d8976F。这是一个十六进制格式，通常通过向地址附加 0X 来明确指出。

外部账户的地址是由公钥加密后生成的，所以用户需要谨慎对待私钥，私钥用来查看和处理我们账户中的资产，一旦丢失，资产将永远丢失。

2) 合约账户

合约账户由智能合约的代码控制。只有合约账户才有代码，其中存储的是 codeHash(这个账户的以太坊虚拟机代码的哈希值)。这个字段在生成后是不可修改的，这意味着智能合约代码也是不可修改的。

3) 外部账户和合约账户的区别

以太坊的账户包括四个字段：一个随机数、账户的余额、合约代码(如果有的话)、存储(通常为空)。

外部账户有账户余额、无代码，能触发交易(转账或执行智能合约)，由私钥控制。

合约账户有账户余额、有代码，能被触发执行智能合约代码，在智能合约创建后自动运行。

外部账户的地址是由公钥决定的。

合约账户的地址是在创建合约时确定的(这个地址由合约创建者的地址和该地址发出过的交易数量计算得到)。

2. 消息

以太坊的消息在某种程度上类似于比特币的交易，但两者之间有三个重要区别：

(1) 以太坊消息可以由外部实体或合同创建，而比特币交易只能在外部创建。

(2) 以太坊消息可以选择包含数据。

(3) 如果以太坊消息的接收者是一个合约账号，则可以选择回复，这意味着以太坊的消息中也包含了函数的概念。

3. 交易

在以太坊中，“事务”是指存储从外部服务器发送的消息的签名包账户。账户事务包含消息的接收者、用于确认发送者的签名、以太坊账户的余额、要发送的数据以及两个名为 startGas 和 Gasprice 的值。

为了防止代码的指数爆炸和无限循环，每个事务都需要限制由代码引起的计算步骤的执行，开始则是通过需要支付的 Gas 来限制计算步骤的。Gasprice 是每个计算步骤需要支付的燃油价格。

4. 社区

以太坊项目的背后并不是一个实体化的技术公司，而是由分布在世界各地的专家组成的技术社区，他们通过网络通信工具进行沟通、讨论和视频会议等。常见的以太坊社区如下：

(1) Reddit：以太坊 Reddit 分论坛是最全面的以太坊社交新闻站点，是大部分社区讨论的地方和核心开发者最活跃的地方。在这个理想场所中，人们可以自由地提问，新闻、通告、媒体、技术等各个主题以及相关内容都可以被找到，问题回复得也非常快，在论坛中讨论完全不收费，但这个论坛不适合寻求实际帮助或者希望迅速得到明确的答复的人。

(2) Slack 问答：以太坊在 Stack 上建立了另外一个问答社区，社区功能包含聊天群组、大规模工具集中、文件整合、统一搜索等，这里也是讨论技术问题最好的地方。同时帮助回答问题还能为以太坊爱好者募集积分。

(3) Gitter 聊天室：以太坊社区每天的实时通信使用了 Gitter 工具，这是开发者们的虚拟公用工作空间，在这里能更有效率地获得帮助，甚至是手把手的指导。大部分 Gitter 频道的议题内容都围绕特定的资源库或研究项目，不同的 Gitter 频道会对应不同的代码库或者兴趣主题，用户在加入之前可以选择对应的讨论版。

(4) EIP：EIP 机制设置的目的是更有效地协调改进非正式协议方面的工作。参与者首先提出改进建议并提交到 EIP 数据库中，通过基本的筛选之后，改进建议将以编号的方式被记录并在草案论坛中进行发表。一个 EIP 正式生效需要得到社区成员的支持以及以太坊共识参与者的支持，EIP 的讨论一般会在 Gitter 聊天室中进行。

(5) 线下会议：以太坊社区成员也会采用线下会议这种高效的沟通方式，一般通过 meetup 网站进行组织、筹备和管理会议。

5. 基金会

以太坊基金会(Ethereum Foundation)，也叫以太坊基金(Stiftung Ethereum)于 2014 年 6 月在瑞士创建，它的使命是促进新技术和应用的开发，尤其是在新的、开放的、去中心化的软件架构领域。它的目标是开发、培育、促进和维护去中心化、开放的技术，它主要但并非唯一的重心是促进以太坊协议和相关技术的开发，以及扶持使用以太坊技术及协议的应用。此外 Stiftung Ethereum 还会通过各种方式支持去中心化的因特网。

以太坊基金会的正式照会通常在以太坊博客上以综合性发帖的形式呈现，有些发帖是技术性的，有些是组织性的，还有一些是私人的，所有的博客发帖都在 Twitter 和 Reddit 上宣布。

6. 分叉

在区块链中，区块是由计算机自动创建和连接在一起的。一般全网同时只生成一个区块，如果同时生成两个区块，则在全网中会出现两个长度相同、区块里的交易信息相同但矿工签名不同或交易顺序不同的区块链，这种情况称为分叉。

1) 硬分叉(Hard Fork)

硬分叉指区块链或去中心化网络中不向前兼容的分叉。之后新的共识规则发布后，一些没有升级的节点无法验证升级后节点产生的区块。硬分叉会使所有新的块都不同于原来的块，而旧版本将不接受新版本创建的区块。要实现硬分叉，所有用户都需要切换到新版本协议，如果新的硬分叉失败，所有用户都将返回到原来的区块。

2) 软分叉(Soft Fork)

软分叉是指区块链中的正向兼容分叉。向前兼容意味着当区块链中新的共识规则发布时，分散架构中的节点不必升级到新的共识规则，因为软分叉的新规则仍旧兼容旧规则，因此未升级的节点仍然可以接受新的软分叉规则，软分叉不会产生新的链。

4.3　去中心化金融(DeFi)

现代金融以信任为基础。在传统金融中，中央机构的地位不平等会导致其信息和资源的不同步服务。在银行账簿的结算过程中，可能存在有意或无意篡改信息或信息不透明等问题。

2008 年的金融危机使许多传统金融机构破产，也暴露了传统金融机构存在的问题。人们对传统金融机构感到失望，转而向分散化金融寻求机会，这是比特币兴起的契机，也是 DeFi 兴起的背景。

4.3.1　DeFi 的定义

DeFi 的中文名为去中心化金融(Decentralized Finance)，它是中心化金融

(Centralized Finance，CeFi)的一个对位概念。

银行转账、保险、证券交易，这些都是中心化实体提供的金融服务。中心化的金融实体，比如银行、借贷公司，都存在一些风险，他们会被黑客攻击，甚至在欧美国家会出现跑路或者倒闭的情况，普通的用户处于很弱势的地位，应对风险的能力低。

DeFi 提供了一种全新的思路——“区块链+金融”，即一方面，基于区块链技术的产品有去中心化、不可篡改、数据安全等优势；另外一方面，这些产品依旧可以提供传统金融支持的服务。

判断一个产品是不是 DeFi，需要包括以下四个特点：

(1) 采用区块链技术；

(2) 服务于金融业；

(3) 代码开源；

(4) 有一定规模的开发人员群体。

4.3.2 DeFi 的三个协议

为了更好地服务生活，目前大部分的 DeFi 产品和服务仍然是去中心化和中心化相结合的。DeFi 通过公链与不同的智能合约协议相结合，可以实现传统金融中如转账、贷款、保险以及证券交易等多样的服务。

在区块链行业，有很多不同的公链：比如以太坊、EOS 和波场等。这些公链就像不同的手机系统，比如 iOS、Android 和 Windows。产品开发者可以选择不同的公链去开发 DeFi 产品。

从 DeFi 这个概念产生到现在，目前符合条件的区块链项目已有上千个，部署在以太坊上的 DeFi 类项目最多，整体表现也最好。

一方面，由于以太坊是区块链行业的元老，也是第一个支持智能合约的公共链项目，因此它已经成为早期 DeFi 项目开发商的首选。

另一方面，DeFi 这个概念的创造者 Brendan Forster 是 Dharma Labs 的联合创始人，而这个项目也是基于以太坊开发出来的。

DeFi 产品按照协议类型和功能可以分成三类：第一种是资产协议，比如稳定币 USDT、Dai；第二种是借贷协议，比如 MakerDAO；第三种就是流动性协议，比如 Sushiswap 和 Uniswap。

1. 资产协议

现在世界上流通最广的货币是美元(USD)。全世界的人都用美元来储存、保管、转移和交换货币，在 DeFi 的世界里进行投资，如此强势的货币也同样具有非常重要的影响力。在现实生活中，美元之所以广受欢迎，是因为它得到了拥有强大国力的美国的认可，所以我们愿意使用美元。但是在 DeFi 的世界里没有美元，因此 DeFi 世界面临的第一个问题是，需要一个可以被大多数人认可和使用的可靠的数字资产，资产协议的出现正是为了解决这一问题。

1) 资产协议的定义

所谓资产协议，就是部署在公链上的一种智能合约，经过智能合约规则的设计，这种数字货币具有价值稳定的特点，能得到大家的认可。比如众所周知的稳定币USDT，它是一种基于美元的数字货币。Tether公司抵押了大量美元，将USDT一个接一个锚定在美元上，并在智能合约中写下这样一个规则：1 USDT = 1美元，用户可以随时用1∶1的美元兑换USDT。像USDT这样价值稳定的数字货币就是称为稳定币。

共同资产协议通常包括稳定币资产和跨链资产BTC，我们前面提到的USDT是一种稳定币。作为数字货币领域的美元，稳定币是CeFi和DeFi在全球的重要资产，同时也作为桥梁连接两个世界。

在DeFi世界里，稳定币的价格稳定，没有大幅波动，常常是人们的交易中介和借贷款标的资产。比如，人们在买卖比特币和以太币以及借贷的时候，人们常常选择将他们换成USDT，由此来保证自己通过交易或者贷款得到的资产不会贬值。同时，用户手里的USDT，也可以轻易地通过OTC场外交易兑换成法币现金。锚定美元的稳定币有很多种，像USDT、USDC、USDK等，都是锚定美元的稳定币。USDT因为具有一定的先发优势，所以它是DeFi世界里市场份额最大的稳定币，目前正在DeFi产品上发力，其余几种稳定币，现在都在探索自身在DeFi产品上的应用。

目前来看，在DeFi世界里，市场份额最大的稳定币资产是Dai。Dai是MakerDAO创建并发行的一种与美元1∶1锚定的稳定币，不过它并不像USDT一样抵押美元来1∶1锚定美元，而是通过抵押以太币来锚定美元。

目前最有效的稳定币交换协议是Curve。它是以太坊上的去中心化交易所流动资金池，用户和其他分散协议通过它以低廉的费用和极低的延误来交换稳定币。

2) 跨链BTC

由于比特币在世界上的特殊地位，为了构建更为彻底的数字货币世界，摆脱对美元的依赖，一些开发商决定开发一套锚定比特币的数字货币，如有包装的比特币(Wrapped Bitcoin，WBTC)和BTC的错定币RenBTC。

开发者在以太坊公链上写了一套智能合约，即通过抵押一定数量的比特币来创建一个新的代币，新的比特币代币是用一对一的方式锚定比特币。这些在以太坊发行的BTC锚定资产本质上不是BTC，其价值还取决于其背后的实际资产支持。然而，对于具有实际资产背书的BTC锚定资产，其购买力实际上是存在的。因此，“跨链BTC”的诞生也推动了DeFi生态的繁荣与进步。

2. 借贷协议

一般的银行贷款都会以抵押房地产等资产作为信用担保，贷款人拿到银行贷款后，还款也需要支付一定的费用利息。DeFi的贷款协议也模拟了这样一套程序，不同的是，抵押和收购的资产变成了数字货币，而原本由银行处理的贷款程序变成了网上的开放式区块链智能合约。此外，用户可以通过在DeFi上借钱获得额外的代币奖励。

目前，DeFi贷款协议产品有两种，一种是单一贷款协议产品，另一种是DeFi协议聚合器。DeFi行业内最具代表性的借贷项目有三家：Aave、MakerDao和Compound。本部分将以MakerDao为例，讲解去中心化借贷。

MakerDao发行稳定币Dai，用户可以通过超额抵押数字货币，生成价格锚定美元的稳定币Dai，我们可以把MakerDao看成DeFi生态中的中央银行。但数字货币的价格是不断波动的，所以当抵押率达到一定程度的时候，抵押的数字资产就会在合约上被自动拍卖，以此来保证稳定币Dai的价值。

超额抵押贷款模型的优点是它不需要对资产定价，并且能够快速提供流动性。这得益于以太坊的共识机制，MakerDao甚至不需要对资产进行标准化和真伪识别，只需要一个通用的价格传导体系和适当的风险管理即可。

MakerDao早期采用以太坊标准体系，发行刚性稳定币证书，这个以太币本位持续了两年，在2018至2019年以太币资产下跌期间，为市场提供了流动性的支持。

2020年，新冠病毒对经济的影响迫使MakerDao接受更广泛的抵押品类型，包括法定货币资产(USDC等离岸美元)与比特币。好处是Dai的溢价消失，系统也顺利完成了对坏账的重组，而Dai从单一的以太坊本位发展转为基于多资产抵押发行。

虽然抵押品变得多样化，但MakerDao只是对抵押品进行被动管理，运行一个完备的货币系统，需要MakerDao承担像央行一样的角色，而不仅仅是类似贴现窗口的简单职能，还包括稳定币价格、应对内外部需求冲击以及最后贷款人的作用。

与阿姆斯特丹银行向东印度公司贷款一样，MakerDao开始以信托SPV的形式向美国地产开发商进行租赁融资贷款，通过资产负债表透支，发行新贷款给地产开发商，地产开发商将建设场地出租给商户，MakerDao作为优先级债权收取利息。这是一个重大的转变，也是满足全球贸易需求的自然选择，MakerDao从刚性稳定币的发行方成为货币的创造者，通过积累的信誉给系统注入弹性，这也让其开始有了央行的雏形。

3. 流动性协议

交易所负责为证券交易(如股票交易)提供场所和设施，并对其市场进行审计和监督行为。例如，上海证券交易所和深圳证券交易所属于传统的证券交易所，他们工作的主要是管理各种商品的交易股票，而伴随着区块链产业和数字货币的兴起，人们发现一些数字货币也需要交易所，于是区块链交易所应运而生。在运行机制方面，区块链交易所与传统交易所没有太大区别，但交易对象不同——传统交易所的交易对象是证券，而区块链交易所的交易对象是数字货币。

如果阿里巴巴集团想在上海证券交易所上市融资，首先需要向上海证券交易所提交上市申请，上海证券交易所收到申请后，将对公司进行复核，如果他们发现该公司的经营业绩非常好，上市对该公司和投资者来说是一个双赢的局面，他们会批准其上市，并允许大家买卖该公司的股票。上市后，交易所不会溜之大吉，而是会时刻监控公司的市场行为，如果发现一些公司存在恶意炒作行为，将被处以罚款和处罚。

同样，在区块链行业，也有很多区块链项目需要上市融资，但这些区块链项目显然不符合股票的上市资格，为了服务于数字货币产业，火币、OKEx 等区块链数字货币交易所应运而生。类似于上证所，如果区块链项目要融资，则需要向火币交易所提交申请，交易所会对项目的资质进行审核。如果符合标准，该项目的代币可以在交易所进行交易。同样，火币也需要对项目方的违规操作进行监管，这个是区块链交易所的运作模式，我们会发现它和传统的交换没有什么不同。

去中心化交易所(Decentralized Exchange，DEX)是区块链对传统交易所的一次重大变革和探索，它试图取代所有可以从传统交易所移除的集中化环节，从撮合到清算，甚至包括做市环节。

从去中心化的角度看，DEX 可以分为混合 DEX 和纯 DEX，混合 DEX 的去中心化程度较低，通常采用区块链与传统服务器相结合的模式。在区块链上，它只执行记录交易的清算和结算。为了提高交易效率，它选择通过服务器或中间层完成买卖双方的订单匹配链，通过链上与链下的有机结合，大大提高了交易效率，但由于去中心化程度不高，用户体验总体上和传统的交易所没有太大区别。

相比混合 DEX，纯 DEX 在行业内的主流是订单簿 DEX 和自动做市商 DEX。假如有 X 个用户卖出 ETH，买入 HT，有 Y 个对手方用户买入 HT，卖出 ETH，两边的用户数量和出价都不同，DEX 则会根据出价的高低、时间的先后顺序等原则，把双方记录在一张订单簿上，撮合合适的双方交易，从而确定这两种资产的价格。

中心化交易所会把这个订单簿存储在交易所的服务器上，而 DEX 的订单式交易则是在链上完成的，用户自己创建交易和取消订单，并为自己的操作支付 Gas 费用。

目前行业内有名的一些 DEX，如 IDEX、DDEX、Radar Relay，都是订单簿式 DEX。自动做市商模式伴随着 Uniswap 这一类 DEX 异军突起，订单簿式 DEX 被自动做市商模式替代。目前市面上比较火热的 DEX 项目，比如 Uniswap、Balancer、Kyber 几乎都用的自动做市商模式(AMM，Automated Market Maker)。

自动做市商模式会通过提供流动性资产池(Liquidity Pool)，并借助一定的算法，如恒定乘积，来调节资产价格和资产存量之间的关系，实现完全的去中心化交易。

以 Uniswap 为例，简单为大家拆解自动做市商模式的运作机制。

传统的交易所做市定价都是通过交易所的中心服务器和算法决定的，而在 Uniswap 这里，每个人都可以成为做市商，帮助交易所运营，从而获取利润。

举个例子，如果现在 1 ETH = 1 HT，中本聪想成为 Uniswap 的做市商，中本聪就可以按这个兑换比例向资金池里提供 100 ETH 和 100 HT 的资金，之后，Uniswap 会将两个数值相乘，得出恒定乘积：100 × 100 = 10 000。Uniswap 会让这个 10 000 的乘积保持不变，以此来确定 ETH 和 HT 的价格。

如果尼克·萨博想在这个合约中购买 1 个 ETH，那么池子里就会只剩 99 个 ETH，恒定乘积 10000 保持不变，10000 除以 99 个比特币等于 101.01 个 HT；而现在池子里只有 100 个 HT，所以如果尼克·萨博要拿走 1 个 ETH，就需要支付 1.01 个 HT，保证 ETH 和 HT 数量乘积为 10000，于是 ETH 的价格发生了变化，从 1 个 HT 上涨到 1.01。

这时候，在中心化交易所中 1 ETH = 1 HT，而在 Uniswap，1 个 ETH 可以换 1.01 个 HT，存在套利空间，用户们就可以在交易所用 100 个 HT 买入 100 个 ETH，再在 Uniswap 上卖出获得 101 个 HT，额外赚 1 个 HT。这种套利行为，最终又会反向操作，导致 Uniswap 上的 ETH 和 HT 的兑换比率与中心化交易所趋于一致。

随着越来越多的人参与做市，比如有池子里有 10 000 个 ETH 和 10 000 个 HT，购买一个 ETH 的成本就只有 1.0001，这时用户们会发现，池子里的资金量越大，交易的成本变动就越低，所谓的滑点也就越小。这就是 Uniswap 自动做市商机制的一种基本原理，此处为了便于大家理解，并没有计算手续费等因素。

随着 Uniswap 自动做市商机制的崛起，其他的 DEX 也相继研发出了新的 AMM 机制，区块链行业的 DEX 迎来了春天。它们大多都继承了 Uniswap 的核心设计，但各自具有自己的特殊定价函数。比如，Curve 使用常数乘积和常数和的混合模式，Balancer 的多资产定价函数用一个多维平面来定义。

虽然大的中心化交易所(Centralized Exchange，CEX)因为各种做市商和管理者机器人的原因，深度比去中心化交易所好，成交也更快捷。但 CEX 的刷单量，也是个不争的事实。不过 DEX 有了 AMM 自动化做市商模式之后，用户基本上连接钱包之后，就可以拿 ETH 去换想要的代币，系统会自动帮用户成交，甚至还会根据用户要兑换的数量，告诉用户这笔交易对这个代币价格的影响，用户可以设置自己能够容忍的最大滑点，但通常来讲手续费要比 CEX 高不少。DEX 允许每个用户把自己的代币扔到流动池里，成为一个小的做市商，然后享受交易分红，且流动池资金是由去中心化开源合约控制的，AMM 交易数据是全部上链的，不像传统 CEX 的平台，毕竟没有人知道他们有没有赢利，而在 AMM 这里，一切透明。

更重要的是，用户的资产依旧在用户个人控制的钱包里，而不是进了交易平台，所以资产依旧百分百安全，这是传统 CEX 无法实现的。

4.3.3 预言机项目

预言机是连接现实世界和区块链的信息纽带，是 DeFi 生态的重要组成部分。我们之前就知道，区块链因为去中心化的技术特性，是一个完美的“信任机器”，然而，区块链也有其自身的局限性。

例如，小明和小红打赌明天是否下雨，由于害怕对方作弊，他们选择在以太坊上写一个开放的智能合约：“如果明天下雨，小明将把 5 个 ETH 转给小红；如果明天不下雨，小红将把 5 个 ETH 转给小明。”在这个智能合约中，大家都可以看到，双方在智能合约中预存了 5 个 ETH，而获胜者可以得到双方共预存的 10 个 ETH，这样小明和小红就不用担心对方违约了。

但问题是，智能合约只是游戏规则，不知道明天的真实天气情况。小明和小红签订的智能合约需要一个可靠的信息源来告知其“第二天下雨了”或“第二天没下雨”。在收到这样的消息后，智能合约才可以执行规则，并将 10 个 ETH 分配给小明或小红。

在现实生活中，智能合约实现的大部分产品都非常依赖于现实世界的数据。无论是比特币和以太坊等加密资产的价格，还是现实世界的天气和事件的结果，都是链上许多产品的必要参数。因此，我们需要一个预言机来公正准确地将各种信息传递给区块链。

预言机就像一部电话，电话会有话筒声音收集、声音处理、声音输出。预言机也是类似的三部分：链下数据收集和报价者、预言机的数据处理、预言机数据链上输出。

运行的时候，链上协议先向预言机发起一笔数据请求，预言机这时候就会根据请求，收集链下数据提供者提供的数据，并进行处理，最后再将收集的结果数据传输给链上协议。

不同的预言机之间的主要区别在于他们的去中心化设计、报价机制和数据处理机制的设计，当然最终目的还是成为更安全的预言机。

Chainlink 预言机目前是区块链预言机中的龙头项目，作用是以最安全的方式为区块链提供现实世界中的数据，其代币 LINK 的市值也已接近 30 亿美元。现在圈内著名的 DeFi 项目，比如 Aave、BZX 和 Kyber 使用的预言机都是 Chainlink。在链下数据收集方面，Chainlink 一共有 21 个信任节点，也就是 21 个现实信息收集者，每一次收集数据，必须有不少于 14 个节点提交报价才能计算出可信答案。有人会担心，如果有 14 个节点串通，上报虚假信息牟利怎么办？对于这个问题，Chainlink 则引入了节点声誉、抵押代币的机制。一方面，Chainlink 会对节点的工作进行声誉评价，声誉好的节点就更有可能获得数据需求方的选择。另外一方面，数据需求方也可以设定要求，如果节点想要提供现实数据，就必须要向需求方抵押一定数量的代币作为担保，以防止节点恶意报价，造成损失。但随着 Chainlink 业务规模的增长，选择 Chainlink 的 DeFi 项目越来越多，节点造假的潜在收益就越来越高，所以在理论上，Chainlink 存在一定的安全性风险。

预言机是目前区块链上最重要的一项基础设施，它连接着链上和链下，尤其是在目前的 DeFi 世界中，预言机提供的价格将会是许多交易和清算的重要参数。随着底层技术的发展和设计思想的成熟，未来的链上产品有可能会将预言机集成整合起来，并在此基础上，设立一套预言机本身的价格采用机制，来进一步降低单一预言机带来的风险。

4.4　以太坊 2.0

去中心化不仅创造了巨大的价值，同时也需要巨大的成本。实现去中心化的成本如此之高的原因是，与如今的大多数区块链一样，以太坊上的每个节点都必须对每个区块中的记录进行计算，以确保所有参与者都遵守规则，而这个过程要消耗能源和计算资源。

还有一个是时间的成本。以太坊的节点遍布世界各地。网络通信时延大，计算能力各不相同。以太坊网络必须能够容忍长时间的网络延迟，这样网速较慢的节点才能跟上全网的速度，并参与到去中心化投票机制中。

就目前架构下的以太坊网络而言，如果要求在极短时间内处理过多的数据，笔记本电脑和个人服务器等消费类硬件将无法跟上网络的步伐，只有大型数据中心才能充当此应用程序中的节点网络，这个将大大降低以太坊的去中心化程度，因为大型数据中心节点很容易形成垄断，进而控制整个网络。

4.4.1　以太坊 2.0 简介

以太坊 2.0 是新一代以太坊，是一个完全不同的项目，它的目标是提高以太坊的可扩展性、安全性和可编程性。

与以太坊 1.0 只能实现 15 个 TPS 的吞吐量不同，以太坊 2.0 每秒可以处理数千到数万个事务，甚至更多，但不会降低其去中心化程度。在共识机制方面，以太坊 2.0 采用的是更经济、安全性更强的 PoS 机制，而不是比特币和以太坊 1.0 使用的 PoW 机制。

以太坊 2.0 之所以采用共识机制，一个原因是 PoW 系统容易遭受蹲点(Spawn Camping)攻击。如果作恶者所掌握的挖矿硬体足以攻击比特币等 PoW 区块链，比特币便无力阻止后续攻击，因为网络会不断发生分叉，然后又会被同一帮挖矿硬体攻击，如此无休止地循环下去。而采用 PoS 机制的以太坊 2.0 可以处罚作恶的节点并没收攻击者的押金。

此外，以太坊 2.0 允许开发者创建自己的事务处理方法，即执行环境，这样开发者就可以使用以太坊网络中其他区块链的规则。执行环境是以太坊 2.0 允许人们使用比特币、ZCash、以太坊 1.0 交易规则和其他所需的规则集。以太坊 2.0 的规模比以太坊 1.0 高出几个数量级，均由缴纳了押金的同一组验证者保护其安全性。

以太坊 2.0 是通过分片实现的：在以太坊 2.0 中，每一条分片链都有自己的专用阻断器和验证器，这些分片链之间紧密相连，可以相互通信，形成一个庞大的分片链网络。

因此，以太坊 2.0 的验证器不需要处理整个网络中的所有事务，只需要对某个片段上的事务进行处理和验证。通过这项创新技术，使用消费类硬件的用户也可以参与并为以太坊 2.0 做出贡献。在以太坊 2.0 中，每个分片链具有相同的安全性，如果你想摧毁一系列的碎片，就必须摧毁整个系统。

4.4.2　以太坊 2.0 规划

以太坊 2.0 是一个宏大的项目，它不仅在性能上有所提升，在整体上也有所改变。当以太坊向 2.0 演进，其架构的所有核心部分，如共识机制、虚拟机和交易处理模式，都将与以太坊(我们称之为以太坊 1.0)完全不同。

以太坊 2.0 是一个庞大的项目，需要经历几个阶段的逐步演进，或者说发展有其关键节点，主要包括以下几个阶段：

1. 阶段 0

阶段 0 是以太坊 2.0 的开发阶段。当这个阶段完成时，大家将看到以太坊的信标链(Beacon Chain)。

信标链是以太坊 2.0 的底层，共识机制在其中运行，节点也在其中沟通。更通俗的说法是，信标链想要实现的是以太坊的第一个大变化，即共识机制从 PoW 转变为 PoS，世界各地的参与者可以通过抵押的方式参与信标链的区块打包和验证，并获得以太币的奖励。在可预见的未来，至少数十万验证者将参与到以太坊 2.0 中块的封装和验证中来。

需要注意的是，节点获得的以太网货币不是当前的，而是在以太坊 2.0 上运行的。

信标链已于 2020 年 12 月 1 日启动。

2. 阶段 1.0

在这个阶段，以太坊 2.0 将迎来分片技术的实施。

所谓分片可以理解为以太坊 2.0 上有几个平行的小以太坊，每个小以太坊都是分片的。在今天的以太坊(Ethereum 1.0)中，所有任务只能在一个以太坊上执行，并且只有一个人来做所有的工作，这样工作者不仅累，而且效率低下。在以太坊 2.0 中，1000 人同时工作。

阶段 1 可能会在 2021 年底或 2022 年年中上线。

3. 阶段 1.5

当第一阶段完成后，实际上以太坊 2.0 的主要框架已经形成，但以太坊 1.0 不能因为以太坊 2.0 而被遗忘，如何处理以太坊 1.0 及在其上运行的数千个代币和智能合约成为一个问题。

以太坊的方法是将以太坊 1.0 作为一个整体集成到以太坊 2.0 中，并使其成为以太坊 2.0 的一个子系统，以便目前在以太坊 1.0 上运行的任何智能合约和 DApp 仍然可以在以太坊 2.0 上运行，这是 1.5 阶段的工作。

阶段 1.5 将在 2023 年年底前后提供。

4. 阶段 2.0

以太坊 2.0 的第二阶段相当于整个系统的结束阶段项目。在这一阶段，以太坊将继续改进剩余的细节，并解决历史遗留问题。

至此，以太坊 2.0 完全成形。第二阶段的结束可能会快一点，整个以太坊 2.0 将在 2024 年推出。

4.4.3 以太坊 2.0 质押服务

相比于以太坊 1.0 在 PoW 机制下耗费了大量硬件及电力成本，以太坊 2.0 的 PoS 机制则更为友好，手续费也显著减少。以太坊 2.0 的推出，不仅有利于以太坊的长远发展，也有利于其 DeFi 生态发展。

以太坊 2.0 的质押挖矿可以简单理解为去中心化的高利率活期理财，可实时质押赎回，利率公开公正，不受个人持币数量的影响。以太坊 2.0 质押服务主要有三种模式，即节点技术服务、散户集合质押、去中心化撮合匹配。其中，主要以 Instones，Stkr，RocketPool 等区块链基础设施服务商为主。

节点技术服务模式提供节点搭建的技术服务，面向持有 32 个 ETH 的用户。比如 Stakewise(以太坊 2.0 质押平台)的 solo 模式，对每个见证人每月收取 10 美金的固定费用；而 Staking 服务提供商 StakeFish 是一次性向每个见证人收取 0.1ETH 的费用。

散户集合质押模式是面向不满足 32ETH 的用户，该模式类似矿池的模式。比如 Stakewise 的 Pool 模式，没有最低质押量，会抽取奖励的 10%作为费用；而 Stkr 会抽取奖励的 20%。

去中心化撮合匹配是一些 DeFi 平台为节点运营者和 ETH 持有者进行匹配。比如 Rocket Pool 中的每个节点运营者需提供 16 个 ETH，其余一半通过网络分配，通过这种方式将节点运营者的利益绑定，以确保他们维护好节点，这样节点运营者和质押用户才能分享收益。

参与以太坊 2.0 质押能够获得增发的 ETH，按照 1000 万的质押量，币本位的年化收益率有 5%左右。目前，DeFi 借贷市场 ETH 的币本位存款年化利率不到 1%，Compound 为 0.05%，Aave 为 0.07%。因此，对于持币型用户而言，以太坊 2.0 质押还是很具有吸引力的。

但是参与以太坊 2.0 中，平台的选择尤其需要谨慎，需要重视以下三个方面：

第一是平台的安全性。以太坊 2.0 质押至少需要持续 2 年，提供第三方质押服务的平台的运营是否安全、能否保证 2 年后能够如期兑付本金、利息，这些问题是用户需要考虑的首要因素。

第二是技术稳定性。验证节点如果出现了离线、故障等问题，可能面临惩罚，因此节点技术服务的稳定性，直接影响质押的实际收益，这一点也需要重视。

第三是资产的流动性。质押在信标链中的 ETH 至少两年内不能转出，为了满足用户提前退出的需求，未来质押凭证可能会以代币的形式在各平台流通，如果平台流动性不好，可能会导致较大的价差。

思考与练习

1. 简述以太坊的定义。
2. 简述零知识证明。
3. 以太坊账户分为哪些不同类型？它们有何不同？
4. 简要叙述你对 DeFi 的理解。
5. 简要叙述你对以太坊 2.0 的理解。

第 5 章　Libra

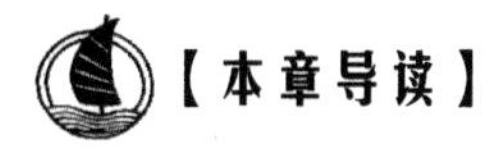

【本章导读】

Libra 最初的设想是要建立一种简单、无边界、超主权的数字货币。它不仅有挑战现有金融体系和跨境支付体系的雄心，也有实力予以支持。它的发起者元宇宙(Meta，前身为 Facebook)每月拥有 27 亿活跃用户，Libra 协会有数十家金融机构加入，并且拥有开发大规模系统的经验。但 Libra 的权力也令全球监管机构感到担忧，许多人会认为对一些国家主权货币以及全球货币和金融体系存在威胁。在重重压力下，Libra 更名为 Diem，其目标是推出一种由单一美元支持的数字货币。

本章节仍把 Libra 作为一个超主权数字货币的案例，探索超主权数字货币的各种可能性。从 Libra 的发行背景入手，讲述 Libra 的运行机制、它对全球的影响，以及它所带来的监管问题。

5.1　Libra 的发行背景

5.1.1　超主权货币的尝试与发展

1944 年，在布雷顿森林会议期间，英国财政大臣凯恩斯提出了世界货币“Bancor”的概念，但这概念并没有得到承认和实施。在 20 世纪 60 年代末出现美元危机时，国际货币基金组织(International Monetary Fund，IMF)也提出了在各国货币的基础上，以主要国家货币为超级主权货币的特别提款权(Special Drawing Right，SDR)，但由于很难得到在 IMF 拥有一票否决权的美国的支持，所以 SDR 难以成为广泛商用的世界货币，只能成为政府间一种补充性质的官方储备资产。

第二次世界大战后，随着美苏两个超级大国的形成与日本的迅速崛起，欧洲老牌大国越来越认识到，单靠各国自身实力很难形成强大的国际地位，也难以更好地维护自身的利益，他们必须以宽松的欧盟制度为基础，进一步增强货币和财政的合力。因此，德、法、意等国开始建立地区统一货币——欧元，并邀请英国加入。然而，出于平衡美欧关系和自身利益的考虑，英国不愿加入欧元组织。在美元的影响力不断增强的情况下，实力最强的德法率先放弃本币，开始推动超主权区域货币的发行，在此条件下，欧元应运而生，并成为仅次于美元的世界第二大国际货币，一度作为超级主权货币备受世界期待。

然而，欧元运行的实践证明：欧元成员国虽然组成联盟，但各国的独立性仍然存在，不同国家的财政和货币政策协调性很大，难以维持欧元的有效运行，面临诸多挑战，能否长期生存是一个很大的问题，也难以从根本上挑战美元的地位，更难从地区货币发展成为世界超级主权货币。

事实上，要探索超主权世界货币，就必须准确把握货币从自然实物货币完全转变为国家信用货币的原因以及货币发展的逻辑和规律。在货币的长期发展过程中，人们逐渐认识到，随着经济和社会的发展，货币的重要性将越来越大，功能也将越来越丰富。然而货币最重要的本质定位仍然是价值尺度，最基本的功能仍然是交换的媒介和价值的存储。

要发挥货币的价值尺度作用，必须使一国货币总量与该国主权范围内的社会财富总量相对应，并受法律保护，从而保持社会物价总指数和货币价值的基本稳定。因此货币必须从社会财富中分离出来，转化为社会财富的价值对应物和代表物，而过去充当货币的金银等贵金属则必须退出货币阶段，回归其原始的社会财富来源。这就推动货币发生了非常深刻的裂变：从几千年来具体的商品货币到抽象的国家信用货币，货币变成了纯粹的价值单位或价值尺度，成为一种数字的表征物。

这里所谓信用货币的“信用”，不是发行机构本身的信用，也不是政府或金融部门本身的信用，而是全国的信用，其由全国的社会财富支撑。国家赋予了货币管理局发行货币的权利。如果想要建立超级主权货币体系以及相应的管理协调机制，需要在全世界支持超级主权货币的前提下，同时做到至少形成两极或多级格局。如果仅从技术角度谋求建立超主权世界货币，基本就是难以实现的。

2007 年，美国爆发了严重的次贷危机，进一步引发了“百年不遇”的全球金融危机，也引发了人们对现行货币体系的不满。在此背景下，有人化名为“中本聪”推出比特币。相比于黄金的基本原理，比特币完全基于数学加密规则，对总量和阶段性生产进行预设运用了区块链技术，并以去中心化方式生产。比特币的诞生再次引发人们对超主权世界货币的激情和期待。后来，以太坊、莱特币等数千种数字货币应运而生，一度激发了很多人的无限想象。

有人认为，比特币将实现哈耶克“货币非国家化”的愿景，成为一种高效、超主权的世界货币；比特币区块链将成为构建信任的机器(如让互不认识的人可以做生意)、创造有价值的互联网；它将重塑社会组织和生产关系，创造新的数字经济(如通证经济)和一个平等公正的美好世界。有人甚至把它提升到哲学、神学的高度，进行狂热炒作。

但比特币出现后，经过对各种数字货币进行 10 年的运作，越来越多的人认识到，比特币是一种纯粹的数字货币，缺乏法律对资产的保护或对财富的直接支持，其价格完全取决于人们的喜好即供求关系，其价格经常出现跌宕起伏的状况，难以发挥价值尺度的作用，而且区块链网络体系的基础完全是一个封闭的体系，极力回避金融监管，难以解决现实世界中的实际问题，由此支持的数字货币，可能成为一种投机的对象，使它很难成为一种币值稳定的货币，不可能取代或颠覆法定货币体系。

也正因为如此，中央银行发行的数字货币不可能是模仿比特币一类全新货币体系下的去中心化的网络数字货币，只能是法定货币系统利用新技术推广的数字货币，旨在提高货币运行效率，降低货币运行成本，提高货币管理水平。在包括现金在内的现有货币制度难以被完全替代的情况下，一个中央银行也很难同时维持两种不同法定货币制度的联合运行，央行的数字货币最多只能替代部分现金。因此，央行主导的数字货币也需要谨慎对待和论证。

在认识到数字货币难以像法定货币一样流通后，市场又开始推出与法定货币 1∶1 等值挂钩的数字货币，即区块链技术支持的网络专用“稳定币”，如美国的 USDT、USDC、双子星美元以及摩根大通银行的摩根币等。此后，其他国家也陆续地推出了与本国货币挂钩的稳定币。

这里所谓的“稳定”，只是指挂钩数字货币的价格稳定不变，但实际上并不意味着挂钩数字货币的价值稳定不变。因为挂钩数字货币的价值是随着挂钩法定货币的价值而变化的。这种与法定货币挂钩的稳定币，实际上是典型的“代币”，与比特币等数字货币相比，几乎没有什么货币创新。

但稳定币的使用，一方面有等值法定货币储备的支持，有发行机构的担保，容易让人接受；另一方面，发币主体无须为用户开立法币存款账户，而是要求用户使用法币购买或更换稳定币，因此收取的法币归代币发行主体所有，而代币发行主体则只需为用户开立一个稳定币存款账户即可，这似乎摆脱了对吸收法币存款的严格规定，使代币更加灵活。

稳定币直接使用法币作为保证金，吸收的法币存款所有权属于存款人。因此，按照许多国家的金融法规要求，这些保证金存款必须完全委托给符合条件的金融机构，以防止挪用。但是稳定币只能通过购买法币获得，由此收取的法定准备金属于稳定币的发行人，使用这些法定准备金所得的收益也属于发行人。

同时，所有稳定币都宣称使用最新的区块链技术可以实现资金的点对点、零费用汇划(即以汇兑方法划付款项)，这使得他们的稳定币和支付系统显得更有吸引力，“汇款就像发短信一样简单”成为宣传和引流的重要噱头。

但是，只与单一法定货币挂钩的稳定币，实际上摆脱不了一个“代币”的标签，而区块链技术的应用也不必和网络数字货币绑定。在互联网上，货币是一个符号，所以使用法币代号就可以运行，因此，在“币”的创新方面，稳定币没有多少亮点，甚至无法与比特币等数字货币相比。

5.1.2　“脸书”的自身需求

脸书(Facebook，现更名为 Meta，因 Libra 发行时，其名字为 Facebook，所以本章仍称其为 Facebook 或脸书)作为社交巨头，其变现方式单一，那就是向用户推送广告，并向商家收取广告费。根据脸书发布的财报，在 2019 财年的第一个季度，脸书的营业总额为 150.8 亿美元，而其中由广告贡献的营收就高达 149.1 亿美元。广告收入在营业总额中的比重超过 98%。

对于一个公司来说，业务模式过于单一，其面临的风险非常大。这种简单化的商业模式可能会在情况发生变化时给他们带来麻烦。而脸书的数据泄露对其声誉造成了很大的负面影响。如果影响持续发酵，可能会导致广告收入大幅下降。此外，许多学者呼吁对脸书的广告业务征收重税，以遏制其庞大的市场实力，并给新的竞争对手进入市场的机会。如果这一建议被采纳，脸书的广告收入将遭受毁灭性打击。在此背景下，进一步拓宽业务范围，摆脱目前业务过于单一的局面，是脸书的必然选择。

事实上，脸书已经开始实现业务多元化。早在 2016 年，它就凭借 Instant Game 进入游戏业务。理论上，对于脸书这样拥有数十亿用户的平台来说，游戏应该能赚很多钱。然而，后来的发展却否定了这一想法。

尽管经历了两年多的发展，但脸书的游戏收入还是微乎其微。一个原因是它缺乏自己的支付系统。一方面，由于没有自己的支付系统，脸书不得不使用来自苹果、谷歌等的第三方支付系统进行游戏内的购买服务，在这个过程中，脸书不得不放弃一大笔收入。另一方面，第三方支付系统的运营效率难以保证，很可能影响游戏体验。除了游戏，脸书还尝试了电子商务。然而，作为一个电子商务平台，它并没有得到太多的评价，原因与在游戏方面的发展相似，就是缺乏一个可靠、便捷的支付系统。为了克服这些限制，脸书必须建立一个属于自己的支付系统。

但如何建立一个相匹配的支付体系仍是一个问题。脸书有很多不同的选择：一个选择是创建一个像支付宝或微信支付这样的系统，它只承担支付功能，但支付是用现有的当地货币进行的。另一个选择是推出一个全新的数字货币系统。第一种方案难度不高，且在中国效果不错。然而，对于脸书来说，这并不合适。这是因为，与阿里巴巴和腾讯等公司不同，脸书的业务更加国际化，往往涉及跨境转账和支付。鉴于这些问题，当地货币的支付系统的使用效率较低。

相比之下，如果能够自行建立一个新的数字货币体系，就可以在跨境转移支付中避免这些问题，从而确保支付的畅通。而且一旦有了这样的系统，平台不仅可以激活原有的业务，还可以为新业务的发展提供无限的想象空间。上述限制游戏、电子商务等业务的问题将不复存在。

事实上，脸书已经尝试过几次创建自己的数字货币。十年前，脸书创建了一种虚拟货币——脸书 Credits。用户可以用当地的法定货币购买这种货币，然后用这种货币在脸书应用程序内购买商品，脸书从交易收入中分得一部分。脸书在推出虚拟货币时信心十足。但是，由于该货币需要以当地货币预先购买，因此受汇率波动的影响很大，这严重影响了其对用户的吸引力。因此，脸书 Credits 上线不到两年就下架了。

此后，脸书还进行过几次类似的努力，不过这些努力最终都不了了之。后来脸书全力推行 Libra，在相当程度上可以视为之前系列努力的延续。只不过，脸书 Credits 等虚拟货币没有使用区块链技术，而 Libra 则使用了这一新兴的技术。

虽然脸书通常被称为“科技巨头”，但平心而论，它的“科技含量”与其他的“科技巨头”相比是欠缺的。相比亚马逊、谷歌、微软等科技公司在云计算、人工智能等领域处处布局，脸书要落后不少。

作为科技公司，如果没有真正掌握核心科技，那么在竞争中就会处于落后的地位，而区块链，则恰恰是其他巨头相对忽视的一项技术，因此脸书就有机会在这个领域中取得优势。

在脸书爆出数据泄露事件之后，中心化社交网络的安全性就受到了很多质疑。在这种背景下，很多人开始思索建立一种去中心化的社交网络的可能性，而以“去中性化”为主要特征的区块链技术显然让不少人看到了希望。

2018 年 5 月，脸书对管理层进行了一次大的调整，将整个公司分成三大部门，即“应用家族”部门、“新平台”部门以及“中心化产品服务部门”。在其中的新平台部门，专门设立了一个区块链团队。

脸书的区块链团队推出的第一个区块链应用就是稳定币 Libra。

脸书开发 Libra 的目的主要是补足自己的商业版图、激活自己的商业潜力，因此它需要的是一个能够即时交易的，并且在跨国结算时使币值能保持相对稳定的货币，如果这个数字货币不具有这一特性，那么它就没有意义。

5.2　Libra 的运行机制

Libra 是由去中心化组织 Libra 协会发行和管理的稳定数字货币，它是基于区块链技术，由一篮子货币资产作为资产储备，可以在全球自由流通并且价值稳定的数字货币。

Libra 的任务是建立一套简单的、无国界的货币和为数十亿人服务的金融基础设施。

跨境资产的流转在不同的国家会受到不同的限制。由于全球各国存在不同的清算体系，跨境转账在信息传递方面的时效性低而且过程繁琐，在金融服务各个流程中还会产生大量费用，所以，受到诸如技术、成本等因素的限制。目前人们对全球金融服务的需求无法得到满足。

全世界仍有 17 亿人无法进入金融体系，无法享受传统银行提供的金融服务，而在这些人之中，有 10 亿人拥有手机，近 5 亿人可以上网。Libra 希望在未来成为数十亿人的金融工具，让那些无法获得传统金融服务的人可以使用 Libra 进行转账和跨境支付。

Libra 项目将由三个部分组成，它们将共同创造一个更具有包容性的金融体系。它建立在安全、可靠、可扩展的区块链基础上，并以现金、现金等价物和非常短期的政府证券组成的储备金为支持。它由独立的 Libra 协会及其附属网络来进行管理，并开发和运营自身的支付系统。

Libra 协会是一个独立的会员组织，其总部设在瑞士日内瓦。该协会的目的是协调和提供 Libra 网络和储备的治理决策框架，并监督 Libra 支付系统的运行和演变，促进 Libra 以安全和合规的方式提供区块链服务，并引导社会支持金融包容性。

Libra 支付系统是建立在 Libra 区块链之上的，因为它面向的是全球受众，所以实现 Libra 区块链的软件是开源的，任何人都可以在上面构建自己的应用，数十亿人可以依赖它来满足他们的金融需求。想象一下，开发人员和组织将构建一个开放的、可互操作的支付系统，以帮助人们和公司持有和使用 Libra，以供日常使用。

随着智能手机和无线数据的普及，越来越多的人将通过这些新服务上网和使用 Libra。为了使 Libra 网络能够随着时间的推移实现这一愿景，Libra 协会从零开始构建了其所需的区块链，同时优先考虑可伸缩性、安全性、存储效率、吞吐量和对未来的适应性等方面。

Libra 支付系统将支持单一货币稳定币以及多货币稳定币，统称为 Libra 币。其目标是让 Libra 币在很多地方都能被接受，让那些想使用它们的人都能访问，而且价值相对稳定。为了实现这一目标，每种单一货币的稳定币都有 1:1 的储备金，由现金、现金等价物和以相关货币计价的非常短期的政府证券组成。每个多货币稳定币则是多种单一货币稳定币的一个组合，它继承了这些稳定币的稳定性及背书。Libra 的储备将得到管理，从而使 Libra 币持续保持稳定性。

5.2.1　Libra 的货币机制

Libra 希望能够创造一种结合世界上最佳货币特征的数字货币，即拥有高稳定性、低通货膨胀率、全球普遍接受和可互换性等优点。

1. Libra 储备机制

发行 Libra 币时使用了一种实物资产储备，即“Libra 储备”，作为抵押品。储备是 Libra 内在价值的反映，保证 Libra 相对稳定的物价和低通胀。通过与多家竞争性交易所和其他流动性提供商合作，Libra 可以随时以相同或接近其储备价值的价格出售任何 Libra 币。

2. Libra 储备的定义

Libra 储备实际上是低波动性资产的集合，包括稳定且信誉良好的央行提供的现金、现金等价物和短期政府证券，因此 Libra 储备的价值与一篮子资产挂钩，而不是单一货币。准备金主要由低风险资产组成，其主要目的是为了降低波动的可能性和严重性，特别是负波动性，保证即使在经济危机中，Libra 准备金也会起到降低波动性的作用。为此，Libra 外汇储备的货币篮子结构已经考虑到了资本保全和流动性。

在资本保值方面，Libra 只会投资政府发行的稳定债券，这些债券不太可能违约或出现高通胀。此外，通过选择多个政府而不仅仅是一个政府的债券，进一步降低投资活动的潜在影响，从而使储备多样化。

在流动性方面，Libra 协会将依托政府发行以及在流动性市场交易的短期证券，保障 Libra 储备的流动性，使 Libra 的储备规模可以随着流通量的增减而轻松调整。

3. Libra 的储备与发行

Libra 是储备发行的数字货币，即每个 Libra 都能在 Libra 储备池中兑换相应的实际资产。要发行新的 Libra，或销毁已有的 Libra，需要按照 1∶1 的比例向 Libra 储备中转入法定货币，或者取出相应的法定货币或资产。

Libra 的目标是与现有货币并存。因此 Libra 与主权货币最大的不同在于 Libra 不会有自己的货币政策，而是沿用篮子所代表的货币的中央银行政策。Libra 的信用来自背后储备的资产，且储备是 100%，并不像主权货币那样，实际的储备金通常低于流通货币的总价值。

主权货币由于有政府信用做背书而具有流通和支付手段，人们无须拿主权货币去兑换背后的资产。所以各国央行可以通过自己的信用创造货币，不仅背后没有相应的资产储备，其实际发行一张信用货币即纸币的成本也远低于其流通面值。各国央行利用发行信用货币可以获得大量的铸币税，这也是政府的货币政策，通过调节货币发行量来调节国家的经济情况。但另一方面，如果操作不当，例如货币发行量超过市场实际需求量，就会出现通货膨胀。部分国家的主权货币失效也是因为货币超发而引起恶性通货膨胀。

所以 Libra 通过 100%储备金的方式，使得 Libra 的价格能够相对稳定，不会出现高通货膨胀，同时也避免出现类似超发、滥发等影响货币价值的现象，而 Libra 也不会从中赚取铸币税利益。

4. 建立和托管 Libra 储备

Libra 储备首先由 Libra 协会的创始成员投入原始资金。每位协会创始人将投资至少 1000 万美元，并获得相应数量的 Libra 投资代币凭证和 Libra 币。

Libra 投资代币凭证是 Libra 协会治理权和获得未来分红权的凭证，对 Libra 储备没有影响，与 Libra 的价值也无关。未来，要创建新的 Libra 币，必须使用法定货币以 1:1 的比例购买 Libra 币，并将法定货币转移到储备中。

Libra 币储备中的资产将由具有投资级信用评级的全球托管机构持有，这些保管机构将被要求确保储备资产安全、可审核、透明度高，避免集中持有准备金的风险，实现运营效率。

5. Libra 的价格机制

1) Libra 的价格与汇率

与抵押单一法币的数字稳定币不同，Libra 背后是一篮子的各国资产，其价格并不锚定某一单一法币，而是维持一个相对稳定的价格。Libra 的具体价格并未确定，但可以确定的是 Libra 的价格等于 Libra 储备总规模除以 Libra 的总量。换句话说，Libra 储备的规模取决于所有持有者的 Libra 余额。但是 Libra 储备资产的价值并不是一成不变的。假设某段时间内 Libra 的总量恒定，其储备的总价值也会随其一篮子资产的价值变动而变动，这样 Libra 的单价就会相应变动。所以 Libra 的价格只是相对比较稳定。

一方面，Libra 和全球已有的各大法币都有一个汇率，这个汇率也是相对稳定的，但会有一定的波动。这个波动一方面来自于 Libra 本身价格的波动，另一方面则是各大法币的价格波动。由于 Libra 并不与某个法币价格挂钩，且背后的储备是各大法币的结合，所以如果某一法币(如人民币)的汇率变动，且该法币也在 Libra 储备中占有份额，则 Libra 与该法币的汇率变动会有上述两者的综合影响。

2) Libra 与各法币兑换

Libra 希望能够与各个国家的法币建立畅通的兑换机制，使得用户能够用任意一种法币以即时汇率与 Libra 进行兑换，就像旅行时兑换货币一样。这种方法类似于过去引入其他货币的方式，确保货币可以兑换成实物资产(如黄金)，其目的是培养对新货币的信任，并实现早期广泛的使用。如果 Libra 想实现数字货币和法定货币的自由兑换，则必须要建立畅通的兑付通道和网络，同时有合规监管的外币兑换机构的协助。

6. Libra 发行与兑换机制

1) Libra 的发行网络

Libra 将使用授权转销商的模式进行 Libra 与储备的兑换，用户将无法直接访问储备。授权经销商是 Libra 协会授权的组织，可以进行法币与 Libra 的交易，并通过这些交易增加或减少储备，即 Libra 协会将根据授权经销商的要求“制造”和“销毁”Libra。为了创造一个新的 Libra，经销商必须将法币按 1:1 的比例转入储备。通过与授权经销商合作，Libra 协会将在需求增加时自动创建新的数字货币，并在需求减少时减少创建新的数字货币。授权转销商通常是受全球监管的数字货币交易所。Libra 协会也在讨论与主要的数字货币公司和顶级银行机构建立持续的业务关系，这些机构是拥有销毁权的授权交易商，因此人们可以尽可能轻松地用本国货币交换 Libra。

2) Libra 兑换机制

由于 Libra 不直接由协会自己储存和交换资金，这就使得 Libra 的合规门槛过高。Libra 通过与合规的托管机构进行合作，使它们成为保存储备资金的渠道，Libra 协会主体则作为稳定币的发行机构。Libra 授权经销商与 Libra 储备的互动很有可能是直接与各地的托管机构进行 Libra 的交易。而全球用户则通过各授权经销商进行法币和 Libra 的双向互动。

从具体操作上来说，由于未写明用户进行法币兑换的途径，推测 Libra 通过储备托管机构—授权经销商—用户的模式进行兑换，即在全球各地的授权经销商可能会成为托管机构与用户之前的中间层。一方面，授权经销商通过向合规的托管机构汇款，托管机构向 Libra 协会发送信息，确认购买行为后，由 Libra 协会向授权经销商释放 Libra，授权经销商则将获得的 Libra 作为自己持有的资产储备。另一方面，授权经销商可以同时接受用户的法币并将其储备兑换给用户，也可以同时接受用户的储备并将本地的法币兑换给用户，帮助用户实现 Libra 与法币的实时兑换，具体如图 5-1 所示。

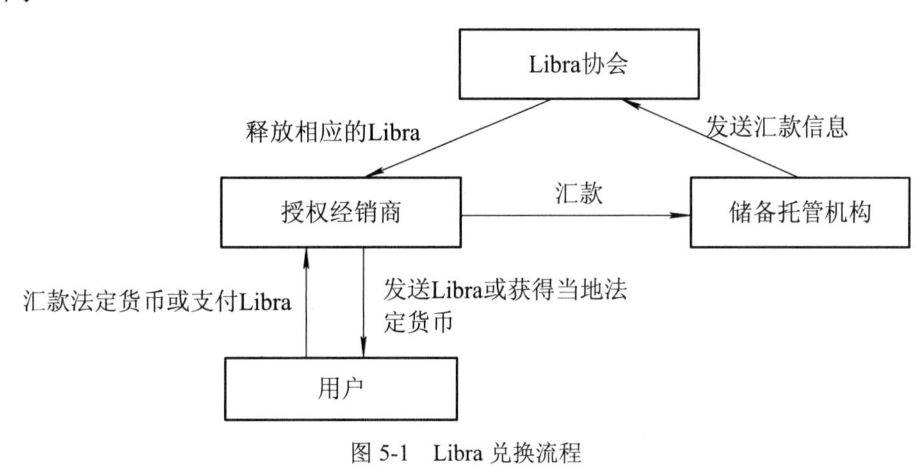

图 5-1　Libra 兑换流程

5.2.2　Libra 的治理机制

1. Libra 协会简介

为了实现 Libra 的目标，即成为一个简单、无国界的货币，Libra 需要一个监管实体与一组多元化的独立成员，这个监管机构便是 Libra 协会。Libra 协会负责 Libra 的发行和管理，它是一个去中心化治理的非营利性成员制组织，独立于现有的政府和商业团体，总部设在瑞士日内瓦。由于瑞士长期以来在全球保持中立，对区块链技术持开放态度，而 Libra 协会的目标也是成为一个中立的国际机构，因此选择在瑞士注册。

2. 协会成员构成

Libra 协会的会员将包括分布在不同地理区域的各种企业、非营利组织、多边组织和学术机构，他们将负责确定协会章程。脸书是该协会的成员，负责构建和运行该服务，直到 2019 年年底，在正式网络发布之后，Libra 确定由协会进行管理。

Libra 协会的成员未来计划达到 100 家。这些协会成员将会成为 Libra 协会的“创始人”(或“创始节点”)。协会的创始人都将成为 Libra 区块链的验证者节点(Validator nodes)，即需要运行服务器维护 Libra 区块链网络。要成为这类验证者节点，实体需要投资至少 1000 万美元放入 Libra 储备，并获得 Libra 投资代币作为投资凭证。有些实体也可以选择只购买 Libra 投资代币，不成为验证者节点，则此实体仅为投资身份。若之后决定开始运行节点，则将根据相同的投资密钥即刻转为创始人，获得和其他创始人相同的权利和义务。

Libra 早期为许可链(联盟链)，即验证者节点需要经过内部权限许可才能进入，并成为创始人，如果撤除节点则需要经过所有成员投票。Libra 后期将转变为非许可链(公有链)，符合技术要求的任何实体都可以运行验证者节点。

3. 协会的组织结构

Libra 采用去中心化的治理模式，由 Libra 协会进行管理，其中 Libra 协会理事会为拥有核心治理权力的机构。协会理事会之下，设有作为监督机构的协会董事会、作为咨询机构的社会影响力咨询委员会(SIAB)，同时还有执行团队。协会理事会由各成员各指派一名代表构成，董事会、执行团队和社会影响力咨询委员会的成员从理事会成员中选举产生，具体如图 5-2 所示。

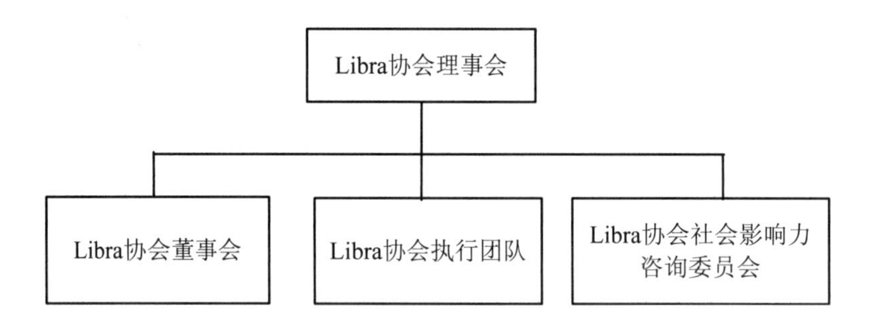

图 5-2　Libra 协会组成结构

从各个机构的职责来说，理事会类似公司制的股东大会，董事会类似公司制的董事会，执行团队类似公司制的董事长和职业经理人。但与中心化治理的公司不同，其核心机构理事会中每位成员的决策权相差不大，且足够分散，未来还可以自由进出，使其去中心化治理属性大大增强。

4. 协会的主要职责和使命

1) 治理

在前期推广以及未来发展和扩张的过程中，Libra 协会负责协调 Libra 网络中各个验证者节点的利益，促进各节点达成共识，并为 Libra 网络定义和制定技术路线图，以实现 Libra 区块链的健康运营；在后期将转向非许可型治理和共识节点运营，降低参与门槛，减少对创始人的依赖。

2) 储备管理

Libra 将管理储备资产，并在保值的基础上将资金分配给有社会影响力的事业，为金融包容性的目标提供支持。当然 Libra 协会的这些活动都受到储备管理政策的监管。后期 Libra 将通过全自动的储备管理，尽量减少协会作为 Libra 储备经理的角色。

5. Libra 协会理事会

Libra 协会理事会为 Libra 项目的核心治理机构，负责项目治理、制定战略和规则等。Libra 协会理事会成员由 Libra 协会每个创始人指派一名代表组成，其成员拥有决策权，成员可以随时更换代表。2019 年 10 月 15 日，Libra 官方推特账号称，Libra 协会 21 名原会员签署了 Libra 协会章程，Libra 协会理事会正式成立，标志着全球普惠金融迈出了巨大一步。

1) 理事会成员投票权

在许可制时期，Libra 协会创始人上限为 100 名，每个创始人需要持有 Libra 投资代币，每投资 1000 万美元就可以在理事会享有一票表决权，但享有的权力有上限。

在非许可制时期，节点上限将会变动，可能根据网络测试情况来确定，但仍然有上限，且理事会将不定期更新这一限制。如果董事会成员人数超过此限制，则持有最少表决权股份的理事会成员应被免职，直至成员人数低于此限制。如果有多个成员拥有相同的最低投票权，则可通过撤除其中入会持续时间最短的成员来打破僵局。

为了防止网络中不活跃验证者节点的数量增长到可能危及协商一致协议有效性的程度，节点连续 10 天未参与协商一致算法的成员，将自动从 Libra 协会的董事会中移除，成员可以在节点运行后重新加入。

同时节点的投票权将从依赖 Libra 投资令牌的所有权变为依赖 Libra 的所有权，即投票权由验证者节点保管或由用户委托给验证者节点的份额来决定，这种机制类似于共识机制。未来至少有 20%的理事会投票权将分配给纯验证者节点，其投票权的大小取决于他们持有的 Libra 数量，而不仅仅是投资代币数量。

Libra 理事会对创始人的投票权设置了上限，无论持有多少 Libra 投资代币或 Libra，一位创始人在董事会中可能只代表 1 票或总选票的 1%(以较大者为准)。此上限不适用于非创始人验证程序节点(仅限通过托管 Libra 加入网络的验证程序节点)。设置上限的目的是防止投票权集中在一个实体手中，该上限并不限制 Libra 投资代币的财务收益，这个收益与投资规模成正比。当创办人持有的 Libra 投资代币或 Libra 价值使其获得的表决权超过上述限额时，应将超额表决权提交到 Libra 协会董事会进行分配。

2) 选举权

选举权包括对 Libra 协会董事会成员和常务董事的任命和罢免；移除创始人(仅适用于通过持有 Libra 投资代币加入网络的验证者节点)；成立由部分成员组成的委员会，并向他们分配或授予其任何权限(需要绝对多数投票通过的决策权限除外)等。

3) 财务方面

Libra 协会理事会在财务方面的权力主要包括设定董事的薪酬和批准协会的预算。

4) 决策方面

Libra 协会理事会在决策方面会代表协会提出建议，否决或做出决定，激活 Libra 协议中部署给验证者的功能；通过理事会投票来触发实现该功能的智能合约；与 Libra 的协议开发者合作升级或替换协议，以满足向非授权节点操作过渡；修改 Libra 协会指南(以绝对多数票通过)等要求。

5) Libra 协会理事会决策规则

Libra 协会理事会每年召开两次例会(紧急会议除外)，理事会成员在理事会会议上进行投票表决，如果无法到现场可视频参加。

其中有些决定需要理事会的绝对多数投票，即获得票数至少占理事会全体成员总票数的三分之二。

所有其他决定均须经董事会半数以上表决才算通过，即满足下列条件之一：参加投票的成员中至少有 1/2 支持该决策，前提是至少有代表总票数 2/3 的成员出席了会议；所有理事会成员的总票数中至少有 1/2 支持该决策。

6. Libra 协会中的其他机构

1) 协会董事会

Libra 协会董事会是代表 Libra 协会理事会的监督机构，设立董事会的目的是为给协会执行团队提供运营指导。按照规定，董事会成员数量不得少于 5 名，但不超过 19 名。确切数量由理事会确定，且在将来可能会根据实际情况进行调整。

董事会成员包括Libra协会的常务董事(执行团队负责人)和由理事会选举产生的理事会成员。董事会的决策要生效需要获得至少一半的董事会票数支持。董事会的职责权限是理事会授予的，除了那些需要绝对多数投票来确定的决策权限外，理事会可以向董事会授予其拥有的任何权限。

董事会的基本职责和权限有：

(1) 和理事会的相关工作：预先审批 Libra 协会的预算，然后再由理事会审批决策，制定理事会会议议程等。

(2) 自行决策方面：批准 Libra 协会社会影响力咨询委员会的资助或筹资建议。

(3) 和执行团队相关的工作：接收 Libra 协会执行团队关于 Libra 生态系统状态和项目进展的季度更新，并确定要在这些状态和进展报告中讨论的主题和提供的信息。在常务董事做出决策以后，董事会可代为处理。

2) 协会社会影响力咨询委员会

Libra 协会社会影响力咨询委员会是代表 Libra 协会理事会的咨询机构，由具有社会影响力的合作伙伴(SIP)领导。这些伙伴包括非营利组织、多边组织和学术机构。Libra 协会社会影响力咨询委员会由 5～7 名成员组成，不过这个数量可以由理事会进行调整。委员会成员包括：Libra 协会的常务董事、由理事会选举产生的 SIP 和学术机构代表。

Libra 协会社会影响力咨询委员会成员的首次选举将在理事会的第一次会议上进行，如果当选任期一年，任满将再次召开理事会进行选举。不过，社会影响力咨询委员会成员没有连任届数的限制。理事会对社会影响力咨询委员会拥有治理权限，在获得理事会半数投票后，理事会在任何时候都可以撤除社会影响力咨询委员会的成员。

Libra 协会社会影响力咨询委员会成员并不来自理事会，且没有投票权，但董事会可将部分或全部投票权授予合格的 SIP，分配给此类 SIP 和研究机构的总投票权不得高于理事会总投票权的 1/3。

社会影响力咨询委员会的职责和权限如下：

(1) 制定规划、标准和流程，即制定 Libra 协会社会影响力咨询委员会长期战略规划；完善资助资金和社会影响力投资分配的相关标准等。

(2) 将 Libra 协会社会影响力咨询委员会商定的资助和筹资建议提交给 Libra 协会董事会审批。

(3) 制定新的社会影响力举措，邀请其他 SIP 加入协会。

3) Libra 协会执行团队

Libra 协会执行团队由常务董事(MD)负责领导和招募组建，并负责 Libra 网络的日常运作。常务董事每 3 年由理事会选举一次，如果发生这个职位的人离职或被免职等特殊情况，可以通过即刻选举来保证团队的正常运转。理事会所有成员均可推荐常务董事候选人。常务董事及其执行团队的权力来源于理事会的授权。

常务董事的最初职责包括：Libra 网络管理、Libra 储备管理、筹资和招募创始人、激励和股息管理、预算和行政管理等。团队成员除常务董事外，还包括副常务董事(COO)、人力行政团队、开发和产品团队、商务团队、经济团队、市场和运营团队、法律团队、政策与合规团队等。

Libra 协会执行团队职责包括：维护和促进 Libra 网络的健康发展；Libra 储备的运作；采取激励措施，来促进 Libra 网络使用人数的增长等。Libra 协会成员将尽最大努力分配资源，支持 Libra 协会执行团队履行职责，从而尽可能保持执行团队的精干风格。

5.2.3　Libra 的应用场景

1. 跨境汇款

跨境汇款和支付是 Libra 的愿景中最希望达成的功能，也是区块链技术最具应用前景的落地场景之一。摩根币和瑞波协议都利用了区块链技术在实时结算方面的优势。

目前，全球跨境汇款支付市场规模巨大。以“T+N”的速度每年至少转移 1 万亿美元，平均转移费用超过汇款总额度的 7%，这对于很多发展中国家人群来说是一笔很高昂的成本。与此同时，全世界约有 10 亿人拥有手机，但没有银行账户。例如，菲律宾是一个典型的案例， 70%至 80%的菲律宾人口没有银行账户，并且其银行间的市场不发达，不利于资金流动。而菲律宾在 2015 年的汇款额就占国内生产总值的 10%。所以这样的国家和人群，对于 Libra 具有很强的使用需求。

Libra 首先可以成为跨境转账的媒介，A 国用户可以通过授权经销商购买 Libra，使用点对点的区块链交易系统转账给在 B 国的亲友，这样能做到 T+0 到账且手续费更低。而收到 Libra 的亲友可以在当地的授权经销商处将 Libra 转换为当地货币。

2. 支付工具

在 Libra 推广初期，将会先作为线上支付工具被使用，因为 Libra 是一种数字货币，所以需要网络作为支撑，且线上支付是最容易推动的。Libra 协会具有强大的成员资源，从万事达卡、贝宝、PayU、Stripe 和维萨等支付公司，到脸书、滨客、易贝、珐菲琦、来福车、声田和优步等流行服务公司，这些有巨大体量的公司能够为 Libra 提供广阔的支付场景，即这些机构可以提供以 Libra 定价的商品与服务，或支持 Libra 支付的通道，根据汇率随时计算支付金额。

另一方面，基于 Libra 区块链可以开发各种区块链应用，如区块链游戏、社交平台、电商平台等。在这些去中心化应用中包含着众多支付场景，都需要数字货币来支撑，所以 Libra 将会自然而然地成为 Libra 生态中的支付工具乃至价值尺度。未来，Libra 支付将可能逐渐由线上扩展到线下，这就需要 Libra 的使用形成一定的共识和影响，成为一种新的价值尺度。

脸书的创始人扎克伯格说，希望 Libra 能为个人和企业提供更多的服务，比如线上付账、扫描二维码买咖啡或者不用携带现金或地铁卡就可以乘坐公共交通工具。这在使用上的感觉类似我们现在的移动支付(如支付宝、微信支付)，但用的却是 Libra 这种新的货币。如果出现这样的情况，则意味着 Libra 已经对当地的法币造成了一定替代性的影响。

3. 金融服务

除了汇款与支付这两种最基础的功能，Libra 作为金融基础设施，围绕它将会延伸出众多的金融服务，这些服务将开发在 Libra 区块链上，由 Libra 作为这些服务的基础货币。用户，尤其是以往无法承担高额金融服务费的人群，将可以获得各种 Libra 本位的金融增值服务，如理财服务、借贷服务、众筹服务等，从而降低金融服务的门槛。

同时，Libra 协会还计划开发区块链上的数字身份，意味着之后 Libra 的用户可以基于自己的 Libra 身份参与 Libra 生态中的金融服务，创建自己的 Libra 征信数据。一方面，Libra 征信数据未来可能为传统金融赋能，帮助用户获得传统金融服务；另一方面，Libra 也可以帮助用户以更低的成本和更高的概率获得信贷支持。

5.2.4　Libra 的技术机制

Libra 项目能引起世界范围内的关注与热烈讨论，与发起方是脸书有很大关系，但 Libra 背后的技术机制也有许多值得探讨之处。

1. 总体架构

目前，由于技术限制和安全问题，Libra 采用许可链的形式，只有获得许可的成员才能成为节点。但是 Libra 区块链是开源的，开发者可以访问 GitHub 上的代码，并基于 Libra 区块链构建自己的应用程序。

尽管 Libra 当前的治理结构是一个许可链，但 Libra 从许可链到公有链的转变计划在其设计早期就已经计划好了，这在区块链世界是一种罕见的情况。

Libra 将逐步开放网络，让新成员可以进入网络，新成员可通过持有 Libra 投资代币获得网络利益，并开始通过在网络中运行验证节点来促进共识和治理。Libra 的目标是在 5 年后逐渐由许可网络转向非许可网络，成为真正开放的、服务用户利益的公有链。Libra 区块链将从以依赖 Libra 投资代币的所有权来运行验证节点并进行治理投票的方式转变为依赖 Libra 的所有权(即 PoS 机制)来执行这些活动，治理流程和措施也将转变为链上投票执行。

从整体上来看，Libra 当前设计的架构中主要涉及两类实体：

(1) 验证者节点。

(2) 客户端(Libra Client)。

验证者节点可认为是一般区块链语境中的复制状态机(Replica)，由不同的实际管理机构或业务机构来运行维护，共同组成 Libra 网络。验证者会负责处理交易，相互通信以达成共识，同时还将维护最终的账本记录。客户端是直接与用户交互的程序实体。

与验证者节点不同，客户端不直接参与共识，而是接受用户的指令，并在处理相关指令后发送到相应的验证节点，主要分为写(如发送交易)和读(如查询账本)两大类操作。

2. 技术亮点

诚然，区块链技术目前早已不是神秘的技术。在过去几年中，我们看到越来越多的公链技术诞生并提出了许多创新性的架构与理念。同时，区块链技术的门槛本身也在不断降低。

基于很多成熟的开发框架或工具，许多开发者都可以较为轻松地开发出一个属于自己的区块链系统，甚至可以将关键组成部分的代码与模块通过相应参数和类型组合在一起，形成一条完整的、全新的区块链，这也被称为“一键发链”。不过这并不代表 Libra 项目只有业务创新而没有任何技术亮点。

事实上，Libra 项目还是有着不少与“传统”区块链项目不一样的创新之处。这些设计亮点包括底层账本结构、共识算法、智能合约设计以及隐私保护机制等。

1) 底层账本结构

尽管 Libra 被普遍认为是一个区块链项目，而且 Libra 在其官网和文档中也不乏出现“Blockchain(区块链技术)”的字眼，但根据 Libra 的技术文档内容来看，其在设计底层账本时并没有采用狭义上的“区块+链”的组织结构，从技术语言上看更应被归为分布式账本。Libra 仍然利用默克尔树(Merkle Ttree)来组织账本数据结构，并将整个账本分为账本历史、账本状态、事件、账本信息与签名等。

当然，还有一个不可避免的问题，随着 Libra 系统的不断使用，总账容量将不断增加。《Libra 白皮书》中也表示，未来可能会设计资源租赁等机制来解决这一问题。

2) 共识算法：LibraBFT

Libra 新设计了 LibraBFT(拜占庭容错)共识算法，该算法具有 1/3 的容错性，防止双花攻击问题(就是一笔钱可以花出去二次，双花攻击要想确保一定成功，至少需要 51%的算力，因此也叫 51%算力攻击)，吞吐量高，稳定性较强的特点。从名字上即可看出，该共识属于拜占庭容错类的共识，是基于另一个近期研究出的拜占庭容错共识HotStuff设计得来，并做了若干修改。HotStuff在传统拜占庭容错共识的基础上，采用了类似链式的结构，以获得投票支持的块或交易作为共识的结果。

另外，HotStuff共识改进了主节点作恶、宕机等失效情况的处理效率。和Tendermint类似，HotStuff将正常处理流程与主节点失效、需要视图切换的两种处理过程进行了统一化处理，可以降低视图切换时的节点间通信次数(从2k次降低到k+2次)，提高系统应对攻击的能力。

同时，HotStuff共识切换视图前可以不依赖超时条件，而根据网络的实际延迟来进行共识流程。这种共识在公有链环境中表现得更好，在一定程度上反映了Libra未来有可能转向公有链的技术基础。

不过，Tendermint等可用于公链环境中的拜占庭容错类共识已经在实际生产环境中有了很好的应用，而HotStuff以及LibraBFT的实际应用效果还有待实践的进一步检验。另外，以往的公链共识一般都会与经济模型，特别是与对矿工的激励相关，例如，一些采用权益证明共识方式的区块链网络由验证者出块并获得挖矿奖励及交易手续费。

Libra目前还没有详细说明如何设计与权益证明共识相关的激励与经济模型，例如通货膨胀率、挖矿奖励等。这在上线早期的许可链阶段，可以由Libra协会成员作为验证者来负责出块，但进入公链阶段后，如果仍然没有一个完善的经济体系，Libra项目的共识、治理等方面则会出现各类问题，甚至影响到项目的成败。

3) 智能合约语言：Move

对于智能合约的实现，Libra并没有沿用目前许多区块链的惯用做法，例如基于以太坊虚拟机(Ethereum Virtual Machine，EVM)进行修改，或者基于目前大热的WebAssembly(是一种可移植、体积小、加载快并且兼容Web的全新格式)设计合约开发机制进行修改，而是为其智能合约的运行设计了一种新的编程语言Move和对应的编译工具以及虚拟机等。Move语言针对数字资产进行了许多设计，尽管其很多细节还有待完善，但仍被认为是Libra项目的创新之一。

4) 资源：面向数字资产

Move编程语言的首要特性为资源(Rresource)，并且Move编程语言中的资源类型为一等公民(First-Class)，在代码中有多种用法(例如函数参数、返回值以及普通变量等)。与以往在计算机中表示数据的“值”的概念不同，资源只能被转移、消耗而无法被复制。一种普遍的看法是，此种设计将会非常有利于数字资产在链上的开发。

以太坊等区块链平台由于只是在用户控制的账户上记了一个有数字的账来体现余额，所以当出现一些合约或平台底层漏洞时，这类数字就很容易被恶意篡改，例如Solidity开发语言如果设计不当，黑客就能利用溢出漏洞获得一笔“天文数字”量级的数字资产。出现此类问题，除了归咎于合约开发人员的粗心大意之外，开发语言自身的设计合理性也值得人们反思与警醒。

所以，Move 编程语言中资源类型的特性将有利于数字资产相关的开发工作。资源的底层机制保证了数字资产不会因为合约代码级别的漏洞(Bug)而被恶意增发，从编程语言层面杜绝了此类问题。

5) 静态类型：强调安全

Move 编程语言的另一大特点是静态特性。相比 Solidity 等编程语言，Move 编程语言在编译时就会对类型进行严格的检查，许多编写上的错误可以提前在代码编译时被发现，而不是在运行出错或产生漏洞时才被发现。具体到程序语言设计方面，Move 编程语言去掉了动态指派(Dynamic Dispatch)的特性。这个特性在许多高级编程语言中均被采用。

例如，允许代码在运行时才确定具体调用哪一段函数，以提高代码编写的灵活程度。但灵活的代价是容易因运行“失控”而出错，而且在运行期才暴露出很多问题，因为动态特性无法在编译期就能被提前捕获或发现。

而 Move 编程语言因为采用了更为严格的静态类型，所以可以更方便地实现和使用 Move 合约代码的形式化验证工具来检查合约开发中的一些常见问题。在编译后的合约代码执行前，字节码验证器(Bytecode verifier)也会再进行一次检查，加强安全特性，使得程序在很大概率上可以得到预期结果。

6) 隐私保护

许多人担心 Libra 的推出可能会加剧脸书对个人信息的泄露，也有不少人担心 Libra 可能会进一步扩大垄断以及对个人隐私，特别是金融方面信息及安全的侵犯。毕竟，脸书因数据泄露事件而引发过争议，任何人都无法保证此类事件不会在数字资产领域再出现一次。不过如果我们仅从技术角度探讨，Libra 在隐私保护方面已经有了专门的设计。在整体的设计上，Libra 网络上的所有信息都是用户的私人信息，与脸书社交网络分开。

Libra 在网络内的交易遵循匿名用户的原则，可以持有一个或多个与真实身份无关的地址，交易中不包含与用户身份相关的链接，只有与每个交易相关的数据(例如发送方和接收方的公共地址、时间戳和交易记录、金额)才能公开可见。

3. 技术实现 Libra 核心层

Libra 具体是通过开发 Libra 核心层(Libra Core)这个开源软件来实现的。Libra 核心层将采用 Rust 语言开发，遵循 Apache 2.0 协议，将是第一个实现 Libra 区块链协议的开源软件，其中包括上文提到的验证者节点与客户端的功能。

根据《Libra 白皮书》透露的情况，Libra 核心层的主要模块将包括：

(1) 准入控制(Aadmission control)模块：Libra 的公共 API(应用程序编程接口)接入点，用于接收来自客户端的公共 GRPC 请求。

(2) 内存池(Mmempool)：缓存要由模块执行的事务。

(3) 虚拟机：以编译好的 Move 语言程序的字节码来处理交易。

(4) 执行(Eexecution)模块：执行已排序好的交易，生成新的分类账状态结果。

(5) 存储(Sstorage)模块：提供分布式账本的持久化存储以及内部运行所需要的数据存储。

(6) 字节码验证器：检查合约字节码中的安全性，包括堆栈、类型、资源以及引用等。

(7) 共识(Cconsensus)模块：实现 LibraBFT 共识算法。

(8) 密码学(Ccrypto)工具模块：实现一些将要使用到的密码学算法，包括哈希、签名、密钥生成与检验等。

(9) Move 的中间语言编译器(Move IR Compiler)：将 Move 编译的中间语言进一步编译成虚拟机的字节码。

(10) 网络(Nnetwork)模块：提供 P2P 的网络连接功能。

下面我们将重点介绍 Libra 核心层的五个主要模块。

1) 准入控制模块

准入控制模块可被认为是验证者节点的对外接口。准入控制模块主要控制两种类型的客户端的请求进入：

(1) 提交交易：将交易提交给相应的验证者。

(2) 获取最新账本状态：查询最新数据。

后一种请求目前暂未设置任何控制，将直接转发至存储模块进行查询。而前一种请求将进行多种类型的检查，包括检查签名是否有效、交易发送者余额是否充足等，并将检查结果返回给客户端。

2) 内存池

内存池作为缓存池来保存和共享等待被执行的交易。当新的交易记录由客户端提交到验证者节点时，内存池一方面会记录这个交易，另一方面也会将此交易的数据在其他验证者节点之间传播共享。

3) 虚拟机

Libra 的虚拟机名为 MoveVM，与以太坊虚拟机(EVM)类似，也是基于堆栈的虚拟机。MoveVM 为 Move 语言编译成的字节码程序提供了静态类型的最终执行环境。

同时，MoveVM 目前还预留了“Gas”的计算逻辑。这也将是 Libra 未来转向公有链环境时十分重要的一项设计。因为在公有链环境中，Libra 项目必须要通过某些机制来避免用户采取不停地发送交易的方式而滥用网络资源。而手续费，即前文提及的 Gas 就是其中一种最为常见的设计。

4) 执行模块

执行模块主要使用虚拟机 MoveVM 来处理交易的执行。除此之外，执行模块的任务还包括交易执行前的协调、为共识处理提供数据基础以及在最终记录写入前在内存中维护共识的执行结果。

5) 存储模块

存储模块用来保存已达成共识的交易记录及其执行结果(新的账本状态)，主要实现保存区块链数据的功能，特别是达成共识之后的交易及交易输出结果和返回默克尔树的检查结果。

具体到实现上，Libra 目前使用 RocksDB 作为底层的存储引擎，并在此基础上封装实现了名为 LibraDB 的存储模块。LibraDB 将账本数据按照其逻辑功能分别存储，例如账本状态、交易记录等。

5.3　Libra 的全球影响

Libra 是区块链技术和加密数字资产技术应用与发展的一个里程碑。它沿袭了比特币和以太坊在技术、应用和治理机制方面的发展，但这些方面的发展同目前全球金融体系产生了直接的冲突。目前的全球金融体系是以中心化的计算方式为基础，由各国政府和央行主导的分离的货币制度和金融系统。

而 Libra 现在却试图提供一个以分布式计算为基础，基于单一货币，并由私人机构主导的、在全球范围内运行的金融基础设施。这就与目前的金融系统产生了直接冲突。这也是在 Libra 出现之后，它立刻遭到全球主要金融监管机构反对的原因。

但与此同时，全球金融监管机构也更加清楚地了解到了区块链技术和加密数字资产技术对当前金融系统产生的突破性影响。这迫使全球金融监管机构立即考虑应对策略，在更具优势技术的基础之上，推出一个更加适用于全球经济发展的金融系统。

5.3.1　Libra 影响概述

1. 对全球货币政策的影响

Libra 将在两个方面改进过去的数字货币：

(1) 避免货币发生较大波动，成为投机工具。

(2) 将重点放在提供更加方便的跨境支付上。

具体而言，Libra 一方面拥有足额的抵押品，其储备资产以多种主要货币(如美元、欧元、英镑、日元等)为主，此外，还包括低风险、高流动性的证券(如国债)，这确保 Libra 具有相对稳定的内在价值。而脸书是拥有全球四分之一以上人口的主流社交网络平台，Libra 与其他任何数字货币相比，具有更多的现实可应用场景。这增加了 Libra 在没有应用场景的情况下成为有效支付手段的可能性。

另一方面，目前跨境支付主要依靠 SWIFT(环球同业银行金融电讯协会，主要用于国际法算)系统，通过银行转账进行，这种方法利率较高，且难以为金融设施不完善的国家和地区服务。而 Libra 可以借助区块链技术轻松完成跨境交易，打破地区和银行的限制。但是，匿名交易和资金跨境自由流动也可能使 Libra 被不法分子利用，成为规避资本管制和监管的工具。

2. 削弱非储备货币国家的货币政策独立性

Libra 将会影响到非储备货币国家的货币主权，削弱其货币政策的独立性，并影响非储备货币在国际货币体系中的地位。Libra 在和主要储备货币挂钩后，事实上已成为政府货币的衍生品，加强了其充当支付手段的功能。对于币值不稳定的国家和地区，Libra 有更大的吸引力。

此外，Libra 在技术上具备了跨境支付的便捷性，也使市场对 Libra 的需求增加。这意味着 Libra 的发行量将增加，资金将向 Libra 储备资产集中。同时这会影响一些非储备货币国家的货币主权，削弱其货币政策的独立性。正如目前美元化程度较高的国家，由于外币资产(主要是美元)占居民总资产的比重较大，美元大量进入流通领域，承担了货币的全部或部分功能，并有逐渐取代本国货币作为本国经济活动主要媒介的趋势。

从本质上讲，美元化是一种货币替代现象。与之类似，一部分国家和地区可能出现“Libra 化”现象，虽然这可能给货币不稳定的国家带来经济增长，但要一分为二地看待这个现象，因为 Libra 也同样会威胁到该国的货币主权，影响该国货币政策的独立性，从而对该国经济造成负面影响。

市场对 Libra 的需求增加也会导致国际货币体系向 Libra 储备货币进一步集中，影响非储备货币在国际货币体系中的地位。在 2019 年 7 月 17 日的听证会上，Libra 项目负责人明确表示，Libra 将与美联储和其他国家的中央银行合作，确保 Libra 不与主权货币竞争或干预货币政策。然而，与 Libra 挂钩的储备货币有美元、欧元、日元和英镑，但却没有提及人民币，而目前我国已经是世界最大的贸易国，我国进口约占全球 10.8%，出口约占全球 12.8%。

3. 对实现货币政策宏观审慎目标提出挑战

Libra 缺少透明、稳定的运行机制，这对货币政策实现宏观审慎目标提出了挑战，也可能增加跨境资金流动监管的成本。与其他稳定币一样，Libra 仍面临发行机构的信用风险，因为其货币稳定取决于发行机构严格执行全部抵押品的安排和妥善管理储备资产。

基于香港金融监管局的案例分析，Libra 协会能否保持 Libra 价值的稳定性和抵御投机冲击是非常值得怀疑的。此外，Libra 松散的管理结构使得 Libra 在面临信任危机时很难确保有一个计划应对。而且，Libra 是否具有足够能力应对不同币种的买入和赎回也是个问题。用户可能使用一种货币来买入 Libra，并将 Libra 赎回成另一种货币，其中的汇率风险和汇兑成本将由谁来承担？Libra 是否有能力承担这些成本？如果答案是不确定或者是否定的，这将显著影响用户对 Libra 的信任度。

此外，Libra 的加密性质和点对点支付功能能够绕过资本的管制，可能会加剧资本跨境流动冲击，削弱跨境资金监管的有效性，这将会引起更多监管的注意，带来更高的监管成本。Libra 是否有能力承担这些监管成本仍然要打个问号。即使可以承担，这些监管成本也将提高 Libra 跨境支付成本，从而与 Libra 最初的设想相违背。

从更深层次讲，Libra 没有一个明确的规则来描述它是如何运作的，另外，它对资产价格变动和汇率波动的影响也存在不确定性。Libra 储备资产的币种、形式、调整频率、储备投资方式等没有明确规定。Libra 应该维持一个固定的货币篮子，还是一个价值稳定的货币篮子，这都值得思考。

两种方法的结果明显不同，例如储备货币篮子中的 A 货币在保持篮子固定的情况下大幅贬值，Libra 的价格也会下跌，投资者可能需要将 Libra 换成 B 货币。在这种情况下，Libra 生态圈中的授权经销商是否愿意将其持有的具有升值潜力的 B 货币兑换为可能贬值的 Libra，这一操作值得怀疑。如果经销商不能满足持币者的兑换需求，那么有可能是 Libra 协会会卖出部分储备资产并兑换成 B 货币，但这一操作可能会进一步加大 A 货币的贬值程度。

如果保持篮子价格稳定，那么 Libra 协会需要调整储备资产，通过证券操作或者汇率操作实现储备资产投资组合的价值稳定。以汇率操作为例，Libra 协会将作为一个稳定器，卖出高价货币，买入低价货币。如果这样的交易量足够大，储备资产之间的货币联系就会加强。这是一种“中央银行”式的干预操作。如果干预规则不清晰，目标不明确，就会影响社会对它的信任和理解，从而降低大众对 Libra 的接受度，一旦发生信用危机，就会影响金融稳定。

4. 削弱货币政策的有效性

一方面，Libra 会分流和替代一些主权货币，与主权货币形成此消彼长的关系。随着 Libra 使用范围的不断扩大，主权货币的使用率将逐渐下降，这将降低主权货币的流通速度和货币乘数，削弱货币当局对主权货币的控制力，影响货币政策的有效性，扭曲货币政策传导机制。这种影响将在 Libra 流通的所有国家都能感受到，而不仅仅是储备货币国家。

另一方面，Libra 储备资产的调整会影响金融市场，可能会产生与货币政策意图相反的效果。随着 Libra 的发行量持续增长，它将增加储备和对低风险债券的投资，重塑全球资产配置。资金将从其他国家(发展中国家)流出，流入储备货币和相关资产。

如果 Libra 的发行量很大，这个过程很可能会对利率产生影响，从而降低货币政策调控经济的能力。例如，资本流入储备货币及相关资产，导致储备货币利率下降，从而削弱储备货币国家收紧货币政策的效果。它还可能降低非储备货币国家(尤其是那些资本流动更自由的国家)宽松货币政策的效果。

相反，当 Libra 的需求量下降时，资本会从储备货币中流出，从而导致储备货币利率上升，产生削弱储备货币国家宽松货币政策的效果。同时，这也可能出现削弱非储备货币国家收紧货币政策的效果。这些现象都影响了货币政策的有效性，扰乱了各国经济周期的调整。

5. Libra 具有潜在的创造能力信用

Libra 具有潜在的信用创造能力，虽然这一能力将取决于该项目的具体设计，但是信用创造这一点仍是十分关键的，甚至会产生颠覆性的结果。回顾实物货币向信用货币转变的历史，如果把 Libra 储备与黄金做类比，那么 Libra 就相当于以足额黄金为抵押发行流通的“纸币”。

不过与纸币不同的是，Libra 是基于区块链的代币，它在区块链账户体系下无法发行超额。如此一来，由于 Libra 采用 100%储备支持的方式发行，理论上 Libra 代币是可以与其储备资产(相当于黄金)画等号的，但这只是中央银行层面的发行。

随着 Libra 的持有者越来越多，也可能衍生出类似商业银行的机构(类似目前金融系统的商业银行，可称之为“Libra 银行”)，人们可以在 Libra 银行开设账户以存放 Libra。如果 Libra 银行以 Libra 为抵押，发行一种标准的储蓄凭证“Libra 存款”，并开始进行信用创造，Libra 存款将显著上升并超过 Libra 发行量。值得注意的是，这些 Libra 存款可以存在于区块链之外，仅作为一种“凭证”进行流通。

因此，从理论上讲，基于 Libra 完全可以衍生出一个与金融系统平行存在的“Libra 体系”。该体系最直观的影响是，一旦出现大量赎回，则 Libra 储备资产不足以支付所有货币，从而导致挤兑和破产，给金融稳定带来威胁。

6. 对全球货币市场的影响

1) 对法币流通量的影响

Libra 会基于一些抵押的法币和短期国债来发行。这些抵押品会托管在一些有托管资质的托管机构当中，用户可以抵押这些法币和短期国债来铸造更多的 Libra。这样的一个铸币流程会把在市场中流通的一些法币从市场上回收，以抵押的方式托管在一些托管银行，而取代这些市场中流通的法币的将会是 Libra。

如果越来越多的 Libra 以这种方式铸造出来，那么肯定会减少一些法币在市场中的流通量，这自然也会降低这些法币在经济活动中的影响力。对一种法币来说，它是否能被 Libra 项目确定为所挂钩的一篮子法币中的一种以及在其中的权重如何，这些都会影响这个法币在市场中的地位。如果一种法币没有被纳入这一篮子当中，而且如果 Libra 在市场中得到全面推广，那么这个法币在市场中的影响力就一定会下降。

全球范围内的货币产品集中度将提高。现在的货币都是主权政府基于其信用发行的法币。因此每出现一个新的主权国家，就会出现一种新的货币。目前全球有 100 多个国家，因此就有 100 多种货币。

由于每种货币都受到其主权政府的货币政策和财政政策的影响，因此货币价值不可避免地会大幅波动，而货币价值的浮动又会直接影响其所在地的经济活动。经济活动的动荡会直接影响当地社会的稳定。另外，由于目前经济国际化趋势日益增强，一个地区的经济活动的动荡不可避免地会波及其他地区。

鉴于 Libra 协会的成员在全球范围内的经营市场和用户规模，Libra 一定会应用于全球多个市场，因此不可避免地会同当地的货币产生竞争。随着 Libra 的推广使用，影响力弱的货币就会因此逐渐被挤出市场，在全球范围内，货币产品这个行业的市场集中度就会大幅提高，少数几种主要货币就会占据市场的绝大部分市场份额。

货币产品市场集中度的提高，同样会有益于抑制未来新的货币的出现，一个新兴国家发行自己法币的动力就会变小，货币数量的减少就会使全球经济活动中的不确定因素减少，全球范围内的经济将得到更加均衡的发展。

需要指出的是，目前在全球贸易结算业务中，绝大部分是以美元作为基础结算货币。尽管美元在全球货币市场中占据着无可争议的主导地位，但是货币的流通依然在很大程度上受到法律辖区和国家边界的限制。一个法币在另外一个法币的运行市场中很难流通使用，导致这种状况的一个主要原因是，支持货币流通的底层清算系统是分别独立的，并没有实现很好的互通。所以目前全球市场范围内依然存在着多种法币。但是支持 Libra 流通的底层网络是在全球范围内运行的，Libra 的使用不受现有清算系统的限制。只要有互联网的地方，用户就可以在 Libra 网络上使用 Libra 进行交易。因此，Libra 及其底层支持网络的引入会大幅降低市场对各种影响力小的法币的需求，而大幅加速货币市场的市场集中度。

2) Libra 影响法币弱势地区

如同任何一个新产品进入市场的顺序一样，Libra 也会在现有法币服务最薄弱的地方切入。Libra 一定不会选择先在美国这样的强势经济地区实现突破，而是会在委内瑞拉这样的地区率先争取得到市场的欢迎和推广使用。所以我们一定会看到 Libra 会率先在这样的法币影响力较弱的地方开始使用。

5.3.2　建立金融基础设施

Libra 项目的一个基本组成部分就是其底层清算网络，也就是《Libra 白皮书》中所称的简单的金融基础设施。这个清算网络的重要意义要远远大于 Libra。这就如同区块链技术与比特币同时诞生，但是区块链的价值要远远大于比特币本身。

Libra 是在 Libra 区块链网络之上运行的第一个金融产品，此后 Libra 网络可以支持更多的金融产品在其上运行。这个底层网络的价值要远远大于 Libra 本身。在 Libra 网络中，用户的资产可以直接存储在这个清算网络的“用户钱包”中，资产的安全由这个网络的技术来保证。用户的资产一旦转化为 Libra，这些资产就不再存在他的银行账户体系中，因此商业银行用户的存款就会减少。

由于区块链支持数字资产在账户之间进行交易，因此银行提供的支付服务也不再被需要。在目前的银行业中，当用户之间进行支付时，可以选择现金支付或者是银行借记卡支付。现金支付的方式通常被称为钱款两清的支付方式，也就是说结算当场完成。当用银行借记卡进行支付时，支付的流程需要通过交易双方的银行以及银行体系之间的一个清算公司来完成，所以支付的流程要通过三家中介机构。

当用户采用信用卡支付时，支付流程需要通过信用卡发卡行、信用卡清算公司和收款方银行来共同完成，支付过程同样需要经过三家金融中介机构。在 Libra 网络上，由于该网络采用分布式记账技术，所以它支持点对点之间的直接支付。Libra 网络上的共识机制保证交易被正确无误地记录下来，因此就不需要金融中介机构来支持完成这个支付流程。最为重要的是，这样的一个清算网络是独立于目前金融行业的清算网络，不需要商业银行和清算公司来完成这个支付流程，所以商业银行的价值会因此大幅降低。

由于 Libra 网络的全球性特点，它可以在全球范围内向用户提供基于其金融基础设施和稳定币的各种金融服务。这就意味着 Libra 会在全球范围内推进金融脱媒的进程。也就是说，在全球范围内，市场对商业银行的金融服务需求就会越来越少。

Libra 的底层清算网络的另外一个潜在应用是支持证券交易的清算和结算。这样的应用会使目前区域性的证券交易和清算/结算市场逐渐转向全球性的数字证券交易清算/结算。在全球任何一个地方的用户都能交易全球任何一种数字资产。

当前的证券市场都是区域性的。在一个监管辖区内，通常有数个证券交易所，但是这些交易所都用一个清算机构进行交易清算，如中国的中国证券登记结算有限责任公司、美国的存托及结算机构(DTCC)。这些机构提供的证券清算/结算服务是证券市场运行的基础。由于全球的证券市场是独立的交易环境，所以一支证券并不能在全球范围高效地流通交易。但是数字资产的出现以及它在全球范围的交易却让人们看到了在全球交易数字证券的可能。

在过去几年中出现的数字货币交易所，其用户范围遍布全球，不受一个法律辖区的限制。这些数字货币交易所的迅猛发展，让全世界看到了数字证券在全球交易的可能以及因此能够产生的收益。区块链技术的出现使得未来的数字资产交易所的模式是集中式撮合和分布式清算的模式。而 Libra 网络就有可能为这些面向全球用户的交易所提供清算/结算支持。这也就意味着 Libra 的用户可以在一个交易所中直接购买和交易全球数字资产。

由于这个交易所是 7 × 24 小时不间断运行的，所以用户就可以随时随地在自己的数字稳定币和数字资产之间进行交换。用户可以只用一个客户端对自己的零售支付和证券交易服务业务进行操作，而目前的零售支付和证券交易的边界也会因此不再存在。

5.3.3　提供更多金融服务

《Libra 白皮书》提出，Libra 的目标是服务全球范围内目前还没有得到金融服务的 17 亿用户群体。这个目标绝不仅仅是为了宣传，而是一个可行的商业目标。受现有技术和商业手段的限制，目前全球依然有大量无法获得金融服务的用户群体。尽管有各政府和民间组织的不断努力，如政府为此制定的激励政策以及像穆罕默德·尤努斯的孟加拉乡村银行这样的民间组织，但是这样的努力并没有实质性的改进。迄今为止，向这类用户群体提供的金融服务范围依然有限，并没有一个系统可持续的方式来服务这类群体。

通信技术和互联网技术的发展对解决这一问题带来了很大的改进，比如，中国的支付宝和微信支付以及肯尼亚的移动支付产品 M-Pesa 的出现。但全球没有得到金融服务的用户群体数量依然巨大。导致这一问题的一个主要原因是现有的金融基础设施服务相对于这类用户群体的实际支付能力依然成本过高，其提供的金融服务也因此无法触达这样的用户群体。

Libra 项目的金融基础设施是基于区块链技术的。账户与账户之间的数字货币交流可以在网络中直接完成，而且是在全球实时完成。而在传统金融市场，账户之间的货币交易需要通过银行的清算网络来完成。

对于不同法币之间的交易，还需要两个法币的清算系统之间对接完成。当支持货币支付的清算成本较高时，Libra 及其底层清算网络就显得比现有金融基础服务更加高效，成本也更低廉。另外，由于这个网络是在互联网上运行的，因此任何能够使用互联网的用户都能够使用 Libra。

脸书社交网络中有 27 亿遍布全球各地的注册用户，另外，再考虑到 Libra 协会成员在全球使用其互联网应用的用户规模，所以 Libra 协会成员在全球的用户就会与没有得到金融服务的 17 亿用户存在重合。因此协会就有可能向这些“重合用户”提供基于 Libra 的各种金融服务。Libra 及其底层清算网络不仅能触及全球范围目前享受不到金融服务的用户群体，还能够以崭新的商业模式来向这类群体提供金融服务。

目前限制金融机构向更多的人提供金融服务的因素包括经营习惯和底层数据记录模式。在经营习惯方面，每家金融机构都是单独面对客户的。当一位客户来申请金融服务时，该金融机构会要求客户提供各种相关的信息并进行相关的尽调工作，以便对其信用进行评估。

金融机构的技术系统会记录下用户的相关信息以及此后向其提供金融服务的各种数据。而这些信息是不与其他金融机构共享的。当同一位客户到另外一家金融机构申请金融服务时，他需要进行同样的流程。由于这些信息不共享，因此就大幅增加了交易成本。具有良好信用的客户需要在不同的金融机构重复同样的流程。

另外，信息的不共享也为信贷欺诈提供了机会。在一家金融机构信用不好的客户，很有可能在另外一家金融机构就能够申请到贷款。在金融较为发达的市场，用户的信用信息通过征信公司得到了一定程度的共享，但这种共享依然需要通过征信公司完成，这就增加了金融交易双方的成本。

在 Libra 网络中开展的金融业务，各种信息都被正确无误地记录在区块链上，而且用户可以直接拥有并分享自己的信用数据，而不需要通过第三方征信公司。

区块链技术能保证这些信息的真实性，这就使得这个网络中的任何一个用户都可以向在该网络上经营的金融机构申请金融服务。而这些金融机构可以是在全球范围内经营的，不像传统金融服务仅局限于用户的所在地区，这样金融业务的双方就有了更多的选择，这就会大幅提高用户获得更好的金融服务的概率，信用好的用户就能获得更加优惠的金融服务，其他信用水平的用户也能获得与其相应的金融服务。一个正向的金融生态便能在全球范围建立起来。

5.3.4　迫使各国央行制定数字货币应对策略

技术创新对经济活动的促进通常是先以技术创新开始，然后是商业组织应用这些新技术来创造利润，最后是政府机构为规范市场的发展制定相关的监管制度。互联网技术的应用推广便是这样的一个过程，区块链技术的应用推广也会同样如此。由于区块链技术会从根本上改变现有商业和社会活动的基础设施，因此监管的参与会比以往的任何技术创新都要更加广泛和深入。

此外，由于区块链技术应用的全球性，这就迫使全球监管需要合作来制定有效的监管措施。实际上，在市场中以数字形式来代表货币和资产的进程已经开始，Libra 只是将此进程推上了一个新台阶。Libra 的出现迫使各国央行不得不重视区块链技术对货币和金融市场的影响，使它们采取行动将此技术逐步地应用，建立起新的货币和金融市场。

1. 世界各国中央银行的囚徒困境

如果说比特币是数字资产世界的大爆炸起源，那么 Libra 项目对全球的金融监管机构来说，可以说是打开了一个潘多拉魔盒。全球金融监管机构将不得不面对这个项目对全球金融市场带来的冲击。

在 Libra 项目出现之前，所有加密数字资产的规模在全球范围内也就是几千亿美元的市场，而这样的体量相对于实体资产中的货币和资产规模来说略显单薄。更为关键的是，这些数字资产基本上只在数字技术范围内和爱好者人群中流通，并没有同实际经济生活中的货币与资产挂钩。

因此这些数字资产在金融方面产生的风险被控制在一个非常小的细分领域中，没有对真正的金融和经济市场产生影响。因此一些央行早期的态度是对其进行研究并关注私营部门的相关应用，并没有施加显著的压力来采取相应的措施。但是 Libra 的出现却从根本上改变了这个现状。

鉴于 Libra 项目的性质以及 Libra 协会的市场推广力量，Libra 正迫使世界各国央行认真考虑自身的数字货币政策，并合作应对 Libra 的各种挑战。如果一家央行维持现有的货币金融体系，而其他央行单独或集体应对，那么这家央行势必会在货币资产数字化进程中落伍，成为全球金融业的孤岛。

2. 中央银行安于现状

央行的职责是维护金融市场的稳定，而金融市场的稳定又是社会稳定的重要基础。因此，不仅是央行，各个主权国家的政府也不希望金融市场发生过度变化。这些变化带来的风险可能导致经济和社会的不稳定。当区块链和加密数字资产出现时，鉴于其对现有货币和金融市场的巨大影响潜力，一些央行开始认真对待这项技术，并对内部发行的数字主权货币的可行性进行了测试。货币的数字化不仅仅是货币载体的改变。由于新的货币形态以及支撑其流通的底层区块链技术对现有金融市场的影响巨大，可能引发各种无法提前预测的风险，因此央行在这方面非常谨慎甚至保守。

伴随比特币而来的是区块链技术，它允许比特币在账户之间直接流通交易。如果各国央行发行数字货币，同时采用区块链技术作为支撑新数字货币流通的基础设施，这将给现有金融市场带来根本性变化。因为现有的金融市场是基于一个集中计算模型，各机构保存自己的记录，当它们之间发生交易时，一个被称为清算所的中央记账系统需确保各方之间的记录是一致和正确的。

基于区块链技术，当交易发生时，双方直接记录与对方之间的交易，区块链技术保证了这种记录的准确性，无需通过集中清算系统来记录交易。由于现有的金融市场是在集中核算的基础上运作的，因此其业务流程和监管制度是以该市场结构为基础的。如果央行采用区块链技术支持其数字货币的流通，那么这种市场结构将发生根本性变化，而在此基础上的各种组织、进程和法律制度也需要进行相应的变革，这对任何主权国家来说都是非常危险的。到目前为止，一些央行在引入数字货币方面几乎没有取得实质性进展。

但 Libra 正迫使所有央行考虑数字货币政策。目前，由于 Libra 协会和未来成员的全球影响力较大，Libra 及其清算网络很有可能在全球推广，全球货币数字化进程将加快，这迫使各国央行考虑采取适当的应对策略。

3. 各国央行应对策略

Libra 问世后，全球 100 多个拥有自主法币的国家和地区需要对此制定应对策略。这些应对策略分为三种：完全开放接受、完全拒绝或在有限的业务领域中允许其使用。

对于那些金融和经济发达的地区，即使完全向 Libra 开放，Libra 也未必就有很大的成功概率。因为在这样的市场中，当地的法币以及支持它运作的各种设施(如清算网络和用户端)已经在当地市场成熟地运营，相关的系统互相依赖，用户的使用习惯已经养成，所以像 Libra 这种新型的数字货币和底层清算网络很难改变现有的市场状况。

但是对那些金融基础设施服务不够，但又向 Libra 开放的区域，Libra 就有很大的成功概率。Libra 的主要策略也是专注于这些金融服务不发达的地区，而不是那些现有的金融基础设施服务非常高效的地区。在这个方面，Libra 采取的策略和任何新产品进入市场的策略是一样的，就是专注于市场中现有产品与服务不到位的地方，这才是新产品切入的机会。如果 Libra 选择美国作为切入点，那这个项目很难成功。

在选择对 Libra 有限开放的区域，一个很有可能的细分领域是跨境转账服务。这个领域涉及不同法币之间的交换，对同一个经济体内的经济活动影响较小，因此容易被当地政府和金融机构所接受。而且这个领域也是区块链技术应用最成熟的领域，市场中已有案例，如 IBM 推出的 World Wire 的合规金融机构联盟，专注于零售客户之间的转账汇款以及公用事业结算代币(Utility Settlement Coin，USC)、摩根大通专注于机构之间转账汇款的摩根币(JPM Coin)。Libra 在此方面的应用只不过是这种应用趋势中的又一个实施案例。

为应对 Libra 带来的风险，各国央行需要针对是否开发自己本国的数字货币这一问题进行决策。这样的决策显然涉及的范围非常广，从产品设计到市场推广都需要考虑得非常全面，至少需要考虑以下几个问题：是否开发自己的数字主权货币？支持这个主权货币的底层清算系统是否是自己的技术标准，或者是同其他央行合作的技术标准？数字主权货币是否完全由中央银行发行？数字主权货币是如何同现有的实物和电子记账方式的法币在市场中共存的？如何同 Libra 以及此后更多的非主权货币在市场中共存？

4. 各国需协同合作

由于各央行有共同的利益，所以它们就有非常大的动机来合作共同应对 Libra 以及未来出现的其他非主权货币的挑战。

对任何一个中央银行个体来说，如果它选择不与其他央行合作，而是采取自己的应对措施，那将是一个非常大的挑战。由于区块链技术和加密数字资产带来的技术和合作模式的变化，央行之间的合作可能会从比特币延续到 Libra 的模式。该合作可能在以下三个方面：

1) 成立常设组织

该组织将制定和实施政策，以应对 Libra 和此后出现的各种稳定币。

区块链技术的出现使会员企业组织焕发出新的活力。在区块链技术之前，这些成员组织是基于成员同意的规则和他们所在地区的法律体系，因此，此类组织通常局限于一个小的地理区域或一个法律管辖的行业，很难在全球范围内扩张。

但是，区块链技术可以确保业务规则的落地和实现，且不依赖任何监管管辖的法律体系。因此，通过这种方式建立的成员组织在全球范围内具有很强的可扩展性。市场已经对这种组织机制的优越性达成共识。

所以，目前一些应用区块链技术和加密数字资产的公司都是采用这种组织方式，如 Coinbase 交易所和世可公司共同支持的“CENTRE 联盟”，推动 Libra 的 Libra 协会。同样，一些央行也会采取类似的策略，形成这样的联盟，协调彼此的货币数字化政策。

2) 支持同一金融基础设施

自比特币诞生以来，区块链和加密数字资产技术从一开始就变得国际化了。世界上任何一个角落的用户都可以在链上开立账户并持有数字资产，也可以在链上与其他用户直接进行账户间的数字资产交易。

比特币和以太坊也是如此。目前业界默认的稳定币的技术标准是以太坊的 ERC20 标准。由于采用了统一的技术标准，各种稳定币可以基于以太坊平台在世界各地流通，并在账户之间直接交换。各国央行在考虑发行数字货币时，还需要考虑制作数字货币的技术标准以及支持数字货币流通的基础清算网络。

鉴于全球经济关系日益密切，各中央银行会有很大的需求来采用同样的技术标准以及共同支持流通数字货币的底层清算网络。这条链将支持以信贷为基础发行的数字法定货币，也支持商业银行的组织形式。一个基于区块链技术的金融基础设施将类似于以太坊，每个央行都可以在上面开展自己的金融业务。

多家央行的协调与合作是高概率事件，而央行坚持使用自己独特、稳定的货币生产标准和稳定的货币流通网络则是低概率事件。

3) 基于基础设施发行独立数字法币

各个主权国家政府的首要责任仍然是确保本国经济的发展，其财政和货币政策不能独立于当地的政治因素。因此，各国政府不可能共同支持以信贷为基础的全球数字法定货币。各央行很可能将在支持全球流通的基础区块链清算链上发行自己的数字法定货币，类似基于 ERC20 标准的、在以太坊上发行的各种数字稳定币。

5.4　Libra 的监管问题

《Libra 白皮书》公布的第二天，时任美联储主席的鲍威尔指出，虽然美联储没有完全的监管权限，但会对其施加影响。鲍威尔后来表示 Libra 将被放行的前提条件是：解决隐私、反洗钱、消费者保护和金融稳定这四大问题。而时任美国总统的特朗普也提及，Libra 若要从事类似银行业务，需要银行的全牌照。时任英国央行行长的卡尼将 Libra 称为新型支付提供商，并考虑是否将其纳入央行的资产负债表。卡尼将英国央行对 Libra 的态度总结为：“持开放的态度而非敞开大门。”

5.4.1　设计的缺陷和问题

Libra 框架下没有应对币值波动的制度安排，其当前的利息分配机制中存在持有需求的制度障碍，这意味着 Libra 未来的制度框架需要细化或改变。因为现有的数字货币大多没有基础资产支持，所以投机和投资成为买家们的主要目的，且大部分买家的目的是在未来能以更高的价格出售，这会导致 Libra 价格的波动很大。

Libra 希望通过作为储备的、稳定的流动资产组合为货币提供价值支持，这将在理论上限制 Libra 价格的波动(上升或下降)。Libra 协会表示，外汇储备来自投资者和 Libra 用户。但无论它是谁，创造更多 Libra 的唯一方法是用法定货币来购买它，也就是说，Libra 的增加或减少都对应着储备金的增加或减少。

储备金将分散在具有投资级信用评价的保管网络中进行保管，以限制交易对手风险，这意味着托管机构将包括商业银行。储备金会进入商业银行的资产负债表，也会被商业银行使用，因此交易对手的风险不可能被完全消除。储备金还将被用于投资低风险资产，储备资产包括现金和政府债券，但除了低风险外，并没有做出进一步明确的规定。除了道德因素，储备资产的稳定性将取决于储备管理者的专业水平，这将影响到 Libra 的内在价值及交易价格。

在大多数情况下，储备资产应当产生收益，但这些收益并不会返还给 Libra 用户，收益将首先用于协会开支，剩余部分将作为早期投资者的红利。Libra 实行 100%备付金制度和储备资产低风险投资的原则，并不意味着损失不会出现。投资决策失误或托管方交易对手风险都可能导致损失的发生。

由此可能出现以下两种情况：

第一种情况是，Libra 内涵价值下降，导致相应法定货币价格的下降，从而使相关者对于 Libra 币值的稳定产生怀疑。如果 Libra 协会不做出相关调整，那么持有者将会以被高估的价格大量回购 Libra 并引发流动性和偿付能力的风险。如果这时候 Libra 协会拒绝兑换法定货币，那么整个系统的信任将会崩塌。

第二种情况是，相关机构注入资金来承担损失从而维持 Libra 的内涵价值，那么由谁来承担相应的责任则是个问题。从目前的制度设置来看，Libra 协会的发起人没有承担储备资产损失的义务，一旦 Libra 被广泛使用，其初始投资很难对冲可能出现的损失。此外，Libra 储备资产的利息分配制度也存在缺陷。

储备资产由发起人组成的 Libra 协会管理，除必要费用外，收益将分配给持有投资代币的发起人，而没有规定发起人承担投资风险，也可能会有道德风险。此外，这样一个系统可能会导致长期使用 Libra 的用户不得不面对预期的通货膨胀(因为没有利息收入)或与 Libra 频繁交易(如果收费)的成本损耗带来的亏损，这将阻碍以 Libra 为中心的交易市场的形成。

按照目前的安排，Libra 的发行完全基于市场需求(假定市场需求有效)。需求可分为两类：交易需求和持有需求。交易需求取决于市场的发展状况，但现有框架，特别是储备资产利息分配制度对于持有需求的发展构成了制度上的障碍，这或许缘于设计者希望低调起步从而让监管放行的考量。

未来 Libra 若能推出，将会寻求相关的制度改变和演进，刺激持有需求和交易需求，谋求大规模的市场覆盖。因为 Libra 协会并不足以限制脸书对 Libra 的巨大影响，也难以完全消除数据滥用的风险，所以这种预期和担忧将制约 Libra 的发展空间和扩张速度。根据 Libra 公布的会员文件，脸书在 Libra 协会的绝对权利于 2019 年底结束之后已移交给 Libra 协会董事会。再加上 Libra 的规定，单个会员的投票权明显低于

30%，Libra 协会还表示，同一实体不能通过不同的创始人加入协会。创立 Libra 的脸书制定规则并挑选财团的原始成员，其 27 亿用户对 Libra 的成功至关重要。

另一个问题是脸书通过创设子公司 Calibra 参与 Libra 协会，是否足以消除数据滥用的风险？

脸书比 Libra 协会更有可能利用其数据。Libra 区块链遵循匿名性原则，它允许用户持有一个或多个与其真实身份无关的地址，这意味着 Libra 协会无法知道账户背后的用户到底是谁，但脸书却对其 27 亿用户了如指掌。建立 Calibra 的目的是保证社会数据和财务数据的适度分离，但适度分离并不是孤立的，事实上更多的用户交叉使用多维数据相互推送是目前大科技公司的核心业务模式，而更极端的说法是，脸书只承诺 Calibra 的数据不会用于广告目的，但并没有限制脸书社交网络数据不被 Calibra 使用。

这种预期和担忧将制约 Libra 的发展空间和扩张速度，也将催生竞争政策、数据治理和金融稳定三者交互作用的新政策框架。Libra 将采用中心化和去中心化的混合技术路线，因其当前技术架构不足以支撑大规模的支付要求。从短期目标来看，Libra 并没有使用区块链的必要，其宣传采用区块链技术可能基于两个原因：一是提高加密资产对 Libra 的好感和技术信任以及宣扬独立精神。二是 Libra 很可能采用中心化的分布式处理架构与区块链技术相结合的分层技术混合路线。

在治理架构方面，区块链分为两种类型：第一种是许可网络，即只有某些实体才能参与规则制定和治理；第二种是非许可网络，即只要遵循协议的规则并做出贡献，所有人都可以参与规则制定和资源治理。虽然 Libra 将长期目标定为非许可网络，但至少现在，Libra 仍然相当“中心化”，或者说并没有实现去中心化。Libra 协会没有具体说明切换到未经许可的网络的时间，只是在 2019 年表示这项工作将在五年内开始。然而，直到 2021 年这项工作还没有开始的迹象，因为 Libra 依旧面临走向非许可网络需要解决的三个问题：一是部分资产难以做到去中心化；二是资产的锚定比例难做到去中心化；三是资本拥有极强的逐利性。

未来，由于监管要求和拜占庭式容错共识机制的原因，Libra 可能会被限制，难以真正实现去中心化。虽然监管可能要求更有效地访问数据，并确保网络始终满足监管要求，但与工作量证明相比，拜占庭容错共识机制的系统可扩展性和去中心化方面较差，容错性较低，不能满足要求。Libra 区块链中使用新的 Move 编程语言实现自定义交易逻辑和智能合约，但没有定义黑客攻击时的责任归属。从整个系统设计本身来看，中心节点的所有者(主要是持有投资代币的发起人)似乎只享受利益，不承担风险。Libra 协会真正走向完全去中心化的意愿强烈度是多少就是个问题了。

区块链网络的交易效率问题也是无法实现去中心化的原因。Libra 最初的目标是每个节点每秒 1000 笔交易，即使采用混合技术路线，也不足以满足全球支付网络的需要。其中一个可以比较的数据是，网联的峰值是每秒 9.3 万笔交易。

5.4.2　带来的颠覆性影响

如果 Libra 被大规模使用，在推进普惠金融发展的同时，也必然会侵蚀弱势货币，对弱势货币形成贬值的压力，并对现行跨境资本的流动和管理形成挑战和冲击。如果 Libra 被大规模使用并且成为全球货币金融体系的单一重要工具，那么全球货币的竞争格局将被分为线上和线下两部分并相互影响。根据目前的规则，网络货币的竞争力将取决于 Libra 货币篮子的构成，这将加强美元等被大量纳入货币篮子的货币的全球地位，而那些没有被纳入货币篮子的货币将被进一步边缘化。

一旦一个国家的货币被纳入 Libra 的货币篮子，它就会有动机通过发行货币来兑换 Libra 的货币，这可能导致竞争性地印钞。目前，Libra 协会还没有控制 Libra 发行总量的机制，也没有引入其他组织来控制。此外，篮子中的各国央行需要彼此之间的清算机制，而 Libra 一直在努力建立支持全球结算货币所需的信用评级。另一个风险来自 Libra 对于金融风险蔓延的助推作用。如果篮子里的一种货币出现危机，持有这种货币的人往往会把它换成 Libra 货币，从而引发货币进一步贬值，加剧危机蔓延。

因为 Libra 创造了可以自由跨境流动的货币，即使一个国家的货币不能向 Libra 兑换，也会被 Libra 侵蚀，这种侵蚀很难杜绝。同时，Libra 的使用将影响一个国家现有的跨境资本流动管理机制。

未来 Libra 可能会影响全球货币政策，而 Libra 对货币政策的影响需要考虑 Libra 创造信贷的可能性。从 Libra 目前公布的框架来看，Libra 即使能够形成信贷市场，也可能不具备创造信贷的能力，因为区块链地址之间转移的代币总量是保持不变的。此外，与法定货币不同的是，即使 Libra 持有者将 Libra 存入 Libra 银行，他们也无法“消费”相应的存款，因此无法像法定货币那样从 M0 过渡到 M1 和 M2。但如果 Libra 未来将储备从法定货币扩大到其他资产，那将产生类似量化宽松的货币政策效果。

如若进一步演化为纯信用方式发行，那么 Libra 将对全球货币政策造成重大影响。虽然目前的发行框架并不支持这种行为，但在未来并不能排除这种可能。智能合约易用性改进将赋予 Libra 在场景下的巨大生命力，结合其“自金融模式”，Libra 将挑战现有金融服务和金融机构，并在 5G 背景下彻底改变金融业和其他行业的共生生态。

因为 Libra 具有“自金融”的特征并自带相关业务的交易场景，打通了金融领域的边界。更值得关注的是 Libra 体系中包括的智能合约。智能合约的纳入使得一旦合约的相关条件在现实世界中被触发，Libra 框架下的交易资产将可以被自动转移至相关交易的参与者。

Libra 并不是第一个包含智能合约的数字货币系统，但截至目前，智能合约在易用性方面存在很大的问题，例如基于智能合约的以太坊应用，由于技术难以理解，用户唯一参与区块链的方式就是买卖数字货币。如果 Libra 可以真正解决智能合约的易用性问题，那么区块链的应用将不限于简单支付，甚至可以催生出基于更复杂逻辑的交易形式。

比如在 5G 背景下，自动驾驶汽车可以根据现实路况确定是否驶入收费道路，并依靠智能合约完成收费。拥有了易用性的智能合约后，Calibra 可以将 Libra 作为入口，通过更低的成本、补贴甚至是倾销的模式进入更多的金融细分市场，对传统的金融模式形成强大竞争力，并彻底改变金融业和其他行业的共生生态。

5.4.3 构建监管框架

目前 Libra 等数字货币需要被严格监管已经成为共识，关于其监管原则，主要可以从 4 个切入点考虑。

第一是数字货币的监管问题；

第二是针对 Libra 这一类以资产组合作为备付金的数字货币的监管问题；

第三是大型科技公司(平台型企业)进入金融领域的共性监管问题；

第四则是基于其对全球金融稳定可能带来的颠覆而需考量的监管措施。

1. 数字货币的共性监管

从国际范围来看，全球对数字货币的监管仍显不足，但主要国家已经对数字货币建立适当的分类。涉及数字货币的大多数服务都可以直接应用于现有的成熟框架，分类也将有助于理清数字货币，更有效地将其纳入现有监管框架内，而现行法律的空白部分，也可以通过新设法律法规妥善弥补。

数字货币分为三类：第一种是无储备金数字货币，这类货币不具备内在价值，如比特币。第二种是以法定货币为储备金的稳定币，如 Paxos。最后一种是以资产组合作为 100%储备金的稳定币，如 Libra。实际上后两类数字货币在本质上是类似的，均属于证券型通证，被多数监管机构视为证券。但由于 Libra 引入的资产组合作为 100%储备金，还可能涉及跨国与多部门的协同监管，因此单独列出一类进行讨论。

在传统监管框架中，并未涉及无储备金数字货币(如比特币)这一领域，因此需要国家监管机构立法来弥补在制度和监管上的空白。在这一点上，美国《虚拟货币业务统一监管法》的出台提供了完善的法律框架作为参考。该法案明确规定了从事虚拟货币的发行、兑换、存储与交易等活动的市场准入与监管标准，即从事相关活动必须获得执照，且监管部门将对申请机构的业务内容、人员资质、经验等进行审查。在颁发执照前，从事虚拟货币业务活动的申请须提交必要的担保和证明。法案还对虚拟货币业务经营主体的收费表、产品服务保障、收费标准、法律责任限定、交易信息等信息披露环节做出明确要求。同时，法案还规定必须参与美国网络安全、反欺诈与反洗钱、反恐融资等计划。如果这一法案在全美施行，将在最大限度上弥补美国无储备金数字货币的发行与交易环节的监管空白。

具有储备金的数字货币在监管实践中通常符合证券的定义，因此会被纳入证券法规的监管，成熟的证券法规会对此类数字货币的首次发行、交易等金融活动进行监管。例如，美国证券交易委员会于 2018 年 11 月发布了《数字资产证券发行与交易声明》，强调数字资产市场参与者在处理技术创新时必须坚持联邦《证券法》框架，并且同时在数字资产证券的发行、销售以及相关投资工具与交易中给出了法律参考。类似的案例还有，日本也表示修订的《金融工具与交易法》将覆盖证券类数字货币的首次发行，未来这些金融活动或将受到类似股票发行规定的约束(例如信息披露)。在证券类数字货币的交易环节，美国还要求其经纪交易商也必须经美国证券交易委员会的许可，并成为美国金融业监管局的会员。同时，证券只能在美国证券交易委员会批准的持牌交易所或者替代交易系统上交易。如果这些法案得到严格执行，那么证券类数字货币的交易乱象将得到根治。

同时，数字货币托管钱包领域同样需要监管，其中日本《支付服务法》的要求最为严格。日本法案要求交易所管理客户的加密资产必须提供离线钱包，并要保持与客户资产等额的加密资产担保，同时客户资产必须同自有资产分离保管，以此来确保消费者的利益不被侵害。而其他主要国家大多提出了必要的信息披露与担保要求。由于数字货币的匿名性，监管者最早关注到它是因其可以逃避现有反洗钱与反恐融资监管。

在反洗钱与反恐融资这一领域，各个国家均有相关法案涉及，以美国为例，进行汇款或其他联邦法律规定的货币服务业务需要遵守《银行保密法》，并接受反洗钱部门的监管。2018 年，美国众议院通过了《Fin CEN 2018 改进法案》，将虚拟货币纳入执法网络。该法案要求对数字货币交易进行记录并提交报告，并由美国金融犯罪执法网络(Fin CEN)进行收集和分析，为执法机构的稽查提供支持。日本、瑞士也表示传统反洗钱法案适用于数字货币交易，英国也将制定严格的反洗钱条例以应对匿名交易问题。

Libra 被归类为私营部门发行的有资产组合作为 100%准备金的数字货币，这类数字货币通常具有证券类特征。在证券类数字货币交易这一领域，美国作为数字货币监管的风向标，对全球监管政策的发展有着很强的示范作用。参考美国对数字货币的现行监管实践，具有准备金的数字货币通常被归类为证券，《证券法》对这类相关监管问题已有足够法律供参考。因此，Libra 的首次发行、销售、交易与流通等相关环节都会被纳入美国证券交易委员会监管，如果未来美国证券交易委员会进一步加强监管力度，那么目前二级市场交易环节中暴露的消费者保护问题也将得到控制。

此外，Libra 具有支付、汇款等功能，在涉及相关货币服务业务时，还需要遵守美国的《银行保密法》，满足 Fin CEN 关于反洗钱、反恐融资的规定。但在托管钱包与支付等领域，现有美国法律少有涉及，未来更多地会参考尚未通过的《虚拟货币业务统一监管法》，强化消费者保护、法律合规、信息披露与网络安全等领域的要求。目前，Libra 尚未发行，出于获准发行的考虑，其在初期将尽可能满足证券类数字货币在美国的各种监管要求，一旦未来获得初步成功，就会向金融领域进一步拓展、渗透，并通过平台经济的特征实现类似脸书在社交媒体领域的市场支配力(Market Power)。

2. 监管者注意事项

在金融稳定领域的评估中，任何货币都需要满足相关监管要求并获得美联储的认可。特别是在 Libra 储备金对应的资产流动性方面，需要有相关机制来应对 Libra 用户大量赎回资产而造成资产流动性危机的情况，具体方案如下：

(1) 通过相关制度安排，对 Libra 技术发展路线图及规则制定进行干预，尤其是在智能合约等方面。

(2) 美国联邦贸易委员会和欧盟竞争委员会对脸书和 Calibra 的数据流动设定相关规则，限制脸书使用用户数据，获取不公平的竞争优势。在保证隐私安全的前提下，开放数据。在《通用数据保护条例》的框架下，推动数据流动。

(3) 未来，Libra 的金融服务还可能涉及贷款、资产管理等多个金融领域。对于这些金融行为，应坚持“相同行为，相同监管”的原则，实行多重监管，即多个监管部门、多重监管要求，并制定规则协调监管执行，合理增加监管工具箱。

(4) 让 Libra 与多种货币的篮子挂钩。随之而来的问题就是，其中货币的比重、汇率应该是多少以及是否涉及相互之间的汇兑、清算。这些问题就导致 Libra 在跨境支付中的使用不可能回避央行以及国际间央行协调的问题。由此又产生了全球是否需要有人来管理各种货币之间的汇率及其形成机制的问题。因此，需要通过国际清算银行等平台，建立篮子货币与央行之间的清算机制。

(5) 利用现有国际平台，例如国际货币基金组织和国际清算银行，对 Libra 发行总量、储备金来源货币比例等进行管理和治理，限制对全球货币体系的冲击，需要时可以组建新的全球治理架构。

(6) 基于 Libra 形成的金融或类金融行为的规模和范围特征，且其风险可能会迅速传递至整个金融领域，Libra 具有系统重要性特征，更加需要全球协同对其进行监管。

(7) 考虑到 Libra 作为货币对于全球货币体系的影响，不允许 Libra 修订或取消 100%储备金的安排。同时，对于保持币值稳定需要的复杂储备测算，需要央行或者国际清算银行参与。

(8) 国际货币基金组织、国际清算银行和各国央行等机构高度关注 Libra 可能造成的货币贬值危机。

数字货币是目前发展最迅速的领域之一，科技巨头的加入使该领域因薄弱监管而产生的“监管逆差”更为明显。

3. 监管者应对措施

首先，针对数字货币发展中暴露的市场乱象，应该着手加强数字货币市场的管理，将其纳入监管框架内，妥善保护消费者利益。

其次，面对科技巨头进入金融领域，应保持审慎的态度，通过立法或行政法规来防止科技巨头滥用数据与市场支配地位，以此保护消费者的数据隐私，通过一定的市场准入维护金融稳定，也使社会福利不受损害。

最后，Libra 作为以资产组合为 100%准备金的数字货币，未来可能有广泛的应用场景，在满足数字货币与科技巨头监管要求的同时，还需要加强国际监管协调以应对其清算、贬值、货币侵蚀、跨境流动、金融稳定等一系列问题。

思 考 与 练 习

1. 简述 Libra 的发行背景。
2. Libra 的货币机制是怎样的？
3. 如果发行 Libra，将会对全球产生哪些影响？
4. Libra 有哪些缺陷？
5. 应该如何对 Libra 进行监管？

第 6 章　中央银行数字货币

本章讲述了各个国家对中央银行数字货币(CBDC)的探索，重点介绍了我国的中央银行数字货币，即数字人民币(E-CNY，又称为数字货币电子支付，Digital Currency Electronic Payment，英文缩写为 DC/EP)。中国推进数字人民币的战略意义重大，将会加大人民币国际化和金融的进一步开放，有利于提升我国的国际金融竞争力。

6.1　中央银行数字货币(CBDC)概述

2019 年 6 月 18 日，Meta(元宇宙，前身为脸书 Facebook)超主权货币 Libra 计划发布，一时间在全世界范围内引起了巨大反响，但在此后 Libra 受到了来自各方监管的约束与限制，最终在 2020 年 12 月 1 日更名为 Diem，以期减少监管阻力，而这些阻力的背后正是由于各国央行以及有关部门对于货币主权的重视与关注。

自 1609 年历史上第一家中央银行——荷兰的阿姆斯特丹银行成立以来，中央银行一直在现代商业社会中扮演着重要的角色，尽管在不同国家中所承担的具体职责有所差异，但总体来说，中央银行都负责着制定与执行国家货币政策、发行法币、进行金融监管等重要职责，以维护宏观经济稳定。而中央银行实现这些公共政策目标的核心手段便是向社会公众发行由国家背书的法定货币。

为了顺应全球数字经济与区块链技术发展浪潮，同时降低互联网巨头通过科技手段对主权货币所造成的冲击。2020 年以来，全球各国政府开始在中央银行数字货币(Central Bank Digital Currency，CBDC)这一领域集中发力。

国际货币基金组织将 CBDC 定义为，由中央银行或其他货币当局发行并由中央银行负债的数字化主权货币。这一定义表明，CBDC 在法律地位上与现行流通的法币具有相同的法律地位，是来自货币发行主体的一项负债。

根据 2020 年 10 月国际清算银行(Bank for International Settlements，BIS)与加拿大、日本、瑞典、瑞士、英国、美国以及欧洲央行的一项共同研究表明，CBDC 应具有以下几点特点：

首先是不损害货币或金融稳定；

其次是应与现有形式的法币体系共存并相辅相成；

最后是应促进创新和效率。

除此以外 CBDC 还应具有三类特征：工具特征，系统特征，制度特征。

1. 工具特征

(1) 可兑换。为保证法币单一体系，应与现行货币等价兑换。

(2) 便利。CBDC 应像使用现金、银行卡或手机扫码一样方便容易。

(3) 被接受及可获取。CBDC 应可用于许多与现金相同类型的交易，包括销售终端和个人交易以及进行离线交易的一些能力(有限的时间段和预存的额度内)。

(4) 低成本。CBDC 服务费用对最终用户来说应该是非常低的，甚至是免费的，也应该具备最低限度的技术投资要求。

2. 系统特征

(1) 安全性。CBDC 系统的基础设施和参与者都应该对网络攻击和其他威胁具有极强的抵抗力还应有效地防止造假。

(2) 即时性。应向系统的最终用户提供即时或近乎即时的最终结算。

(3) 韧性。CBDC 系统应该对操作故障、自然灾害、停电和其他导致系统中断的问题具有极强的韧性。如果网络连接不可用，最终用户应该有一些能力进行离线支付。

(4) 可获取。系统的最终用户应该能够全天候付款。

(5) 高并发。系统应该能够处理非常大的交易量。

(6) 可升级。为了适应未来大规模交易的潜力，CBDC 系统应该能够扩展。

(7) 可互操作。该系统需要提供与私营部门数字支付系统所安排的充分互动机制，以实现资金在系统之间轻松流动。

(8) 灵活及可适应性。CBDC 系统应该是灵活的，能够适应不断变化的条件和政策要求。

3. 制度特征

(1) 健全的法律基础。中央银行应该有明确的权力来发行 CBDC。

(2) 符合监管标准。CBDC 系统(基础设施和参与实体)需要符合适当的监管标准。

6.2　各国在中央银行数字货币上的共识

区块链技术的快速发展也给电子货币市场营造了良好的发展环境，世界各国监督人员开始加大对电子数字货币的关注。在此期间，因为我国区块链技术在建立初期便得到了一定程度的发展，监督制度如何有效地应对其发展成为了各方人士关心的问题。

6.2.1　面临的监管问题

点对点电子现金系统的快速发展得益于数字货币，但从根本上说，数字货币和中央银行两者之间存在着矛盾和冲突。如果对数字货币监管控制不利，将会面临下述问题。

1. 影响物价稳定

数字货币本质上与纸币没有区别。数字货币的不断发展，会大大增加货币供给量，这将影响我国货币周期的运转速度、现金的使用情况以及市场调节货币流动总量的机制。货币机制与实体经济相辅相成，货币机制的不稳定会呈现在实体经济上。

2. 影响金融稳定

数字货币不存在银行，不受银行的控制，它仅用于交换，还不具有使用价值。贷款人无法对数字货币进行过多的干预，它的影响力取决于使用者的活跃度和愿意接受的商家数量，货币市场价受数字货币网络发展的影响。因为数字货币已逐步走入人们的生活，它会潜移默化地影响经济社会的发展，如果监管不利，将成为不稳定的金融隐患。

3. 支付系统稳定性受到影响

数字货币的发展风险巨大，考虑到信用问题、流动性问题及法律问题，若不加以控制，现有支付系统会产生动荡。

鉴于此，各主要国家央行对非中央银行数字货币采取了相对谨慎的态度，争相削弱非中央银行数字货币的经济地位。起初，非中央银行数字货币不受到限制，发展迅速，受到监督干预后则数字货币在某些国家和地区进入了瓶颈期。随后，各国中央银行开始探讨如何深入开展中央银行数字货币的研究。在 2015 年，厄瓜多尔的中央银行第一次正式提出了中央银行数字货币的计划，主要是为了减少损耗，降低成本，增加便利性，给身边没有银行的居民提供货币使用平台，提供相关金融服务。

突尼斯也拥有了自己的数字货币，其主要采用了区块链技术，它保留了原始货币能够支付购买商品的能力，可以支付水电费，并且所有的交易记录都被完整地记录在区块链中，方便管理。

快速发展的各国中央银行拥有了属于其相互之间的权利边界，跨境支付结算模式与之紧密相连。跨境支付不是一个单一国家就可以做到的，至少需要两个主权国家，而央行的支付和结算系统计划只有在主权国家之间达成协议的基础上才能扩展到境外。每个国家的货币安全、支付安全都至关重要，每个国家支付结算系统也各不相同，所以全球公约难以缔结。由于各国监管制度不完善，跨境支付清算企业只能在各国央行等金融监管机构允许的范围内经营，这给日后国际贸易支付结算留下了以下隐患：

第一，运营成本高。跨境支付结算需要多方参与，价值链中涉及许多节点，导致多重收费。国家许可经营该业务的银行相对唯一，缺乏竞争，增加了跨境支付的费用。

第二，交易自由度低。跨境支付不可以脱离当地银行独立存在，一旦地区和居民确定，那么他们的银行账户也是唯一不变的，他们的交易必须依赖银行实现。尽管这在一定程度上保护了客户的安全，但是这也使交易失去自由，严重影响客户体验。

第三，结算业务流程缓慢而且效率低。支付结算工作是交错复杂的，主体单位包括参与建立银行的各个国家，整个工作流程不容耽误，任何一方的拖延都会大大降低结算效率，还会占用大量经济资源，国内的金融监督机构的效率也会大大降低。

6.2.2　法定货币跨境支付

区块链技术的出现为跨境支付结算提供了方向，通过智能合约直接进行收付款，不再需要中转银行作为中间人，这不仅降低了交易费用，保证了交易的及时性，还提高了使用者的交易体验和便利性。在整个交易体系中，区块链被广泛应用于B2B(Business-to-Business，指企业与企业之间通过网络，进行数据信息的交换、传递，开展交易活动。)的交易模式。

各国监督者没有对非中央银行数字货币表达出一个明确的态度，监督者只是没有限制其在经济市场中使用和其他国家金融领域方面的服务，这为传统支付机构利用区块链技术提供了机会。同时，也为金融公司在支付层面的决断提供了良好的制度环境。

1. 内部环境

不同的支付机构使用的改革措施也各不相同，但是它们都致力于从区块链技术中谋取机会，完善自身，以扩大自身在市场中的比重，增强自身竞争力。

世界经济不断发展，电子汇款也逐渐频繁起来，相关专家开始将目光放在比特币区块链的应用上，区块链技术为货币流通提供了一种新的方式。2015 年 11 月，Visa 欧洲国家联合实验室(Visa Europe Collab)与 Epiphyte(一家主流金融市场的分布式账本解决方案供应商)展开了深入的研究合作。通过跨境数据流转，由 Visa 完成最终网络基础设施费用的收取。2016 年，Visa 欧洲联合实验室测试了 SatoshiPay(一家处理微支付交易的公司，为内容创作者提供内容货币化的机会)，效果明显，并已经允许了使用者的小额支付。随后，Visa 欧洲联合实验室与 BTL Group 进行了合作，将人工智能投入到境内和跨境支付上，大大提高了工作效率。

除此之外，万事达、西联与 SWIFT(环球同业银行金融电讯协会)也都在尝试通过区块链技术完善现有的商业网络。其中，万事达与西联都是数字货币集团(Digital Currency Group)的投资者。

2. 外部场景

很多金融科技企业不断问世，整个行业获得了长足的发展，同时区块链技术也为金融科技提供了一个前所未有的转机，传统的支付方式不再占据经济市场不可动摇的地位，新型的支付方式已经向传统方式宣战。

美国作为第二次世界大战后实力最强的资本主义国家，自然也在积极进行跨境结算的探索。瑞波(Ripple)是用区块链技术解决跨境结算问题的金融科技公司，它不需要传统的支付模式，只需要一个没有中央限制的分布式网络，致力于实现一个适用于全球的跨境支付结算协议。目前，其商业模式的定位基本决定了其在结算过程中将会逐步演变为可信赖的第三方，并在最后希望建立一个更加集中的商业模式，原有的分散支付模式不再适用于当时的发展。如果 Ripple 真的向这个研究方向不断发展，那么最终它在模式选择上与 SWIFT 会有相同的命运，它们两者仅仅是信息手段的不同，但在本质上并无区别。

金融科技公司掌握了区块链技术，在取代传统支付机构方面就有着一定的优势。为了应对 Ripple 等各大金融技术公司的挑战，SWIFT 机构迅速联合了全球 73 家最大的银行(占跨境支付的 75%)，就如何解决客户银行体验性差的问题以及如何进行快速跨境支付等问题展开了激烈的讨论。

6.2.3　底线与竞争

1. 各国对数字货币的界定

在美国财政部长耶伦向美国参议院银行提交的报告中指出，比特币不存在货币所应当拥有的职能，它具有实践性、创新性，但它不受货币金融体系的监督管理，游离于世界银行体系之外。有关专家提出，比特币是法定货币(亦简称为法币)之一的言论被该项报告直接否定了，并指出比特币不具有法币地位。

美国的《商品交易法》明确把数字货币认定为一种商品，在此前提下，美国期货交易所认为如果上升到法律层面，比特币应该被视为商品。与这两个机构不同的是，美国联邦调查局把比特币作为居民的一项财产，其开采、交易和使用都应该征税。

2014 年 6 月 29 日，加利福尼亚州州长签署《数字电子货币政策合法化法案》(简称“AB-129 法案”)，新法案中规定：在虚拟市场中，法定货币并不适用，不获取信用背书，账户可以不听从美国联邦存款保险机构(Federal Deposit Insurance Corporation，FDIC)的部分限制，但也同样不会受到保护。

欧洲央行(European Central Bank，ECB)认为，货币应当具有交换媒介、价值尺度的职能，显然比特币不具备这些职能，数字货币可能会影响中央银行的运作。因此，欧洲各国联合中央银行一致赞同应设立专门的机构对加密数字电子货币进行规范、管理和监督，评估其风险，保持金融服务系统的完整性，以防它被有心之人利用，造成市场的不稳定性，影响到经济的发展。

德国联邦金融监督局(BaFin)和德国联邦财政部一致认为，比特币等数字货币是用来记账的一种新型发展方式，在德国银行法中可以归类为金融工具。合作双方可以自行选择多种结算方式，其中就包括数字货币。为了避免出现分歧，德国联邦金融局对外宣布，数字货币的使用具有一定的限制，而且不会成为德国以后监督服务意义上的法币。

法国央行(Banque de France)也确认，数字货币虽然发挥着极大的作用，但是它也不可能成为具有法律效应的法定货币，因此它就不具有交换媒介、价值尺度等职能。众所周知，欧元是法国具有法律效力的唯一的法定货币，在法国，所有的交易结算必须统一使用欧元。相应地，比特币不具有法定货币地位，如果交易双方进行交易时没有使用法定货币，而是倾向于数字货币，此时就应该着重注意担保问题，如果不使用欧元，那就是违法。由于比特币的特殊性，法国金融体系将面临极大的风险，市场的投机机会也会增加，甚至比特币会成为洗钱或其他非法活动的工具。

尽管丹麦金融监管机构(Financestil Synet)认为比特币是法定货币，但是比特币的相关交易在丹麦境内不被法律所允许，同时，考虑到加密货币参与商品货币流通会带来市场混乱，导致市场难以调控，比特币及其他数字货币系统被丹麦税务局列为重点关注对象。丹麦央行的研究学者指明，黄金和白银本身具有价值，但比特币的确没有相关职能，所以法律无法就比特币的使用提供保障。

2. 各国监管机构加强本国监管

美国联邦政府严格规定了非合法数字货币的性质，提出了相应的法律适用范围，其目的是有效地监督货币犯罪，将非合法数字货币纳入现有的法律体系中，防止虚拟数字货币的非法使用。相比之下，国家监管更多的是为了保护消费者和互联网。这就要求相关机构通过不断完善市场监管规则，给予检察机构更多的执法权力。

2014 年 6 月，美国加州通过了《数字货币合法化法案》(简称“AB-129 法案”)，该项法案严格限制了不合法的货币在美国市场上的发行和流通，但是数字货币仍然可以自由地发行和流通。该法案通过确立相关的法律，改变现有的法令，以确保在使用其他货币进行交易的时候不触及法律的底线。

2015 年 3 月，AB-1326 法案在加州金融法下新增了一个章节(Financial Code 第 11 章)，专门用于规范数字货币的企业，将企业发行的数字货币纳入法律的监管体系之下。除银行法规定的特殊机构或相关服务不需要取得许可证外，任何机构和团体在使用数字货币办理划拨，获取、储存或替人代管，零售兑换数字货币以及监管数字货币时都需要获得相关许可。

被许可人应该履行为消费者进行风险分析的义务，如提示汇率变动、资产不保值等，并主动告知消费者投诉流程，切实维护消费者的利益。市场持续动荡、不稳定的问题难以解决，这就需要许可人建立稳定高效的运营系统，实时监测系统。作为法律的执行者，他们同样也需要接受法律的合规检查。如果被许可人没有严格遵守法律的规定，监督机构执法人员有权要求他们改正，或者直接制止他们危害经济安全的做法和行为。在一些特殊时期，监督机构有权暂停撤销已发的许可证书，或将破产的被许可人交由破产管理部门。

德国联邦金融监管局明确了单纯或偶尔从事比特币挖矿、支付活动并不需要取得监管部门的许可。但是如果从事为他人交易比特币提供服务的商业活动，则需要根据德国银行业法取得许可。此原则亦适用于具有商业性质的大规模比特币挖矿活动。

换言之，德国联邦金融监管局认为商业性的比特币服务行业应受到金融监管，在具体执行上监管部门对不同行业采取了不同的方式：

(1) 比特币交易经纪业务。根据德国法律，如果以自己名义为他人购买和销售比特币，则构成典型的经纪业务，需要取得德国联邦金融监管局的许可证。该种模式下，经纪业务背后的客户并不了解对手的真实身份。比特币经纪人根据客户指示的数量和价格购买或者出售比特币。

(2) 比特币平台业务。如果比特币交易根据平台设计的规则重复进行，促成交易的各方可以在价格达成一致意见时完成比特币交易，监管部门就认为该平台具有面向大众的多边交易功能，并且此类比特币平台业务需要根据德国银行业法取得许可证。

(3) 比特币信息中介业务。如果企业不直接参与比特币交易，而仅仅是提供信息平台，供交易双方了解对方拟交易的比特币数量或者价格，则经营比特币信息中介业务的企业应取得从事比特币中间商业务的许可证。

(4) 自营交易业务。企业用可支配的资金以自己的名义进行比特币交易，属于从事比特币自营交易的盈利活动，根据德国银行业法从业者亦应取得相应的许可证。

此外，需要注意的是，取得上述各类许可证从事比特币业务的企业在经营过程中，需要履行有关反洗钱和反恐怖组织融资的合规义务。

法国中央银行认为从事比特币与法定货币之间进行兑换的业务属于支付服务，此类业务必须获得监管机构的授权并取得相应的许可证。这有利于降低比特币交易中的欺诈风险，同时也有助于督促经营主体履行反洗钱和反恐怖组织融资方面的合规要求。

2016年5月，日本通过了一项监管国内数字货币交易所的法案，要求数字货币交易所运营商在日本金融服务厅进行注册，并要求将法定货币与数字货币基金分开管理，同时严格实施反洗钱法条例。

俄罗斯中央银行明确表示，俄罗斯境内的个人或者企业，无论是自己从事还是协助他人或者别的企业从事比特币交易工作，或者实施其他非法定货币的金融行为，都被视为违背反洗钱或者与反恐怖融资相关的法规的行为。为了应对比特币带来的相关风险，2017年10月，俄罗斯总统普京宣布将发布中央银行数字货币加密卢布“CryptoRuble”。

3. 政策改善后跨州跨国监管竞争加剧

尽管主要国家在非中央银行数字货币的监管态度上达成了最基本的共识，但是在具体操作上，基于金融领域应用区块链技术的潜在商业价值，各国纷纷结合本土情况，采取不同的监管策略。在金融行业应用区块链技术的领域，监管竞争最为激烈的当属美国各州之间，以及以放松管制著称的各国际金融中心。

1) 州际竞争

在应用了区块链技术的支付行业的监管方面，美国各州之间存在一定差异，监管制度最终与各州金融产业政策结合，形成独具特色的竞争格局。例如，在数字货币的监管方面，美国加州法案构建了虚拟货币业务领域的审批体系，寻求在消费者保护与促进产业发展之间的平衡，一方面为消费者提供必要的保障，另一方面为初创企业提供健康的成长环境。

此外，立法者还设计了临时许可证制度，使得初创企业和服务少量消费者的小企业享有更低的门槛，具体表现为企业满足比较低的申请要求就可以从事相关行业的业务，企业可以根据风险评估标准自行证明合规性。

相反，美国纽约州作为大型金融机构的聚集地，监管政策就比较严苛，无论是监管范围、资质审核，还是获得执照后应持续满足的监管规定，对任何一个想要申请数字货币执照的企业来说，都需要消耗大量资源以满足监管要求。上述规定比较符合纽约州大型金融机构的利益诉求，而一些小规模的初创企业在起步阶段，选择在纽约州开展业务会遇到较大的困难。

2) 跨国竞争

欧盟成员国大多采取了类似欧洲央行的态度，审慎地推定并密切关注数字货币的发展，初步确定了最基本的监管规则。然而，英国作为欧洲最重要的金融服务业中心，对比特币等数字货币一直采取相对柔和的监管措施，并没有通过官方途径对比特币的性质作出明确界定，也没有对数字货币的交易活动进行严格限制。英国这种“看看再说”的模式与欧洲大陆国家比较谨慎的态度形成鲜明对比，实际上体现了欧洲国家之间对于金融服务业的不同态度。

与以工业立国的德国和法国相比，英国更有意识地希望成为欧洲范围内数字货币和应用区块链技术的中心，增强伦敦作为全球金融中心的竞争力。香港和新加坡作为亚洲地区效仿伦敦模式的国际金融中心，对于支付行业应用数字货币等区块链技术也采取了宽松模糊的监管策略，避免自己在金融服务业全球转移中处于监管竞争的劣势地位。

瑞士对数字货币以及其他区块链技术在支付领域的应用持完全开放的态度。数字货币的支付系统与瑞士私人银行一贯遵循的保密原则相吻合。瑞士的银行和证券等金融机构已经开始大规模地尝试应用区块链技术，甚至政府层面也直接介入。在瑞士楚格州，市场稳定，投资环境好，为企业提供了低税收的政策，帮助企业吸收全球对冲基金(金融期货、期权等金融衍生工具与金融工具结合后以营利为目的的金融基金)的同时，在短时间内快速增加了大量的商品交易业务。为适应经济发展趋势，楚格州大力发展区块链产业，允许当地居民以比特币的形式缴纳税务，创造应用场景，外界称此地为“加密谷”。

6.2.4　我国的政策与创新

1. 建立监管制度框架

2013 年 12 月，中国人民银行等五部委联合发文(简称“五部委通知”)，确定了比特币的监管框架。

1) 澄清数字货币的性质

比特币并不是真实存在的货币，它并不具有实体形式，与其说它是一种货币，不如把它视为一种虚拟商品，因为它并不具有法定补偿的货币特性。所以比特币被严格限制，它不可以同货币一样，在市场上自由地流通。但同时也应该明确，比特币交易可以作为一种中国互联网上的商品买卖的市场行为，被充分利用并加以研究。

2) 隔离正规金融发展服务

各大金融机构和支付平台不得以比特币的标准为产品或服务进行市场定价，不得买卖或者作为一个共同对手方买卖比特币，机构或平台不得承保与比特币相关的保险公司的业务或将比特币纳入社会保险法律责任能力范围内，不得有意地为客户提供其他与比特币相关的服务。

3) 加强网络平台的监管

比特币互联网站作为全球最重要的比特币交易平台之一，应当按照《中华民族人民共和国电信条例》和《互联网技术信息系统服务质量管理工作办法》的规定，依法及时在电信管理研究机构备案。同时，由于比特币本身具有较高的洗钱风险和被不法分子利用的风险，交易平台应时刻保持警惕，坚决且高效地履行反洗钱义务，积极配合有关部门对网络平台的监管。

为此，有必要系统地研究制定针对非中央银行数字货币的基本监管制度，在扩大现有法律有关“证券”等概念范围，规范解决 ICO 问题的同时，明确界定非中央银行数字货币经纪业务、非中央银行数字货币平台业务、非中央银行数字货币信息中介业务和非中央银行数字货币自营业务，根据不同的业务类型设定准入门槛、业务规则并辅之以相应的监管和处罚制度，加强投资者保护，逐步建立非中央银行数字货币的基本监管制度体系。

2. 加快顶层设计与示范

与对比特币等非法定数字电子货币采取谨慎的态度不同，我国监管研究机构认为中央银行数字货币的产生是社会历史发展的必然，央行应当不断推动数字货币的发行，同时不断提升和完善自己支付市场的便捷性与安全性。央行已经在合法数字货币的形式和运行框架上取得了一定的研究成果，并将在此基础上进一步完善技术细节的优化，以早日构建健全的中央银行数字货币流通发行体系。

考虑到中央银行数字货币有可能会对整个金融体系甚至国民经济产生深远影响，监管者应当在仔细斟酌和启动法律的同时，做好解决与之相伴的并发问题的准备，在购买者、数字货币交易所、监管部门之间形成一个完整的安全可靠的数字货币监管体系，积极预防潜在金融风险的发生，同时应该赋予中央银行在极端情况下具有直接干预市场的权利，以保障我国中央银行数字货币系统的平稳运行。否则，一旦央行无法控制事件(如跨境交易或海外交易)和风险，后果将是不可想象的。

同时，出于提高我国在应对中央银行数字货币可能产生的对中国金融信息系统的消极影响能力的考虑，应当切实加强政府与企业的合作，监管部门可以通过与大型互联网金融公司展开合作，在基础设施构建、渠道探索、顶层技术支持、行业规范完善等方面加强交流沟通，帮助构建稳固的监管体系。可以适当地开展小范围的试点活动，在实验地区的特殊领域应用中央银行数字货币，例如工商、税务等，使当地的民众优先使用数字货币线上支付，在独立的空间中，测试区块链技术。待相关技术应用初步试验成功后，再逐步推广到外界。

3. 加强与国际监管机构间的协调

区块链技术不仅可以应用于数字货币，还可以应用于银行、证券、保险、支付等行业。国际上采用的普遍方式是由各国的金融服务机构组成投资管理团队或金融发展创新企业的方式，实现信息互通，资源共享，一起探索区块链技术在金融市场行业的盈利模式和商业模式的应用。在各国的不断努力下，区块链技术应用的商业场景逐年增加，主要涉及智慧医疗、智能互联网、网络安全、票据与供应链金融等领域。

由于这些商业应用形式尚未得到广泛推广，国家监管机构在短期内不会对区块链技术与金融相结合的商业模式表达明确立场，也不会采取有针对性的监管方式。

从根本上说，金融业与区块链技术相结合创造出的新的交易模式能否在一定程度上代替当下的集中化商业模式，还需要用时间来检验。香港、东京、纽约、瑞士等世界主要金融中心在未来可能会进一步放宽对区块链技术的管制，以此来吸引国际金融资本的转移，此举为区块链技术与金融业的整合与新的商业模式的产生创造了良好的发展条件。

6.2.5　重点打击违法犯罪

区块链技术在金融业的应用可能会导致监管机构在某些业态下无从获取相关交易信息，在一定范围内形成了监管真空，成为某些犯罪行为的滋生地。

近年来，数字货币的发展与黑市交易息息相关，洗钱、恐怖主义组织融资等现象不断增加，犯罪分子利用区块链技术具有的隐蔽性高、难以察觉的特点，在监管的灰色地带，大规模从事违法犯罪行为，已经逐渐成为中国国际刑事部门乃至世界各国人民重点打击的对象。与此同时，由于区块链技术本身的神秘性和复杂性，以及前几年比特币的价格增长较快，容易被不法分子利用，他们打着高科技和颠覆的旗号在社交媒体进行非法集资和网上欺诈的违法犯罪行为。

对此，金融监管部门可以考虑与公检法系统通力配合，并提供必要的技术与信息支持，合力打击洗钱、恐怖融资、集资诈骗、非法或变相吸收公众存款等违法犯罪行为，坚决维护金融市场秩序。

6.3　数字人民币

6.3.1　数字人民币的发行背景

首先，数字经济发展建设需要适应时代要求、安全普惠的新型零售支付基础设施。

当前，中国经济正在由高速增长阶段转向高质量发展阶段，以数字经济为代表的科技创新成为重要驱动力。随着大数据、云计算、人工智能、区块链、物联网等数字科技快速发展，数字经济新模式与新业态层出不穷。新冠肺炎疫情发生以来，网上购物、线上办公、在线教育等数字工作生活形态更加活跃，数字经济覆盖面不断拓展，欠发达地区、边远地区的人民群众的线上金融服务需求日益旺盛。

近年来，中国电子支付尤其是移动支付快速发展，为社会公众提供了便捷高效的零售支付服务，在助力数字经济发展的同时也培育了公众数字支付的习惯，提高了公众对技术和服务创新的需求。同时，经济社会要实现高质量发展，在客观上需要更为安全、通用、普惠的新型零售支付基础设施作为公共产品，以进一步满足人民群众多样化的支付需求，并以此提升基础金融服务的水平与效率，促进国内大循环畅通，为构建新发展格局提供有力支撑。

其次，现金的功能和使用环境正在发生深刻变化。

随着数字经济的发展，我国现金使用率呈下降趋势。据 2019 年中国人民银行开展的支付日记账调查显示：手机支付的交易笔数、金额占比分别为 66%和 59%，现金交易笔数、金额占比分别为 23%和 16%，银行卡交易笔数、金额占比分别为 7%和 23%，46%的被调查者在调查期间未发生现金交易。同时也要看到，根据 2016 年末至 2020 年末统计数据，中国流通中现金(M0)余额分别为 6.83 万亿元、7.06 万亿元、7.32 万亿元、7.72 万亿元和 8.43 万亿元人民币，仍保持一定增长态势。特别是在金融服务覆盖不足的地方，公众对现金的依赖度依然较高。同时，现金管理成本较高，其设计、印制、调运、存取、鉴别、清分、回笼、销毁以及防伪反假等诸多环节耗费了大量人力、物力、财力。

再次，数字货币特别是全球性稳定币发展迅速。

自比特币问世以来，私营部门推出各种所谓数字货币。据不完全统计，截至 2021 年 7 月 15 日，有影响力的加密货币已达 1 万余种，总市值超过 1.3 万亿美元。

比特币等加密货币采用区块链和加密技术，宣称“去中心化”“完全匿名”，但其因缺乏价值支撑、价格波动剧烈、交易效率低下、能源消耗巨大等限制因素导致其难以在日常经济活动中发挥主权货币职能。同时，加密货币多被用于投机，存在威胁金融安全和社会稳定的潜在风险，并成为洗钱等非法经济活动的支付工具。针对加密货币价格波动较大的缺陷，一些商业机构推出所谓“稳定币”，试图通过与主权货币或相关资产锚定来维持币值稳定。有的商业机构计划推出全球性稳定币，这将会给国际货币体系、支付清算体系、货币政策、跨境资本流动管理等带来诸多风险和挑战。

当前，各主要经济体均在积极考虑或推进中央银行数字货币的研发。国际清算银行最新调查报告显示，65 个主要国家或经济体的中央银行中约 86%已开展数字货币研究，正在进行实验或概念验证的央行从 2019 年的 42%增加到 2020 年的 60%。据相关公开信息显示，美国、英国、法国、加拿大、瑞典、日本、俄罗斯、韩国、新加坡等国央行及欧洲央行近年来以各种形式公布了关于中央银行数字货币的考虑及计划，有的已开始甚至完成了初步测试。

目前，国际社会高度关注并开展数字人民币研发。

6.3.2　数字人民币的定义和愿景

1. 数字人民币的定义

根据《数字人民币研发进展白皮书》显示，数字人民币是中国人民银行发行的数字形式的法定货币，由指定运营机构参与运营，以广义账户体系为基础，支持银行账户松耦合功能，与实物人民币等价，具有价值特征和法偿性。其主要含义如下：

(1) 数字人民币是央行发行的法定货币。一是数字人民币具备货币的价值尺度、交易媒介、价值贮藏等基本功能，与实物人民币一样是法定货币。二是数字人民币是法定货币的数字形式。从货币发展和改革历程看，货币形态随着科技进步、经济活动发展不断演变，实物、金属铸币、纸币均是相应历史时期发展进步的产物。数字人民币的发行、流通管理机制与实物人民币一致，但它以数字形式实现价值转移。三是数字人民币是央行对公众的负债，以国家信用为支撑，具有法偿性。

(2) 数字人民币采取中心化管理、双层运营。数字人民币发行权属于国家，人民银行在数字人民币运营体系中处于中心地位，负责向作为指定运营机构的商业银行发行数字人民币并进行全生命周期管理，指定运营机构及相关商业机构负责向社会公众提供数字人民币兑换和流通服务。

(3) 数字人民币主要定位于现金类支付凭证，将与实物人民币长期并存。数字人民币与实物人民币都是央行对公众的负债，具有同等法律地位和经济价值。数字人民币将与实物人民币并行发行，人民银行会对二者共同统计、协同分析、统筹管理。国际经验表明，支付手段多样化是成熟经济体的基本特征和内在需要。中国作为地域广阔、人口众多、多民族融合、区域发展差异大的国家，社会环境以及居民的支付习惯、年龄结构、安全性需求等因素决定了实物人民币具有其他支付手段不可替代的优势，只要存在对实物人民币的需求，人民银行就不会停止实物人民币供应。

(4) 数字人民币根据用户群体和其用途的不同可分为两类，一种是批发型数字人民币，主要面向商业银行等机构类主体发行，多用于大额结算；另一种是零售型数字人民币，面向公众发行并用于日常交易。各主要国家或经济体研发数字人民币的重点各有不同，有的侧重批发交易，有的侧重零售系统效能的提高。数字人民币是一种面向社会公众发行的零售型数字人民币，它的推出将立足国内支付系统的现代化，充分满足公众日常支付需要，进一步提高零售支付系统的效能，降低全社会零售支付成本。

(5) 在未来的数字化零售支付体系中，数字人民币和指定运营机构的电子账户资金具有通用性，共同构成现金类支付工具。商业银行和持牌非银行支付机构在全面持续遵守合规(包括反洗钱、反恐怖组织融资)及风险监管要求，且获央行认可支持的情况下，可以参与数字人民币支付服务体系，并充分发挥现有支付等基础设施的作用，为客户提供数字化零售支付服务。

2. 目标和愿景

我国研发数字人民币体系，旨在创建一种以满足数字经济条件下公众现金需求为目的、数字形式的新型人民币，配以支持零售支付领域可靠稳健、快速高效、持续创新、开放竞争的金融基础设施，支撑我国数字经济发展，提升普惠金融发展水平，提高货币及支付体系运行效率。其目标可概括为如下几点：

一是支持零售支付领域的公平、效率和安全。数字人民币将为公众提供一种新的通用支付方式，可提高支付工具多样性，有助于提升支付体系的效率与安全性。中国一直支持各种支付方式协调发展，数字人民币与一般电子支付工具处于不同维度，既互补也有差异。数字人民币基于流通中的现金(M0)定位，主要用于零售支付，借鉴电子支付技术和经验并对其形成有益补充。虽然支付功能相似，但数字人民币和电子支付工具也存在一定差异：首先是数字人民币是国家法定货币，是安全等级最高的资产；其次是数字人民币具有价值特征，可在不依赖银行账户的前提下进行价值转移，并支持离线交易，具有“支付即结算”的特性；最后是数字人民币支持可控匿名，有利于保护个人隐私及用户信息的安全性。

二是丰富央行向社会公众提供的现金形态，满足公众对数字形态现金的需求，助力普惠金融。随着数字技术及电子支付的发展，现金在零售支付领域的使用日益减少，但央行作为公共部门有义务维持公众直接获取法定货币的渠道，并通过现金的数字化来保障数字经济条件下记账单位的统一性。数字人民币体系将进一步降低公众获得金融服务的门槛，保持对广泛群体和各种场景的法定货币的供应。没有银行账户的社会公众可通过数字人民币钱包享受基础金融服务，短期来我国的境外居民可在不开立我国内地银行账户情况下开立数字人民币钱包，满足在我国日常支付需求。数字人民币“支付即结算”的特性也有利于企业及有关方面在享受支付便利的同时，提高资金周转效率。

三是积极响应国际社会倡议，探索改善跨境支付。社会各界对数字人民币在实现跨境使用、促进人民币国际化等方面较为关注。跨境支付涉及货币主权、外汇管理政策、汇兑制度安排和监管合规要求等众多复杂问题，这些也是国际社会共同致力推动解决的难题。货币国际化是一个自然的市场选择过程，国际货币地位根本上由经济基本面以及货币金融市场的深度、效率、开放性等因素决定。虽然数字人民币具备跨境使用的技术条件，但当前主要用于满足国内零售支付需要。未来，人民银行将积极响应二十国集团(G20)等国际组织关于改善跨境支付的倡议，研究数字人民币在跨境领域的适用性。根据国内试点情况和国际社会需要，人民银行将在充分尊重双方货币主权、依法合规的前提下探索跨境支付试点，并遵循“无损”“合规”“互通”三项要求与有关货币当局和央行建立中央银行数字货币汇兑安排及监管合作机制，坚持双层运营，风险为本的管理要求和模块化设计原则，以满足各国监管及合规要求。

6.3.3 数字人民币的设计框架

数字人民币体系设计坚持“安全普惠、创新易用、长期演进”的设计理念，综合考虑货币功能、市场需求、供应模式、技术支撑和成本收益确定设计原则，在货币特征、运营模式、钱包生态建设、合规责任、技术路线选择、监管体系等方面反复论证、不断优化，形成适合我国国情、开放包容、稳健可靠的数字人民币体系设计方案。

1. 设计原则

(1) 坚持依法合规。数字人民币体系制度设计严格遵守人民币管理、反洗钱和反恐怖融资、外汇管理、数据与隐私保护等相关要求，数字人民币运营须纳入监管框架。

(2) 坚持安全便捷。数字人民币体系突出以广义账户为基础、与银行账户松耦合、价值体系等特征，适应线上线下各类支付环境，尽量减少因技术素养、通信网络覆盖等因素带来的使用障碍，满足公众对支付工具安全、易用的要求。数字人民币运营系统满足高安全性、高可用性、高可扩展性、高并发性、业务连续性的要求。

(3) 坚持开放包容。发挥指定运营机构各自优势和专业经验，按照长期演进技术方针，通过开展技术竞争及技术迭代，保持整体技术先进性，避免系统运营风险过度集中。支持与传统电子支付系统间的交互，充分利用现有金融基础设施，实现不同指定运营机构钱包间、数字人民币钱包与银行账户间的互联互通，提高支付工具交互性。

2. 数字人民币的特性

数字人民币兼顾实物人民币和电子支付工具的优势，既具有实物人民币的支付即结算、匿名性等特点，又具有电子支付工具成本低、便携性强、效率高、不易伪造等特点。数字人民币主要有以下特性：

(1) 兼具账户和价值特征。数字人民币兼容基于账户(Account-based)、基于准账户(Quasi-account-based)和基于价值(Value-based)等三种方式，采用可变面额设计，以加密币串形式实现价值转移。

(2) 不计付利息。数字人民币定位于 M0(指银行体系以外各个单位的库存现金和居民的手持现金之和)，与同属 M0 范畴的实物人民币一致，不对其计付利息。

(3) 低成本。与实物人民币管理方式一致，人民银行不向指定运营机构收取兑换流通服务费用，指定运营机构也不向个人客户收取数字人民币的兑出、兑回服务费。

(4) 支付即结算。从结算最终性的角度看，数字人民币与银行账户松耦合，基于数字人民币钱包进行资金转移，可实现支付即结算。

(5) 匿名性(可控匿名)。数字人民币遵循“小额匿名、大额依法可溯”的原则，高度重视个人信息与隐私保护，充分考虑现有电子支付体系下业务风险特征及信息处理逻辑，满足公众对小额匿名支付服务的需求。同时，还可防范数字人民币被用于电信诈骗、网络赌博、洗钱、逃税等违法犯罪行为，确保相关交易遵守反洗钱、反恐怖融资等要求。数字人民币体系收集的交易信息少于传统电子支付模式，除法律法规有明确规定外，不提供给第三方或其他政府部门。人民银行内部对数字人民币相关信息设置“防火墙”，通过专人管理、业务隔离、分级授权、岗位制衡、内部审计等制度安排，严格落实信息安全及隐私保护管理，禁止任意查询、使用。

(6) 安全性。数字人民币综合使用数字证书体系、数字签名、安全加密存储等技术，实现不可重复花费、不可非法复制伪造、交易不可篡改及抗抵赖等特性，并已初步建成多层次安全防护体系，保障数字人民币全生命周期安全和风险可控。

(7) 可编程性。数字人民币通过加载不影响货币功能的智能合约，实现可编程性，使数字人民币在确保安全与合规的前提下，可根据交易双方商定的条件、规则进行自动支付交易，促进业务模式创新。

3. 运营体系

根据中央银行承担的不同职责，中央银行数字货币运营模式有两种选择：一是单层运营，即由中央银行直接面对全社会提供中央银行数字货币的发行、流通、维护服务。二是双层运营，即由中央银行向指定运营机构发行中央银行数字货币，指定运营机构负责兑换和流通交易。

数字人民币采用的是双层运营模式。人民银行负责数字人民币的发行、注销、跨机构互联互通和钱包生态管理，同时审慎选择在资本和技术等方面具备一定条件的商业银行作为指定运营机构，牵头提供数字人民币兑换服务。在人民银行中心化管理的前提下，充分发挥其他商业银行及机构的创新能力，共同提供数字人民币的流通服务。具体来说，指定运营机构在人民银行的额度管理下，根据客户身份识别强度为其开立不同类别的数字人民币钱包，进行数字人民币兑出和兑回服务。同时，指定运营机构与相关商业机构一起，承担数字人民币的流通服务并负责零售环节管理，实现数字人民币的安全高效运行，包括支付产品设计创新、系统开发、场景拓展、市场推广、业务处理及运维等服务。在此过程中，人民银行将努力保持公平的竞争环境，确保由市场发挥资源配置的决定性作用，以充分调动参与各方的积极性和创造性，维护金融体系的稳定发展。双层运营模式可充分利用指定运营机构资源、人才、技术等优势，实现市场驱动，促进创新，竞争选优。同时，由于公众已习惯通过商业银行等机构处理金融业务，双层运营模式也有利于提升社会对数字人民币的接受度。

4. 数字人民币钱包

数字人民币钱包(简称数字钱包)是数字人民币的载体和触达用户的媒介。在数字人民币中心化管理、统一认知、实现防伪的前提下，人民银行制定相关规则，各指定运营机构采用共建、共享方式打造移动终端 APP，对数字钱包进行管理并对数字人民币进行验真；开发数字钱包生态平台，实现各自视觉体系和特色功能，实现数字人民币线上线下全场景应用，满足用户多主体、多层次、多类别、多形态的差异化需求，确保数字钱包具有普惠性，避免因“数字鸿沟”带来的使用障碍。

(1) 数字钱包按照客户身份识别强度分为不同等级的钱包。

指定运营机构根据客户身份识别强度对数字人民币钱包进行分类管理，根据实名强弱程度赋予各类数字钱包不同的单笔、单日交易及余额限额。最低权限数字钱包不要求提供身份信息，以体现匿名设计原则。用户在默认情况下开立的是最低权限的匿名数字钱包，可根据需要自主升级为高权限的实名数字钱包。

(2) 数字钱包按照开立主体分为个人钱包和对公钱包。

自然人和个体工商户可以开立个人数字钱包，按照相应客户身份识别强度采用分类交易和余额限额管理；法人和非法人机构可开立对公数字钱包，并按照临柜开立(到柜台开立账户)还是远程开立确定交易、余额限额，数字钱包功能可依据用户需求定制。

(3) 数字钱包按照载体分为软钱包和硬钱包。

软钱包基于移动支付 APP、软件开发工具包(SDK)、应用程序接口(API)等为用户提供服务。硬钱包基于安全芯片等技术实现数字人民币相关功能，依托 IC 卡、手机终端、可穿戴设备、物联网设备等为用户提供服务。软硬钱包结合的形式可以丰富钱包生态体系，满足不同人群的使用需求。

(4) 数字钱包按照其权限归属分为母钱包和子钱包。

数字钱包持有主体可将主要的钱包设为母钱包，并可在母钱包下开设若干子钱包。

个人可通过子钱包实现限额支付、条件支付和个人隐私保护等功能；企业和机构可通过子钱包来实现资金归集及分发、财务管理等特定功能。

(5) 人民银行和指定运营机构及社会各相关机构一起按照共建、共有、共享的原则建设数字人民币钱包生态平台。

按照以上不同维度，形成数字人民币钱包矩阵。在此基础上，人民银行制定相关规则，指定运营机构在提供各项基本功能的基础上，与相关市场主体进一步开发各种支付和金融产品，构建数字钱包生态平台，以满足多场景需求并实现各自的特色功能。

5. 合规

1) 反洗钱、反恐融资等合规责任

数字人民币是法定货币，适用现有反洗钱、反恐怖融资国际标准及国内法律要求，负责兑换流通的指定运营机构和其他商业机构是履行反洗钱义务主体，该主体承担相应的反洗钱义务，包括客户尽职调查、客户身份资料和交易记录保存、大额及可疑交易报告等。指定运营机构和其他商业机构在履行反洗钱义务的同时应当依法保护商业秘密、个人隐私及个人信息，不得泄露客户身份信息和交易记录。人民银行作为反洗钱行政主管部门实施反洗钱监管，推动和督促各方落实反洗钱责任。

2) 消费者权益保护

在数字人民币体系中，消费者权益保护内容和责任分工与现金一致。人民银行和指定运营机构负责对数字人民币真伪进行鉴别，通过数字人民币的证书机制和数字冠字号进行验真。指定运营机构按照相应的争议处理机制，妥善解决各种可能的争议及用户损失。人民银行通过监管考核，对数字人民币兑换、流通中的消费者权益进行保护。

6. 技术路线选择

数字人民币的技术路线选择是一个长期演进、持续迭代、动态升级的过程，应该以市场需求为导向定期开展评估，持续进行优化改进。指定运营机构可根据自身实际需求及技术优势自行选取技术路线，充分保持对未来技术的洞察力和前瞻性。

数字人民币系统采用分布式、平台化设计，增强系统韧性和可扩展性，支持数字人民币支付交易量的快速增长；综合应用可信计算、软硬件一体化专用加密等技术，以确保系统可靠性和稳健性；开展多层次安全体系建设，设计多点(多节点)多活(各节点为一套完整的业务数据，各节点间是相互备份的关系)数据中心解决方案，保障城市级容灾能力和业务连续性，提供 7 × 24 小时连续服务。

数字人民币体系综合集中式与分布式架构的特点，形成稳态与敏态双模共存、集中式与分布式融合发展的混合技术架构。

7. 监管框架

数字人民币的研发符合中国的法律框架，《中国人民银行法》已授权人民银行发行人民币、管理人民币流通，人民银行有权发行人民币并具有唯一发行权。目前公布的

《中国人民银行法》修订草案(征求意见稿)进一步明确了“人民币包括实物形式和数字形式”。

针对数字人民币的特征，还需制定专门的监管办法与要求。对数字人民币的监管应以确保法定货币属性、严守风险底线、支持创新发展为原则，目标是确立数字人民币业务管理制度，明确对指定运营机构的监管要求，落实反洗钱、反恐怖融资等法律法规，强化用户个人信息保护，营造数字人民币安全、便利、规范的使用环境。

6.3.4 可能的影响与应对策略

目前，社会各界对零售型央行数字货币影响的认识存在分歧，有关其是否会引发金融脱媒、削弱货币政策、加剧银行挤提等方面的争论较为集中。零售型央行数字货币(CBDC)所采用的研发设计方案会对货币政策及金融稳定性产生不同的影响，人民银行对此高度重视，努力从数字人民币(E-CNY)体系顶层设计上防范潜在的冲击，降低相关风险。

1. 可能带来的影响

1) 对货币政策的影响

中国人民银行《中国数字人民币的研发进程白皮书》中指出，有观点认为，零售型央行数字货币比存款更具吸引力，可能造成金融脱媒，引发狭义银行效应及信用收缩。还有观点认为，广泛可得的央行数字货币能增强政策利率向货币市场和信贷市场的传导作用。在央行数字货币计息且孳息(原物所产生的额外收益)水平具有一定吸引力的前提下，可能降低机构投资者对部分低风险资产(如短期政府票据)的投资需求，进而影响相关资产价格。因此，在设计央行数字货币时，应当考虑制定和执行货币政策的需要。也有观点认为，央行数字货币不计息方式有利于降低与商业银行存款及其他低风险金融资产的竞争，减少对货币政策的潜在影响。

2) 对金融稳定性的影响

中国人民银行《中国数字人民币的研发进程白皮书》中指出，有观点认为，央行数字货币作为最安全的资产，在危机时可能会加剧商业银行挤提问题。居民和企业可以便利地将银行存款转换为央行数字货币，这将会导致金融中介规模收缩，金融波动性增大。特别是在发生系统性风险时，央行数字货币为社会公众快速转换安全资产提供了渠道。但也有观点指出，现有电子支付体系已经实现了银行间的资金快速转移，央行数字货币并不会产生较大影响。如果发生银行危机甚至经济危机(如货币危机或主权债务危机)，资金将从包括央行数字货币在内的所有本国资产中撤离，而非仅从商业银行存款转移至央行数字货币。

2. E-CNY 体系降低负面影响的相关设计

开展数字人民币研发以来，人民银行始终高度关注零售型央行数字货币对货币体系、货币政策、金融市场、金融稳定性等方面的影响，并通过业务、技术、 政策设计，确保数字人民币体系对现有货币体系、金融体系和实体经济运行的影响最小化。

数字人民币坚持 M0 定位，不计付利息，以降低与银行存款的竞争。数字人民币的投放方式与实物人民币基本一致，采用双层运营模式且由商业银行承担向公众兑换的职能。同时，人民银行也适当设置制度摩擦，防范银行挤兑快速蔓延。为引导数字人民币应用于零售业务场景、降低对存款的挤出效应，避免套利和压力环境下的顺周期效应，人民银行提出数字人民币钱包分级分类设计，分别设置交易金额和数字钱包余额上限。此外，人民银行还为数字人民币建立大数据分析及风险监测预警框架，以提高数字人民币管理的预见性、精准性和有效性。

中央银行数字货币是新生事物，可通过试点测试和实践评估其对经济金融的全面影响。目前，人民银行正在开展数字人民币试点测试，对试点地区货币政策、金融市场、金融稳定等方面影响是重要测试内容，人民银行将根据试点情况有针对性地不断迭代优化，完善数字人民币的相关设计与法规建设。

思考与练习

1. 简述 DCEP 的定义和特性。
2. 中国人民银行为什么要发行数字人民币？
3. 简述数字人民币钱包的设计、应用原则。

第7章 数字货币交易平台

【本章导读】

本章重点讲解我国虚拟数字货币平台从初步探索到最终退市、转战海外的发展历程。此外，还将讲述在其发展过程中，尤其是从2017年开始国家对交易平台态度和政策的变化。

7.1 数字货币交易平台的发展

7.1.1 国外交易平台

1. 首家交易所的昙花一现

2008年中本聪提出了区块链概念。2009年中本聪创建了区块链的创世区块。2010年1月15日，一位匿名为“Dwdollar”的用户在Bitcointalk论坛上发言：“我正在努力创造一个将比特币视为商品的市场，人们可以互相买卖比特币，人们将能够用美元交易比特币并推测其价值。”同年3月，名为“Bitcoinmarket.com”的全球第一家数字货币交易平台正式在美国上线。

数字货币交易平台最初与支付平台PayPal进行合作，接受用户通过PayPal进行的比特币交易，但交易平台系统漏洞频发，运行不稳定，甚至出现欺诈现象。2010年6月，网络上传出Bitcoinmarket遭受到PayPal的用户欺诈，Bitcoinmarket随后立即撤掉了PayPal支付选项，随即PayPal也停止了对交易平台的结算业务，紧接着交易平台的交易量开始迅速下降，最终平台关闭。

1) “平台霸主”门头沟

2007年，数字货币交易平台“门头沟”的创始人杰德·麦卡勒布(Jed.McCaleb)购买了一个域名mtgox.com，该名字来源于一个角色扮演游戏“Magic: The Gathering Online eXchange”(是一个为各种游戏提供充值卡交易的平台)。杰德将网站取名为Mt.Gox，国内音译为“门头沟”。

随后，杰德受到一篇关于比特币的文章的启发，萌生了自己搭建一家随时可以购买比特币的交易平台的想法。“门头沟”交易平台最初的商业模式是通过杰德的 PayPal 账户进行交易并承担交易风险。2010 年 7 月，平台一上架，吸引来的用户就为“门头沟”平台提供了 20 个比特币的成交量，不到一周的时间，日成交额超 100 美元。同年 10 月，“门头沟”平台会员达 286 人，累计交易量超过 18.7 万个比特币。自此，在 2010 年 6 月“Bitcoinmarket”交易平台销声匿迹后，“门头沟”成为第二家交易平台，同时也是迄今为止最为著名的交易平台之一。

2011 年 3 月，比特币的火爆和“门头沟”平台的发展，让法国商人马克·卡尔普勒看到发展机遇并以 TIBANNE 公司名义买下“门头沟”交易平台。在此之后，“门头沟”交易平台不仅可以交易美元，还能支持欧元、加元、澳元等十几种货币。在对“门头沟”交易平台升级改造后，其交易量最高时一度占据全球比特币交易总量的 80%，月成交量达 36 万多个比特币，成交额超 32.9 万美元。

2011 年 4 月，“门头沟”首次受到了黑客的攻击，损失 8 万余枚比特币。同年 6 月，平台用户发现账户中的比特币莫名减少，其原因是黑客通过木马程序盗取平台用户的“门头沟”证书，致使 6 万个用户数据遭到泄露。同时，在平台受到攻击的 1 分钟内，黑客将大量比特币以单价 0.01 美元进行倾销。“门头沟”交易平台随即被关闭，此次以仅损失 2000 枚比特币收尾。

2014 年 2 月，“门头沟”交易平台宣布平台系统存在漏洞，随后暂时停止全部比特币提现的业务。一周后，“门头沟”交易平台老板马克·卡尔普勒辞去比特币基金会董事会成员职务，“门头沟”交易平台在官网宣布暂停全部交易，平台完全下线。

2) 各交易所百花齐放

2012 年，Fred Ehrsam 创立 Coinbase 后成立了 GDAX 全球数字资产交易所，并于 2015 年进行 C 轮融资，成功融资 7500 万美元，使得第一家拥有正规牌照的比特币交易所诞生，该交易所在美国持有 38 个州的电子货币、货币转账、支票交易、支付工具销售牌照，支持 32 个国家的代币交易。

2013 年，定位于“消费金融公司”，致力于建立一个提供国家货币与比特币支付和转账平台的 Circle 成立。该平台可以快速实现“现金—比特币—现金”的国际货币的流转，相比传统国际转账更加安全和高效。2015 年，Circle 拿到高盛和 IDG 投资的 7000 万美元后，又于 9 月领到纽约金融服务局颁发的第一张数字货币许可证。2019 年，由于发售的 9 种代币已经趋向于证券的概念，存在违规风险，Circle 与美国金融监管机构之间的关系变得紧张，公司 CEO 杰瑞米更是在公开场合频繁地表示对美国数字货币监管行业的不满，公司估值随后大跌，业务受挫。

2014 年，Coinone 比特币交易平台在韩国成立，提供以区块链为基础的汇款服务。2017 年，Coinone Blocks 在韩国首尔成立，是旗下第一家同时也是全世界首家数字货币线下实体交易所，负责提供线下的交易咨询和 USB 硬钱包销售。

同年，亚瑟 · 海耶斯在塞舌尔注册成立了纯期货交易平台 BitMEX，提供比特币杠杆合约的点对点交易，其交易用户杠杆率高达 100 倍，用以押注该货币的未来价格。可以简单理解为，用 1 块钱做 100 块钱的交易。受此吸引，2017 年平台注册用户高达 6 万余人。

2017 年，BitMEX 推出了比特币美股总回报掉期(ETRS)产品，允许投资者将比特币作为抵押品进行股票交易，并通过 ETRS 合约兑换美元，获得等同于美国上市公司股票的所有权益。

7.1.2 国内交易平台

1. 我国首次尝试

2011 年 6 月，杨林科和黄啸宇设立的网站“比特币中国”(BTC China，现更名为 BTCC)，成为了国内第一个比特币交易所，它不仅向中国人普及比特币，还开辟出了一个全新的产业。该网站成立一年后，用户人数高达 1 万人。

2. 交易平台迸发

2013 年，我国数字货币交易平台迎来了爆发式的增长。

2013 年 3 月，由北京十星宝电子商务有限公司设立的数字资产交易平台 CHBTC(中国比特币)成立，其面向全球提供比特币、以太币、莱特币、以太坊经典等多种数字资产交易服务。

2013 年 5 月，李林成立北京火币天下网络技术有限公司，随后购买 huobi.com 作为公司开展数字货币交易的平台。凭借红杉资本的百万投资以及免费的服务，很快成为全年领先的数字货币交易平台。该平台 2016 年成交量达到 2 万亿元人民币后，后来将业务转移到了塞舌尔发展。

2013 年 6 月，徐明星创立北京乐酷达网络科技有限公司，并上线数字货币交易平台 OK-Coin，为中国用户提供人民币与比特币、莱特币、以太币等数字资产的买卖服务，OK-Coin 也成为国内第一批比特币交易所。2014 年，OK-Coin 开始转型提供 P2P 融资融币业务，并首创国内比特币期货合约交易。但由于此类金融融资产品风险极高，所以它受到了国家监管部门约谈以及投资者抵制。

3. 国产平台的海外探索

2013 年 12 月 5 日，中国人民银行、工信部、中国银监会、证监会、保监会等多部门联合发表《关于防范比特币风险的通知》，明确指出，比特币不是由国家货币当局发行的，不具备与法定货币同等的法偿性和强制性。该文件也表明了国家对开展比特币相关业务的态度。

2017 年 7 月 25 日，经由国家物联网金融风险分析技术平台发现，国内代币融资(ICO)项目在 2017 年资产规模达到 630 万 BTC 和 850 万 ETH，折合人民币总计 26.16 亿元。在代币融资(ICO)项目中，更多的是涉嫌非法集资、金融诈骗、传销等非法行为，对国家金融市场造成严重冲击，严重扰乱了经济金融秩序。2017 年 9 月 4 日，中国人民银行、中央网信办、工信部、工商总局、银监会、证监会等部门联合发布《关于防范代币融资风险的公告》规定“代币发行融资的本质是一种未经批准的非法公开融资的行为”，应加强对代币融资交易平台的管理。

2017 年 9 月 15 日，OK-Coin 宣布暂停用户注册和人民币充值业务，并停止所有数字资产兑换业务。同年 9 月 18 日，云币网宣布停止新用户注册和人民币充值业务，并宣布会尽快永久性关闭所有产品的交易功能。随后，Huobi 也宣布停止营业。

受国家政策影响，国内一大批数字货币交易所停止业务，或将业务转移至海外。2017 年 9 月，在经过国家监管部门整顿后，中国比特币(CHBTC)前往海外开展业务，在太平洋南部一个叫萨摩亚的地区注册，更名为 ZB，受萨摩亚中央银行(CBS)监管。

作为彼时中国最大的数字货币交易平台，继两度被有关部门审查后，比特币中国(BTCC)交易平台于 2017 年 9 月关闭，随后宣布被香港区块链投资基金收购。

感受到国家政策压力的 OK-Coin，于 2018 年 2 月在海外设立 OKcoin 国际站，地点位于马来西亚的吉隆坡，推出的 OKEx 交易平台可以为全球用户提供以比特币、莱特币、以太币等数字资产的币币交易和衍生品交易。

7.2　数字货币交易平台运行模式

7.2.1　数字货币交易

2019 年，随着新的参与者涌入市场，数字货币衍生品的参与者创造出了交易量新纪录，例如 Bakkt 和 Phemex 进入市场并分别发布了大量期货和永久合约交易量。

尽管如此，比特币现货市场仍在为 2018 年以来的价格暴跌而苦苦挣扎。2018 年，比特币从 2017 年 12 月的 2 万美元跌到将近 3000 美元以下，这给大多数比特币现货市场的交易者造成了巨大的经济冲击。

1. 数字货币的现货交易

对于刚进入数字货币世界的人来说，现货交易可能是最好的起点，这是因为数字货币现货交易不会涉及建立在其之上的衍生工具。简而言之，数字货币现货交易意味着交易者在交易平台不使用任何杠杆进行交易，从而使交易变得更加简单。在非数字货币的金融市场，现货市场是指当天成立，当天交割，最晚三天内交割完成的金融市场，可以简单地理解为一手交钱一手交货的交易。

2. 数字货币的期货交易

期货，通常指的是期货合约。它是由期货交易所统一制定的、将未来的某一特定时间和地点交割一定数量标的物的标准化合约，期货交易是以现货交易为基础，以远期合同交易为雏形而发展起来的一种高级的交易方式。

数字货币期货要求买方和卖方以设定的未来日期和价格进行交易数字货币。加密期货就像股票市场的期货一样，这意味着交易者可以在多头和空头以高杠杆(最高可达100倍)押注数字货币价格。与其他市场相比，数字货币期货的显著特点是交易费用低，流动性高。

芝加哥期权交易所(CBOE)于2017年12月上市比特币期货交易，交易合约采用比特币集合竞价美元价格计价，以现金的方式进行交割。为了争夺市场，2018年4月，芝加哥商品交易所(CME)上市以现金结算的比特币期货交易产品。现金结算意味着这些数字货币期货合约到期后，投资者并没有参与实际的比特币交割，其价值以现金而非比特币的形式支付给交易者，获利的投资者获得盈利，亏损的投资者承担亏损。

每个期货合约均包含指定数量的交易产品，在CBOE比特币期货的示例中，每个期货合约都包含一个比特币，而CME的期货合约规模更大，包含五枚比特币。这些数字货币期货合约可以由交易者在合约期限内的任意时间随意买卖，市场供求决定了合约和基础资产的价格。因此，数字货币期货使得市场价格投机者无需承担基础资产的交割，就可以承接期货头寸的风险与机会。

1) 买入比特币期货

期货交易中的很大一部分是在未平仓合约到合约期满之间，多次交易这些合约。交易比特币期货通常涉及去适应不断变化的市场状况，并根据比特币的现货价格买卖合约。在交易所中，最多可以挂牌4个近期到期的周合约、最多3个近期的连续合约、3个季度合约。

例如，假设一位交易者A决定在11月1日至12月1日的合同期内多次交易这些比特币月度期货，那么交易者A本质上可以在此时间段内的任何时候以市场价格(购买时的比特币价格)购买比特币期货合约头寸，然后在12月1日到期之前的任何时候卖出，看到基于比特币现货的盈亏价格并将根据盈亏结果以现金形式支付。

2) 卖出比特币期货

交易者A还可以选择做空比特币期货。从根本上讲，这意味着押注比特币在未来的价格会下跌。当交易者A卖空一份比特币期货合约时，这意味着他从交易所的其他人那里借了一份比特币期货合约并卖出，希望以较低的价格买回该合约并保持价格差。整个过程也是由交易所完成的，因此交易者不必亲自进行寻找要借的合约和归还合约这两个步骤。

例如，比特币的现货价格在11月3日为3000美元，而交易者A认为到11月18日比特币的现货价格将跌至2000美元，那么他将利用CME或CBOE的交换功能出售比特币期货空头合约。如果交易者A在11月3日以3000美元的价格卖出一份比特币期货合约空头，而在11月18日比特币的价格跌至2000美元，那么他可买回该合约并获得4000美元的现金支出(他的初始3000美元加上1000美元的利润)。

在同一空头交易示例中，一旦交易者 A 进入 3000 美元的空头头寸，他将能够在任意时候平仓该头寸，直到 12 月 1 日到期。因此，如果交易者 A 在 11 月 3 日以 3000 美元的价格卖出一份空头合约，而比特币的现货价格在 11 月 8 日跌至 1500 美元，他就可以买回该合约头寸，从而结束交易并获得 1500 美元的利润。另一方面，如果比特币的现货价格升至 4500 美元，而交易者 A 选择终止交易，他将终止合同并蒙受 1500 美元的损失。

数字货币交易的世界中有两种类型的期货。第一个是常规期货，此类合约有效期已确定。此类合约大多出现在传统金融期货合约当中，市场已被操作，有杀空杀多，定点爆仓等弊端。第二种类型称为永久期货，顾名思义，此类合约没有到期日，是介于传统金融期货和现货合约之间，交易者可以做空也可以做多，可以更好地规避后期合约到期后掉期的风险。永久期货的特点使其成为极其适合对数字货币衍生品进行金融投资的产品，绝大多数期货都属于这种类型。

3. 数字货币的杠杆交易

杠杆交易就是利用小额资金进行数倍于原始金额的交易，以小博大，以期获得超过原金额数倍的收益，但同时也存在巨额亏损的风险。也可简单理解为借贷投资，通过用由少量资金借贷得来的大量资金进行投资。例如购买一套价值一百万的房子，房子的首付是二十万，剩余的八十万可通过向银行借贷得来，这就利用了 5 倍杠杆，即利用 20 万撬动了 100 万。

数字货币的杠杆交易本质与股市杠杆交易本质是一样的，杠杆交易也可分为现货杠杆和期货杠杆。现货杠杆是通过抵押借贷来扩大本金，放大盈亏，如抵押房产给银行获取贷款。期货杠杆由于保证金的存在，在投资者进行投资时，只需按比例投入少量保证金即可参与，如 10%的保证金代表 10 倍杠杆，50%的保证金代表 20 倍杠杆，1%对的保证金代表 100 倍杠杆。

杠杆交易中最大杠杆可借计算方法为：

最大杠杆可借 = (账户资产总额 − 未还借入资产 − 未还贷款利息) ×
(最大杠杆倍数 − 1) − 未还借入资产

其中，最大杠杆可借：投资者对当前币的最大可借额度

账户资产总额：币对币账户内币的总数(可用资产 + 冻结资产)

借入资产：应用转到财产做担保金筹集资金的币

还币标准：优先选择偿还最早生成的借币订单信息，优先偿还借款利息，随后是本金。单笔借币订单的本金和应付贷款利息全部结清后，此笔订单不再计息。

4. 数字货币的场外交易

场内交易是指允许用户直接使用银行卡或信用卡在交易所购买数字货币的交易方式。场外交易(Over-the-counter，OTC)是指用户可以通过交易所与另外一名用户在交易所以外的场所进行数字货币支付的交易方式。

与场内交易相比，场外交易具有以下优势：

(1) 更具有灵活性。场外交易不用进行实名认证，只需要在平台注册账号就可以进行交易。

(2) 保护交易者隐私。场外交易只进行线下一对一交易，不需要将个人信息和交易信息保存于平台上。

(3) 可提供大笔交易的机会。在平台内交易，价格会随市场有大幅波动，且短期内无法满足交易需求，场外交易的点对点形式价格是即时、锁定的，交易在短期内完成。

(4) 更多的场外交易平台为吸引用户，会提供邀请奖励，交易返佣奖励等。

但场外交易也伴随着以下风险：

(1) 因为是线下用户之间的交易，对方的真实性无法确认且对用户和交易难以追踪，因此容易遭遇诈骗事件。

(2) 除此之外，对方不交付或延迟交付易造成违约风险。由于数字货币在短期内的价格可以有大幅度的上涨或下跌，无论是不交付还是交付延期，都会致使交易方承受较大的财产损失。

(3) 因为如今我国数字货币市场较新，相关的法律法规尚未健全，对场外交易领域产生的相关经济纠纷和犯罪行为不同的司法机关或人士有不同的解读，很难得到司法支持，同时，线下点对点交易在财产追溯时很难运用司法手段对违法方执行索赔程序。

7.2.2 数字货币融资业务

初始代币发行(Initial Coin Offering，ICO)是一种筹款机制，通过使用数字货币在普通公众或特定参与者中进行众筹。其中数字货币项目通过募集资金来为运营提供资金，而投资者则获得了以区块链技术为基础发行的有限代币作为回报。在 ICO 的过程中，投资者并非是获得新公司的股权或债务的报酬，而是获得了由分布式账本支持的，具有资产意义的数字货币。

ICO 与首次公开募股(Initial Public Offering，IPO)相似，在首次公开募股(IPO)中，企业通过从个人投资者处获得资金，投资者购买了公司的股票，获得一定的公司所有权和收益。2017 年末，我国的 ICO 禁令使我国的数字货币初创企业不得不寻找其他解决方案为其项目筹集资金。IEO(Initial Exchange Offering)逐步成为发展趋势，这项创新使募资者能够在不担心法律的情况下进行筹款活动。IEO 的原理与 ICO 基本类似，但是 ICO 更依赖于开发者来确保智能合约是正确、安全、严格的，且一切都按照安排进行。而进行 IEO 操作时，这些承诺交则由交易所平台执行。

1. ICO 发展历程

2013 年 7 月：Mastercoin(现在改名为：万事达币 OMNI)是最早进行 ICO 的区块链的项目之一，其曾在 Bitcointalk 论坛上成功众筹资金 5000BTC。Mastercoin 是以比特币协议为基础的二代币，目的在于帮助注册用户建立和交易数字货币以及其他种类的智能合约。

2013 年 12 月：NXT(未来币)是首个完全 PoS 区块链，曾经筹资 21BTC(换算成美元相当于当时 6000 美元)，它的市场价值当时达到 1 亿美元，从投资者角度来说，NXT 是最成功的 ICO 项目之一。

2013 年至 2014 年：ICO 被很多刚出现的区块链项目成功启动，它们的代币价格都出现过疯涨，但是这些 ICO 项目最终在炒作过程中失败或者直接成为骗局。尽管如此，但在这一段时间里，也有很成功的 ICO 项目，例如 Ethereum。

2014 年 7 月：Ethereum(以太坊 ETH)在国内和国外拥有较高人气，是到目前为止最大的一次 ICO 之一，筹措资金超过 1800 万美元，同时也是除比特币以外市场价值最高的数字货币。

2015 年 3 月：Factom(公正通)通过 Koinify 平台 ICO，利用比特币的区块链技术来革新商业社会和政府部门的数据管理和数据记录方式。

2016 年 3 月：Lisk 的去中心化应用(DAPPs)使用了 Javascript 语言进行编程，这是全球最简单也是最流行的编程语言。Lisk 此次总共筹集到 1.4 万 BTC 和超过 8000 万 XCR，其众筹所得金额在区块链项目 ICO 中排名第二位，仅次于以太坊。

2016 年 5 月：The DAO 是 ICO 史上最大的众筹项目，融资额高达 1.6 亿美元。DAO 全称是 Decentralized Autonomous Organization，即“去中心化的自治组织”，可理解为完全由计算机代码控制运作的类似公司的实体，这在人类历史上还是首次。但是万众瞩目的 ICO 项目，最终因受到黑客的攻击，再到争论中软硬分叉问题，最后以解散退回以太币而告终。

2016 年 9 月：FirstBlood(第一滴血)将电竞竞赛服务跟区块链结合，使用了智能合约来解决奖励结构问题，众筹一开始即筹资 600 万美元，全球总共筹到 4.7 亿 ETH。

2. ICO 原理

当一家数字货币公司想要通过 ICO 启动一个新项目时，它会创建一份白皮书。白皮书是描述该项目几个重要方面的文档，内容包括：

(1) 这个项目是关于什么的？

(2) 项目将满足什么需求？

(3) 该项目需要多少钱？

(4) 谁是项目背后的团队？

(5) 如何在 ICO 中出售代币？

在开展 ICO 期间，该项目的爱好者和支持者通过用法定货币或数字货币的形式，购买所选项目的某些代币，类似于首次公开募股期间出售给投资者的公司股票。值得注意的是，ICO 与 IPO 在本质上是相同的，但标的不同，可以用 IPO 类比 ICO。

ICO 通常使用以太坊平台进行代币的销售。通过以太坊建立智能合约，以便当人们向该合约发送以太币(以太坊的货币)时，它将分发 ICO 代币。通常，ICO 具有软顶(Soft Cap)和硬顶(Hard Cap)。软顶是 ICO 在给定时间范围内从投资者处筹集的最低资金要求，以便项目启动。一旦达到了软顶，创始团队将开始工作，并使用募集的资金使该项目的设想变为现实。

如果没有达到软顶，则该项目将被视为失败，并将资金退还给投资者。硬顶是该项目的筹款目标，这是团队的真正目标，一旦达到硬性上限，它将不再接受任何资金。同时，硬顶也标志着投资者将从首次币发行中获得的最大金额。

3. IEO 的运作方式

IEO 由两个阶段组成：与开发人员进行交易的交互和与投资者进行交易的交互。

开发人员提供的产品和令牌需满足在交易所上列出数字货币的规定。分析师团队对公司的活动进行全面审核，评估产品的准备情况、产品的市场前景以及代币的投资吸引力。根据验证结果，即令牌是否包含在列表中。如果交易所拒绝令牌，则什么也不会发生，并且开发人员可以自由进行 ICO 或令牌的私人销售。如果该项目有希望，将进行 IEO。

感兴趣的投资者了解即将进行的代币销售后，在交易所进行注册，并在交易期间购买代币，将资金转移到交易所，而不是给开发商。

开发商按照与交易所达成的协议，收取相应款项。代币继续在交易所进行交易。只要开发者履行其义务，代币就将增长，因此，投资者和交易所都将获胜。如果开发者未履行其义务，则可以从交易所中删除令牌，或者采取其他制裁措施。

数字货币交易所及其 IEO 的示例如下：

- Binance：Binance 启动板
- Bittrex：Bittrex 国际 IEO
- BitMax：BitMax 启动板
- 火币：火币 Prime
- OKEx：OKEx IEO

IEO 可以确保项目获得更合法的代币销售，因为它们得到交易所的官方支持，而交易所则是确定已经对项目的完整性进行了尽职调查。项目也将其代币暴露给渴望获得新的获利机会的广大投资者，以币安为例。2019 年 8 月，币安作为全世界最大的数字货币交易所之一，宣布推出数字货币借贷业务，用户可以通过以利率为 10%的 USDT、利率为 7%的以太币和利率为 15%的币安币来进行投资并赚取利息。该数字货币借贷业务一经发出，所有可用代币在 15 分钟之内销售一空，总出售 590 亿个代币，募集资金总额 720 万美元。

4. 数字货币融资业务优势

投资者依靠交易所来审查 IEO 项目，而且有声誉好的交易所做背书，这意味着存在可疑项目或骗局的机会将大大减少。同时，在安全性方面，过去的 ICO 募集资金会因黑客盗窃而丢失。通过 IEO，交易所负责确保投资者资金安全。在流动性上，IEO 的优势之一是提供了象征性的流动性，一旦 IEO 结束，人们就可以立即在交易所开始交易其代币，这消除了在找不到市场来交易新收到的代币的 ICO 时会发生的情况。IEO 旨在形成交易所、投资者和寻求资金的公司共赢的局面，各方可以专注于实现其特定目标所需的条件。

5. 融资业务需警惕风险

ICO\IEO 所代表的新一代借贷模式提供了较为丰富的市场环境，但虚拟货币的借贷业务必须将虚拟货币市场的价格波动考虑在内，波动和风险成正相关。由于客观的市场利润，在很短时间内虚拟货币借贷业务平台大量涌现，最多达近千家，由此引发的资产损失风险频发。当缺少监管时，中心化借贷平台信用风险经常出现，甚至会出现借贷平台跑路的情况。2017 年我国明确表示任何人和组织不得非法从事虚拟货币融资活动。目前，我国将虚拟货币交易平台的融资业务定性为非法业务。

7.2.3　去中心化交易平台

去中心化交易所(DEX)基于分布式分类账进行操作，不会将用户资金和个人数据存储在其服务器上。平台仅用作购买、出售和转移平台用户的数字资产，在此类平台上的用户可以直接(点对点)进行交易，而无需依靠任何金融中介。

中心化交易所由以利润为导向的特定公司或个人运营管理者主要负责。管理交易所负责保护用户的数据和有关交易的信息，并完全控制平台的运行并独立做出对项目开发影响重要的决策。

去中心化交易所由平台参与者自动进行管理，参与者仅进行交易或掉期。这样的平台在技术上为参与者提供了直接交互的可能性，并使用分布式分类账(区块链)来存储和处理所有交易。在用户间进行交易时，平台对完全的用户匿名性进行保障，平台上不需要用户设置个人账户和验证，甚至不需要提供电子邮件，每一个参与者都不会在平台留下个人信息，因此没有人可以使用或窃取用户的个人数据。除此之外，平台只提供交易通道，不存储用户资产，因此，在去中心化交易所受到黑客攻击时，哪怕在黑客的攻击中系统崩溃，其也不会对交易者的资金构成威胁，这从根本上与经常被黑客入侵的中心化交易所区分开来。去中心化交易所不对交易者承担责任，使得用户可以完全掌握自己的资产、应用程序、个人和交易数据，交易者对其自身的交易行为承担责任。

1. 去中心化交易所的代表

1) Uniswap

Uniswap 去中心化数字货币交易所成立于 2018 年。目前在交易所交易的数字货币超过 1800 种，且交易费用相对较低。Uniswap 使用户可以轻松地将一个 ER20 令牌交换为另一个，而无需中介。

2) PancakeSwap

PancakeSwap 是基于自动做市商模型(AMM)的去中心化交易所。其主要用于在

Binance 智能链上交换 BEP20 代币。目前，交易所上有 300 多种数字货币可进行交易。

3) Waves Exchange

Waves Exchange(也称为 Waves DEX)为 Waves 协议提供了对主要加密资产和超过 30k+令牌的快速安全交易访问渠道。项目代表声称，目前平台上的交易量占所有去中心化交易所总交易量的 25%以上。平台还可以允许交易者在一分钟内创建自己的令牌，而费用仅为 1WAVES(波币)。

4) Bancor Network

Bancor Network 是位于瑞士的去中心化交易所，目前有超过 125 种数字货币在交易所交易。它具有自动定价机制，因此，代币的买卖价格之间没有差异。

2. 去中心化交易所的三个基本类别

1) 链上的订单簿和结算

第一代去中心化交易所(DEX)以区块链为基础。订单簿中每条交易的更新，不管是旧的订单还是新的订单，都会反映在区块链的状态中。但问题很快就显现出来，无论这种方法多么安全，都不值得通过牺牲速度和流动性来保护用户隐私。此外，与区块链的频繁而直接的交互导致了高额费用以及与其他交易所的零互操作性。

2) 带有链上结算的链下订单簿

将订单簿保持在脱链状态以此来弥补第一代 DEX 的弊端。在这种方法中，交易的执行仍然发生在区块链上，但是订单簿由第三方 Relayer 来托管。通过协议连接的 Relayer 可以通过汇总共同的流动性来创建更强大的交易基础结构。做市商向 Relayer 提交订单，只有在接受者填写该订单后，交易才能被信任且执行。在此之前，所有资金均完全由交易对手控制。0x 协议(第一个比较广泛的 DEX 协议叫作 0x 协议，通过部分使用代理的方法来降低成本)是第一个完全实现此逻辑的协议，甚至被称为“具有更好的编码和附加功能的 EtherDelta”。在 0x 协议中，下单者将自己的订单交易请求公开在链下进行广播，接单者通过链下命令转发服务找到理想的订单，并向区块链发出请求。市场专家可以通过可编程的智能合约设定费用来管理交易。

3. 智能合约管理准备金

迄今为止，订单匹配问题最全面的解决方案为使用智能合约和储备金(在 Kyber 等平台上使用)。所有储备交易均由智能合约管理，而不是链下的牵线搭桥。为了提供流动性，平台本身持有单一储备，而其他储备可以是公共的也可以是私人的。前者通过用户的贡献不断地得到补充，用户通过分享其利润而受益。后者由单独的代币持有者组成，他们将自己的数字货币提供给那些可以自己设置汇率的交易所流动池(不同于在订单簿中匹配买卖方的方式，这些流动性池作为自动做市商)，用以提高交易的流动性。

在基于 DAO 的平台上使用相同的自动化原理，IDEX 平台受免费银行的启发，在

Aurora DAO 之上运行。他们使用 IDXM(会员费令牌)、AURA 和 Boreal 开发了多令牌结构。AURA 是多交换协议 Snowglobe 的抵押代币，用于支付和分配平台费用。Boreal 是用于分散式 P2P 借贷的稳定币。

MakerDAO 构建的 Oasis DEX 是 IDEX 的直接竞争对手，是少数几个完全在链上运行的 DEX 之一，它旨在用于 Maker 注册表中的资产(当前为 MKR、Dai 和 ETH)，实现 IDEX 享有的类似 DAO 级别的权力下放。然而，该平台最近被关闭，因为现在该平台进行了全面的重建，转移重点，以实现多抵押 Dai(一种去中心化稳定币)的交易。

把以上属性作为基础，去中心化平台在一定程度上保证了交易用户信息的安全性，确保交易平台的道德风险在可控范围内，以及规避黑客的攻击。不过在去中心化交易模式下，因为交易资产全部依靠用户自己保管，如果交易者自己的安全意识较差或监管环境有潜在的安全问题，同样会有被黑客攻击的风险。

7.3　数字货币交易平台监管逻辑

7.3.1　交易平台的技术风险

在目前数字货币交易的过程中，用户资产以及数据由交易平台保管。数字货币资金的流动以及加密资产的价值都十分庞大。在利益的驱动下，以网络为基础的交易平台就会受到以黑客为主体的不法分子的侵害。

目前，针对数字货币交易平台的黑客攻击事件总共发生了 50 起，资金损失总计约 21 亿美元，其中 2014 年的“门头沟”(Mt.Gox)黑客事件是波及用户数量最多，造成影响最大的一次，披露的被盗金额总计 661 348 000 美元，且尚不包括被盗的用户数据以及未披露的被盗资金额。

Mt.Gox 也是最早被黑客攻击的平台。2011 年，攻击者破坏了属于 Mt.Gox 审计师的计算机，由于用户的加密资产被保存在热钱包(与互联网相连的钱包)中，因此黑客们能够轻易地获得用户的 Mt.Gox 证书，并把大量比特币转到自己的账号中。此后，还有黑客在 Mt.Gox 平台将比特币人为地降价为一美分进行抛售。通过这种方式平台用户损失超过 2000 枚比特币，但平台却声称只丢失了 1000 个比特币。由于黑客的攻击，Waltet.dat 文件的访问权限丢失，导致价格为 22 万美元的 1.7 万枚比特币被盗窃。

据报道，自 2011 年以来，Mt.Gox 的比特币被一点一点地盗走。调查小组指出，到 2013 年 5 月，Mt.Gox 不再持有比特币，不久之后，Mt.Gox 申请破产。

2012 年 3 月、5 月、7 月，比特币交易所平台 Bitcoinica 多次遭到黑客攻击。首先，Linode 服务器的管理密码被泄露，黑客侵入平台存储的用户热钱包，盗走价值为 23

万美元的 4.4 万枚比特币。在第一次攻击的几周后，Bitcotica 再次遭到黑客攻击。这次，黑客侵入了 Bitcoinica 用户的数据库，数据库包括平台所有的识别详细信息和敏感数据，此外，黑客还盗走了价值 8.7 万美元的 3.8 万枚比特币。Bitcotica 第三次遭到攻击，黑客盗走了价值为 30 万美元的 4 万枚比特币，但这一次调查人员发现所有被盗的资金都被秘密地保存在了 Mt.Gox 平台中。因此，有很多人质疑 Mt.Gox 是当时最大的黑客组织之一。

2017 年，数字货币钱包提供商、全球知名开源网站 Parity 两次违反规定。2017 年 7 月，Parity 首次遭到黑客入侵，其用户账户中总计价值为 3000 万美元的 15 万枚以太币被盗窃。在其 1.5 版及更高版本的钱包软件中均检测到系统漏洞，该漏洞是在由几家公司 ICO 筹款人组成的多重签名钱包中发现的。同年 11 月，Parity 二次遭到黑客入侵，用户账户中价值超过 1.62 亿美元的 5 千万以太币遭到冻结，发生此事的原因是有人删除了带有 msg 的 GitHub 代码。

2018 年 1 月，日本 Coincheck 交易所因黑客攻击损失价值为 5.34 亿美元的 XEM。2018 年 2 月，基于以太坊的 XMRG 代币的交易价格在暴涨 787%后迅速暴跌归零，导致很多用户经济损失惨重，其主要原因在于其智能合约代码存在整数溢出漏洞，超额铸币后抛售造成恶性通胀。2018 年 3 月，在 Binance 交易所，黑客利用盗取的用户信息和账户购入 VIA 币，通过进行大量交易操纵市场行情，导致比特币涨跌浮动比率超过 15%，再通过做空单的方式，从中获得利润超过 1 亿美元。

虚拟货币交易平台交换最关键的安全问题分为：

1. 服务器端

(1) NoSQL 注入：这些注入主要位于主流的存储模块中，例如 Redis、Memcached 和 MongoDB。与主要固定在框架和 ORM 级别上的时间较早且较为知名的 SQL 攻击类似，也有针对非关系型数据库(NoSQL)和内存数据库等新技术的类似攻击。

(2) 服务器逻辑问题：主要是竞态条件很难通过自动化工具(例如源代码分析器)发现。例如，账户同时处理多个提款交易，可能导致账户的余额为负数。

(3) 身份验证问题：由于身份验证被绕过，有时密码甚至双重身份验证(2FA)起不到任何作用。

2. 客户端

跨站脚本(Cross Site Scripting，CSS)是最流行的客户端漏洞，攻击者可以利用它来单独使用用户的浏览器。这样做的原因是能够将恶意的 JS/HTML 代码注入到易受攻击的服务器生成的网页中。有一种说法，就是说双因子验证(2 Factor Authentication，2FA)，例如 Google Authenticator 或 SMS 代码，可以避免此类漏洞，但实际上并非如此。由于此漏洞，进入页面的恶意 Javascript 会在取款之前直接替换取款钱包地址。

开放式重定向有助于黑客执行类似网络钓鱼的攻击，即以任意方式将用户从链接重定向到数字货币交易所的功能。从技术上讲，它允许攻击者做两件事：在搜索引擎(例如 Google)中将列表交换为恶意网站增加恶意软件安装攻击的成功率(即对交换域的信任)。典型的攻击会指向用户交换的原始域的链接，该链接会下载某种“新版本的交易桌面客户端”，从技术上讲，这是一种窃取用户热钱包的恶意软件。

还有其他类型的安全漏洞。黑客会窃取平台中的 Gas(一种用于签署其他交易的替代货币)，而不是窃取现金。黑客也会将用户钱包中的所有数字货币生成 Gas。同样，Gas 本身是基于 PoS 的数字货币中的替代数字货币，其中许多属于数字货币交易所，因为平台持有用户 ETH 和 NEO 等 PoS 数字货币。

当前交易平台的政策空间比较窄，没办法完全按照传统交易所体系进行，同时，虚拟货币交易所的发展时间较短，诸多交易平台存在技术漏洞，需较长时间的技术积累过程。

7.3.2　交易平台的违法风险

2019 年 3 月，比特币资产管理公司 Bitwise Asset Management(Bitwise)公布的一份研究报告显示，全世界 95%的比特币交易量都来自数据造假。

报告指出，进行人为操纵比特币交易量原因在于其背后有一定的利益推动。Bitwise 分析称，部分交易平台为了提升其在 Coin Market Cap 等资讯网站上的名次，营造出一种市场繁荣的假象，从而吸引到更多的客户，使客户误以为比特币市场的深度大且流动性强。虽然许多人把加密货币数据网站 Coin Market Cap 作为数字货币市场数据的首选资源，但该网站被曝出约 95%的比特币交易量是假的。Coin Market Cap 每天报告的比特币交易量约为 60 亿美元，但实际数字为 2.73 亿美元，约占报告金额的 4.5%。在 81 个比特币交易所中，有 71 个交易所的交易“几乎都是假的”，他们进行的都是“清洗交易”(Wash Trading)，也就是同一个人卖出和买入比特币，以制造高交易量的假象。

2019 年 9 月，区块链透明度研究所(Blockchain Transparency Institute，简称 BTI)研究报告显示，火币虚假交易量超过 50%，OKEx 虚假交易量则高达 90%；另外，在实际交易量最大的 40 家交易所中，比特币交易量约有 65%是伪造的，几乎所有伪造数据都来自 OKEx、Bibox、HitBTC 和火币。

关于虚假交易，Huobi Global 首席执行官翁晓奇曾评论：“虚假交易量这个问题在业内是真实存在的。在这个行业，人们有权知道交易所提供的数据是真实的。我们认为不应该有任何例外，随着我们的行业的成熟和主流人群接受度的增长，像数据真实性这些问题是下一步很自然应该考虑的事。”

数字货币市场如同一块荒芜的平原，还没有建立完善的规则，同时因缺乏监管，致使具有欺骗性的清洗交易做法层出不穷。尽管些许公司可能会因此获利，但从行业角度来说，无疑是杀鸡取卵。

7.4　我国政府对数字货币的监管实践

7.4.1　数字货币的监管历程

2010 年，一个程序员通过使用 1 万个比特币买了 2 个总价值为 25 美元的披萨，自此比特币开始进入大众的视野。

了解到比特币的价值后，2011 年，我国第一家数字货币交易平台“比特币中国”(BTC China)成立。此时的“比特币中国”没有引起政府和金融监管部门的注意，对其在监管层面对其较为宽松，其将平台的业务经营范围界定为互联网信息服务，因为此时的平台还鲜有人知，比特币交易量更是少得可怜。

2013 年，比特币开始受到大众的关注，国内外各数字货币交易平台如雨后春笋一般相继上线。在为四川救灾的捐助活动中，BTC China 向壹基金捐赠了 15 个比特币，此次活动也相继被国内媒体争相报道，在这一年，中国群众真正了解到比特币。

同年，一枚比特币的价格超过了 10 美元，到了年末，其价格已经飙升到了 1000 美元，足足涨了 100 倍。由于这一年比特币价格开始暴涨，国外“门头沟”等平台遭到黑客的攻击，用户受到不同程度的损失。加之，这一年中国浮现出多家比特币交易所，社会影响日益扩大，甚至出现了针对平台交易用户的诈骗事件。

2013 年 10 月 26 日，一个名叫 GBL(Global Bond Limited)的交易网站突然被关闭，与此同时，平台用户在没有被提前通知，没有把账户里的资产提出的前提下，被陆续移除官方 QQ 群。根据不完全统计，有近 500 名受害者，损失总金额超 2000 余万元。

由此，政府开始担心，这种虚拟货币的炒作会危及到中国的金融系统以及人民币的法定货币地位，同时加剧金融欺诈行为。

2013 年 12 月 5 日，中国人民银行、银监会、工信部、证监会、保监会等五部委发布了《关于防范比特币风险的通知》，将比特币定义为一种虚拟商品，明确比特币不具有与法定货币等同的法律地位，不能且不应作为货币在市场流通使用。该通知规定，包括银行在内的金融机构和支付机构不得从事比特币交易，数字货币交易所应向政府电信监管机构注册，并遵守反洗钱规定。

在看到区块链与数字货币的优势后，2016 年 1 月 20 日，中国人民银行举办的数字货币研讨会在北京召开，会上承认了数字货币的部分价值，并寻求应用合法的数字货币以降低传统纸币发行和流通的成本，使其在提高经济交易透明度、减少洗钱、逃税和其他金融犯罪行为等领域发挥作用。

2017 年，我国加紧对数字货币交易平台的政策监管。1 月 6 日，中国人民银行发布通知，已联系相关监管部门约谈国内主要交易平台负责人，审查平台业务运营和监管是否合规，并在必要时进行相应的清理。1 月 11 日，央行对国内占领先地位的交易所 BTCC、火币和 OKCoin 进行了抽检。受国家监管的影响，彼时全球比特币市场暴跌 21%，价格从 1190 美元跌至 938 美元。

2017 年 9 月 4 日，中国央行、网信办、工信部、工商总局、银监会、证监会和保监会等七部委联合发布了《关于防范代币发行融资风险的公告》，表示 ICO 通过“不定期出售和流通令牌”来筹集“所谓的虚拟货币”，如比特币，是在从事“未经授权”的公共融资，这是非法的。同时要求所有类型的 ICO 都“立即停止”，并尽快将投资者账户中的所有资产归还给投资者们。9 月 14 日，BTCC 于 9 月 30 日完全关闭，并退还用户账户里的财产。9 月 15 日，火币发布公告，停止新的注册和存款服务，并在 9 月 30 日之前停止所有服务。9 月 15 日，OKCoin 宣布，于 9 月 30 日停止所有交易。

经过国家整顿，国内的数字货币交易平台停止了国内公开运营的工作，并将视线更多地转向国外。

2018 年 7 月，中国人民银行副行长针对虚拟币和 ICO 乱象表示，目前针对中国居民开展的虚拟数字货币业务，是非法且要被禁止的。

7.4.2　数字货币交易风险防范监管

2011 年 11 月 24 日，国务院发布《国务院关于清理整顿各类交易场所切实防范金融风险的决定》，对于坚决不整改、无正当理由逾期未完成整改的，或者继续从事违法证券、期货交易的交易场所，各省级人民政府要依法依规坚决予以关闭或取缔。清理整顿过程中，各省级人民政府要采取有效措施确保投资者资金安全和社会稳定；对涉嫌犯罪的，要移送司法机关，依法追究有关人员的法律责任。

2013 年 12 月 5 日，中国人民银行、工业和信息化部、中国银行业监督管理委员会、中国证券监督管理委员会、中国保险监督管理委员会发布《关于防范比特币风险的通知》，要求各金融机构、支付机构以及提供比特币登记、交易等服务的互联网站如发现与比特币及其他虚拟商品相关的可疑交易，应当立即向中国反洗钱监测分析中心报告，并配合中国人民银行的反洗钱调查活动；对于发现使用比特币进行诈骗、赌博、洗钱等犯罪活动线索的，应及时向公安机关报案。

2014 年 3 月，中国人民银行《关于进一步加强防范比特币风险的通知》，要求严禁比特币交易，并对比特币账户处以永久冻结处罚。

2017 年 1 月，中国人民银行上海总部、上海市金融办等单位组成联合检查组对比特币中国开展现场检查，重点检查该企业是否超范围经营，是否未经许可或无牌照开展信贷、支付、汇兑等相关业务；是否有涉市场操纵行为，还有该企业的反洗钱制度落实情况；资金安全隐患等问题。同日，人民银行营业管理部与北京市金融工作局等单位组成联合检查组，进驻“火币网”、“币行”等比特币、莱特币交易平台，就交易平台执行外汇管理、反洗钱等相关金融法律法规、交易场所管理相关规定等情况开展现场检查。

2017 年 9 月 4 日，中国人民银行、中央网信办、工业和信息化部工商总局、银监会、证监会、保监会发布《关于防范代币发行融资风险的公告》，要求任何组织和个人不得非法从事代币发行融资活动，代币融资交易平台不得从事法定货币与代币、“虚拟货币”相互之间的兑换业务(不得买卖或作为中央对手方买卖代币或“虚拟货币”，不得为代币或“虚拟货币”提供定价、信息中介等服务)。

2018 年 1 月 12 日，中国互联网金融协会发布《防范变相 ICO 活动的风险提示》，指出代币发行融资(ICO)行为涉嫌非法集资、非法发行证券以及非法发售代币票券等违法犯罪活动，任何组织和个人应立即停止从事 ICO。对于 IMO 模式以及各类通过部署境外服务器继续面向境内居民开办 ICO 及“虚拟货币”交易场所服务，发现涉及非法金融活动的，可向有关监管机关或中国互联网金融协会举报，对其中涉嫌违法犯罪的，可向公安机关报案。

2018 年 1 月 26 日，中国互联网金融协会发布《关于防范境外 ICO 与“虚拟货币”交易风险的提示》，境内有部分机构或个人还在组织开展所谓币币交易和场外交易，配之以做市商、担保商等服务，这实质还是属于“虚拟货币”交易场所，与现行政策规定明显不符。此外，仍有部分国内社交平台为“虚拟货币”集中交易提供各种便利，一些非银行支付机构为“虚拟货币”交易提供支付服务，这些为“虚拟货币”交易提供服务的行为均将面临政策风险。2018 年 8 月 24 日，银保监会、中央网信办、公安部、人民银行、市场监管总局发布《关于防范以“虚拟货币”“区块链”名义进行非法集资的风险提示》，不法分子打着“金融创新”“区块链”的旗号，通过发行所谓“虚拟货币”“虚拟资产”“数字资产”等方式吸收资金、炒作区块链概念，还以 ICO、IFO、IEO 等花样翻新的名目发行代币，或打着共享经济的旗号以 IMO 方式进行虚拟货币炒作，具有非法集资、传销、诈骗等违法行为特征。

2019 年 1 月 10 日，国家互联网信息办公室发布《区块链信息服务管理规定》，对服务提供者落实区块链信息服务安全主体责任提出六项要求：一是落实信息内容安全管理责任；二是具备与其服务相适应的技术条件；三是制定并公开管理规则和平台公约；四是落实真实身份信息认证制度；五是不得利用区块链信息服务从事法律、行政法规禁止的活动或者制作、复制、发布、传播法律、行政法规禁止的信息内容；六是对违反法律、行政法规和服务协议的区块链信息服务使用者，应当依法依约采取处置措施。

7.4.3　数字货币合规检查

2017 年 1 月 6 日，中国人民银行约见北京、上海比特币交易平台“火币网”“币行”“比特币中国”之后，央行再次对以上三家比特币交易所进行现场检查。1 月 11 日，人民银行营业管理部与北京市金融工作局等单位组成联合检查组进驻“火币网”“币行”等比特币、莱特币交易平台，就交易平台执行外汇管理、反洗钱等相关金融法律法规、交易场所管理相关规定等情况开展现场检查。与此同时，中国人民银行上海总部、上海市金融办等单位组成联合检查组对比特币中国开展现场检查，重点检查该企业是否超范围经营，是否未经许可或无牌照开展信贷、支付、汇兑等相关业务；是否有涉市场操纵行为；反洗钱制度落实情况；资金安全隐患等。

此前截至 1 月 5 日，比特币达到 8710 元新高位。但受 6 日央行等部门约见平台的影响，比特币一度下挫 500 元，破 6000 元大关，较近期高位 8885 元重挫逾 30%，最低收至 5600 元。1 月 11 日，欧市盘中扩大跌幅至逾 17.6%，跌破 5200 元关口至 5155 元；同时比特币兑美元跌破 800 元大关，创此前 12 月 22 日以来新低 794.655 元，日跌幅为 13.11%。

1 月 18 日，人民银行营业管理部相关负责人表示，联合检查组进驻“币行”“火币网”后，发现这些比特币交易平台违规开展融资融币业务，平台提供部分配资交易，而且第三方机构也会参与配资，导致市场异常波动。杠杆收费标准，BTC 为 0.1%，人民币为 0.1%，莱特币为 0.08%，美元为 0.05%。当用户实际资产达到借用资金的 110%时，若用户不进行止损或者提高保证金，平台会强制平仓。此外，比特币中国、火币网、OKCoin 表示对交易双方的每笔交易征收 0.2%的固定交易服务费。同时，检查也发现，这些平台均未按规定建立健全相关反洗钱内控制度。

2 月 8 日下午，人民银行营业管理部检查组又对其他从事比特币交易的九家在京比特币交易平台的主要负责人进行约谈，通报比特币交易平台存在的问题，提示交易平台可能存在的法律风险、政策风险及技术风险等。

2 月 9 日下午，火币网、币行、比特币中国、元宝网、好比特币、云币网、中国比特币、比特币交易网、币贝网等比特币交易所在火币网办公地召开行业大会，商讨行业自律。同日晚，火币网发布公告表示，为全面升级平台内反洗钱系统，有效预防和打击利用比特币进行洗钱、换汇、传销等非法行为，决定从即刻起全面暂停比特币和莱特币提现业务。

7.4.4　境外数字货币交易平台的监管

2017 年 9 月，ICO 融资被人民银行严厉叫停后，中国国内所有比特币交易所被全面关停。9 月底，国内跟比特币有关的大规模二级市场逐渐消失在人们的视线。但有一部分相关平台通过战略合作，同意实控人以出资设立等方式纷纷“出海”建立“国际站”，并采用挂摘牌、点对点等方式继续提供比特币与人民币之间的“场外交易”。

在国家政策严格监管的背景下，有部分平台利用 ICO、IFO、IEO 等形式发行代币，或利用共享经济的名义通过 IMO 的方式实现虚拟货币炒作。ICO 项目在海外发行了代币以后，通过虚拟货币交易平台利用代币进行交易，投资人不需要 VPN，完全可以利用虚拟货币对代币进行交易。有很多交易平台甚至可以以“场外交易”的名义，实现个人用户之间通过点对点的法币与虚拟货币的交易。交易平台为此提供了中介渠道，买卖双方可以利用平台对交易物品进行定价，进而实现法币与虚拟货币之间的交易。

很大一部分的境外交易用户，其中绝大部分是中国境内居民。而平台所能够提供的服务，主要是币币交易和场外交易，即平台为交易双方提供担保和撮合服务，然后交易的双方再通过提前约定好的方式支付，例如支付宝、银行卡、微信转账等方式进行交易。但这种币币交易和场外交易，因为平台扮演着做市商、担保商的角色，在本质上被监管认为仍然是“虚拟货币”交易场所。

针对这些问题，央行营业管理部也下发《关于开展为非法虚拟货币交易提供支付服务自查整改工作的通知》，要求辖内各法人支付机构开展自我检查和整改工作，严禁为虚拟货币交易提供服务，并采取措施有效防止支付通道用于虚拟货币交易。

2018 年 8 月，微信官方对发布有关区块链、数字货币等方面的“金色财经网”“深链财经”“火币资讯”“每日币读”“TokenClub”“大炮评级”等自媒体公众号进行了封号处理，其发布的内容被屏蔽和撤销。同期，银保监会、中央网信办、公安部、中国人民银行、市场监管总局发布广大群众“关于防范以‘虚拟货币’‘区块链’等名义进行非法集资的风险提示”。9 月，央行上海总部发布公告称，国内外虚拟货币相关的投机炒作行为盛行，虚拟数字货币价格波动巨大，加剧了金融风险，扰乱社会秩序。公告称，加强了针对 124 家设置在境外但实际面向我国境内居民提供交易服务的平台进行监控，用于提供支持和服务的自媒体、公众号、小程序以及提供支付结算途径的第三方支付机构被关闭和查封。

从 2019 年开始，全国已经关闭境内总计 6 家新发现的虚拟货币交易平台，将 203 家境外虚拟货币交易所利用技术分 7 批处理，大约一万个虚拟货币账户被清理；在微信平台上，300 余个有关宣传营销的小程序和公众号被关停。

7.5 监管对数字货币交易的影响

2017 年 9 月 4 日，《关于防范代币发行融资风险的公告》发布后，数字货币交易市场受到大挫。不少交易平台关闭，或是转战海外。

受到彼时国家政策监管的影响，比特币、以太坊上涨乏力，大量数字货币纷纷退市，在 2408 种数字货币中，有 2316 种数字货币的价格位于 0.1 元以下，其中的 2310 种的价格位于 0.01 元以下，而价格在 1 元以上的仅占比 1%左右。整个数字货币市场中总市值排名位于前 100 的数字货币中，在 9 月 4 日后只有 15 个在平稳上涨，余下 85 个的全部下跌。全球数字货币总市值从最高时 8000 亿美元，跌到约 2000 亿美元。

2018 年 8 月份银保监会、中央网信办、公安部、人民银行、市场监管总局联合发布《关于防范以“虚拟货币”“区块链”名义进行非法集资的风险提示》，明确表示，一些不法分子炒作区块链概念，并以“金融创新”“区块链”等为噱头，通过发行“虚拟货币”“虚拟资产”“数字资产”等方式吸收资金，进行非法集资、传销、诈骗等违法犯罪行为，侵害公众合法权益。要严厉打击利用伪区块链和空气币等项目非法敛财的违法犯罪行为。

我国的对于虚拟货币交易平台和项目的态度，由最早的观望转变为警告再到打击，本质原因是由于虚拟货币市场乱象横生，主要有以下九个案例：

(1) MXCC 在上线交易所当天，其价格就暴跌 90%，直接引起了很多投资者公开谴责。短短六个星期，经历了从发起到收割，再到跑路，最后到币价归零，其成为了有记录以来第一个真正归零的项目，也创造了新纪录。然而这一次的收割，就有 50 亿元人民币被割走。

(2) ARTS 被投资人联合举报涉嫌诈骗，群体事件由此被引发，此项目的联合创始人蒋杰已经被多位投资人联合上诉。此事件被北京金融局定性为“金融诈骗”。

(3) CTR 是以区块链技术为基础的去中心化借记卡和钱包，可以通过虚拟货币进行投资、支付和交易，随着币价的快速下降，交易所被撤销。

(4) 前花椒直播 CEO 胡震生发布具有欺骗性的区块链项目白皮书并通过邀请名人的方式为自己的项目站台，骗取投资者的信任和财产。大部分的投资者被牢牢套住，没有办法退币，也无法维权。而作为该项目负责人的胡震生却嘲讽道：“史上最贵代码 hello world 是我让团队更新的。”从法规政策方面来看，胡震生做的秀币其实就是国内已经禁止的 ICO 代币发行。

(5) Star Chain 星链被指其白皮书团队成员身份造假，相关概念也是通过抄袭得到的。后来该平台的币价降为零，网站撤销，投资者无法进行维权。

(6) 深圳普银区块链为 AC 链、普银、biolife 链三家合资项目，该公司非法集资 6000 万。六名涉嫌欺诈的嫌疑人被深圳警方逮捕。

(7) Block Broker 经纪人答应为一个平台筹集资金，制造一个完全安全的投资环境，并且声称，Block Broker 可以防止加密货币欺诈，最终骗局被打破。BlockBroker 根据以太坊 ERC20 标准，操纵其数字货币价格，营造出一个繁荣的假象。后来 ICO 项目监管网 TrackICO 审查此公司，发现公司的 CEO 竟然是一位摄影师，并非之前所说的“高级工程师”，并且白皮书项目也被发现造假，紧接着 Block Broker 的信誉崩塌，项目负责人跑路，投资者无法索赔。

(8) QOS 是数字货币交易所 FCoin 币改的第一个项目，在 QOS 项目上线 10 天后，其币价经历大幅暴跌。QOS 交投低迷，在理论上投资者账面币值归零。

(9) SOC 是懂球帝团队的区块链项目，其币价暴跌的原因是基金会的 3 亿枚 SOC

失踪，签约球星过度营销噱头；数据买卖有很大的伪造嫌疑；没有实质项目，用仿真DAPP 欺骗用户。在受到监管风暴波及后，SOC 走向深渊，其币价暴跌 90%，大部分用户损失严重且没有办法维权。

思考与练习

1. 虚拟数字货币在我国受到监管的本质原因是什么？
2. 虚拟数字货币交易平台今后在我国发展的可能性有多大？并做出解释。

第8章 区块链监管

【本章导读】

经过2018年全球性经济危机后，区块链作为一种去中心化技术被认为在防范风险上起到了一定的作用。但事物存在两面性，所以本章将论述由区块链技术产生的最火热的“稳定币”在全球范围内会导致或将会导致何种经济风险，以及世界各国对区块链技术的态度和采取的监管措施，并介绍区块链技术在今后所具有的意义和发展领域。

8.1 区块链经济风险

8.1.1 全球性稳定币放大公共风险

稳定币就是和某个标的保持稳定兑换比例的数字货币，稳定是指这种货币在一段时间内的价格不会有大幅波动，价格较为稳定。现在当今主流的稳定币包括 USDT、Libra、TUSD、GUSD、BitUSD、BitCNY 等，它们是区块链技术诞生后才有的一个货币类别。稳定币的优点多数在于加密领域，在这个领域中稳定币发挥了价值尺度的功能，在行情下跌时还能规避风险。

要真正做到稳定币，还需要满足以下特点：

(1) 价格稳定；

(2) 可扩展性；

(3) 隐私保护；

(4) 弱中心化；

1. 目前稳定币种类

1) 质押型稳定币

质押型稳定币是目前市场上的绝对主流，USDT、PAX、USDC、Dai 等常见币种都属于此类。例如最典型的 USDT 案例，中文名称“泰达币”。Tether 的发行公司承诺每一个发行流通的 USDT 都与美元一比一挂钩，即每一枚 USDT 都有1美元存于银行。

这种稳定币的局限性在于其中心化、不透明、无存储资金或者无赎回通证的担保。市场对 USDT 的透明度低和缺乏监管的质疑声从未停止，面对美元储备是否足额，是否发行空气货币造成泡沫，美元储备银行的安全性如何保证，抵押美元是否被挪用，是否难以提现法定货币等质疑，Tether 公司虽然始终声称自己拥有足额的准备金，但至今也没有公开自己准备金账户的审计数据。

2) 无质押稳定币

无质押稳定币也被称为算法稳定币，这些数字货币没有任何基础资产。从某种程度上说，它们与央行发行的法定货币类似，因为可以作为一种抑制波动性的手段，它们的价值会随着供求关系的变化而变化。

事实证明，无抵押稳定币不如其他类型的稳定币受欢迎，其中一个重要原因是它们在实现稳定方面没有较强的效果。在该模型中，一些稳定币的通证在完成了初始分配后会与美元等资产直接挂钩。它的局限性在于其稳定性通常是由中心化机制维护的，货币政策仍然很复杂、不清晰且未获得官方机构的证明，激励措施也可能不足，大多数此类项目的波动性很大。

3) 以数字货币作为抵押的稳定币

以数字货币作为抵押的稳定币允许用户通过锁定超过稳定币总额的抵押品的方式来创建稳定币。其以非中心化的债务发行方式，以数字货币和多种资产为支撑，有抵押物，并使用数字货币进行超额抵押。但问题在于，稳定币的抵押品通常是一种不稳定的加密资产，如 ETH。如果这项资产的价值下降太快，那么稳定币就没有足够价值的抵押品。因此，使用该模式的大多数项目都要求稳定币有超额的抵押品，以防止价格剧烈波动。它的局限在于抵押物价值的波动，对黑天鹅事件几乎没有抵抗力，因此需要有超额的抵押品，同时，它们的结构往往非常复杂。目前，以数字货币作为抵押的稳定币项目还非常稀少，并且还没有做得比较好的典型项目。

近年来，全球性稳定币的探索有了一定基础，相应地，其发展对公共安全的风险也会逐渐显露出来。接下来，将以 Libra(现更名为 Diem)为例，阐述稳定币带来的风险。

2. 超发的风险

Libra 协会承诺按照储备的 Libra 抵押资产价值发行相对应的 Libra 稳定币。但当监管不到位或者储备资产不透明时(比如缺乏独立第三方审计)，就很难保证发行方不会超过抵押资产发行稳定币 Libra。稳定币 Libra 的存在形态实质为计算机代码，其价值来自其锚定的资产和某类标的资产价值挂钩的过程离不开可信的中心化机构。用 Libra 承载资产，在发行规则上，发行方必须基于标的资产严格按 1∶1 关系发行 Libra。在双向兑换规则上，发行方必须确保 Libra 与标的资产间能实现双向 1∶1 兑换。在可信规则上，发行方必须定期接受第三方独立审计，披露财务情况等关键信息，确保发行储备的标的资产的真实性和充足性。以此为基础，1 个单位 Libra

才具有1单位标的资产的价值。若不能遵循上述要求，则极容易出现Libra超发的风险。

3. 流动性风险

一旦有节点成员、资产托管机构破产或出现负面新闻，稳定币Libra持有者可能会产生恐慌心理，短期内Libra的持有者大规模挤兑将引发Libra流动性风险。再者是隐私和用户数据风险。任何人只要掌握区块链的代码规则，即可以拥有甚至无限生成任意区块链地址。从目前所披露的白皮书来看，将来区块链地址具有匿名性，并且没有与某一Libra持有者的特定身份进行关联。这种模式有助于保护Libra持有者的隐私，虽然Libra区块链只记录钱包地址、交易金额、时间等必要信息，但Libra钱包会因KYC(用户身份验证)、反洗钱、反恐怖融资等监管要求，或Libra钱包提供商会因自身商业目的而收集用户个人信息，包括用户跨境支付、交易、转账等数据，从而引发数据泄露和非法使用的风险。

4. 威胁主权国家货币

对于经济体量较小、本国通货膨胀严重、金融基础设施落后、资本开放有限、信用差的主权货币，民众会选择使用信用更好、更保值的稳定币Libra，而这会导致本国主权货币的使用量逐渐下降。在极端情况下，Libra最终可能替代这些国家主权货币。

5. 增大各国外汇管制难度

稳定币Libra点对点传输及其与法定货币双向兑换的特性为外汇管制严格的国家的公民进行非法买卖外汇提供了便利渠道，并且很有可能造成这些国家外汇管制政策的失效。

6. 弱化各国货币政策实施效果

Libra协会声称“绝不制定自己的货币政策，而是继承储备金中所代表的央行的政策。”在组成Libra的法币中美元占50%，Libra的货币政策反映出以下信息：美联储将会作为主导，包括欧洲央行、日本央行和英国央行等主权货币的货币政策按所占比重进行加权。

2019年11月，在第十届财新峰会上，中国人民银行数字货币研究所所长穆长春表示，目前全球性稳定币尚处早期，设计框架没有确定，信息也不充分，因此无法评估当前法律和监管框架是否适用于全球性稳定币监管。

8.1.2 非中央银行数字货币的界定与监督

1. 央行数字货币与非央行数字货币的主要区别

信用货币是当前货币的主流形式，通过信用货币可以对法定货币与非中央银行数字货币进行准确区分。是否构成信用货币需要考察三个关键要素：发行主体与目的、担保依据、流通范围与对象。

1) 发行方面存在区别

中央银行数字货币的作用主要是替代实物现金。央行在设计数字货币时，会对货币政策调控手段、货币的供给和创造机制以及货币政策传导渠道进行综合考虑，发行渠道与现有的实物货币类似，都实施同样的管理原则。虽然中央银行数字货币参与商品流通与定价的特征比较明显，但并不是去中心化的发行设计。目前非中央银行数字货币都是由私人部门发行的，大部分非中央银行数字货币的发行目的不是为了便利商品流通或降低交易成本，它们的发行通常依靠一定的交易平台，以发展会员为渠道进行交易，并且多采用去中心化的发行设计，这与商品流通没有必然关系。

2) 担保方面存在区别

纸币发行初期，都与贵金属保持着一定的比例关系，后来发展到以本国信用担保发行。无论是与贵金属挂钩还是以国家信用担保，法定货币的价值通常比较稳定。只要国家这一社会组织形态不发生根本性变化，以国家信用为基础的货币体系将会始终具备法偿能力。与此相反，非中央银行数字货币既没有国家信用作为担保也不与任何贵金属挂钩，缺乏“货币锚”(货币锚是指一个国家要获得稳定的货币环境，必须要有一个调整国内货币发行的参照基准)，并且没有兑换兜底机制，因此持有人极易遭受到无可挽回的损失。

3) 使用方面存在区别

中央银行数字货币的发行、流通和交易都遵循与传统货币一体化的思路。通常情况下，中央银行数字货币的使用者是不特定的多数人。以人民币为例，它既可以在中国国内流通，也可以在那些对人民币已经具备信任基础的国家或地区使用。而非中央银行数字货币的使用者则是特定的人群，因为大部分非中央银行数字货币数量有限，如比特币被技术限定为只有2100万个，所以持有非中央银行数字货币群体相对固定，全球区块链与数字货币权威媒体Coindesk对世界各国4000名比特币持有者进行调查后发现，比特币持有者91.8%为男性、72.5%为白种人、65.8%为技术人员，且持有者大多数以投资为目的。

2. DCEP存在的问题与风险

各类非中央银行数字货币都不同程度地存在着价格波动频繁、缺乏透明度、监管程度低等缺陷，因此具有较高的投机风险和信任风险，极易被不法分子或组织用于从事违法活动。此外，非中央银行数字货币的无序流通还有可能对国家货币政策的实施造成潜在风险。

1) 投机风险

由于非中央银行的数字货币交易市场24小时连续开放且没有涨跌限制，所以其价格很容易因为受到投机者的操纵而产生剧烈波动，从而产生极大的投机风险，普通投资者如若盲目跟风就会容易遭受重大的财产损失。同时，由于其相关交易市场处于自发状态，可能交易对手方存在信用风险、资金安全风险和清算结算环节的风险等一系列问题，投资者合法权益难以得到有效保障。

2) 法律风险

目前，国际上已经出现了利用非中央银行数字货币进行洗钱、贩毒、枪支交易等犯罪活动。同时，各种非中央银行数字货币交易网站的资质参差不齐，例如一些网站没有经过合法注册，涉嫌非法经营；一些网站的安全防范能力和抗风险能力差，容易发生黑客攻击以及网站经营者卷款潜逃等风险。

3) 制度风险

目前尚未有专门的法律制度来明确非中央银行数字货币交易参与各方的权利和义务关系，由于去中心化的非中央银行数字货币具有交易不可逆的特点，当发生诈骗、盗窃、造假等事件时，难以确定各方责任，参与者权益不能得到有效保障。

4) 金融稳定风险

目前，非中央银行数字货币的市场价值和交易量较小，因此并不能对金融稳定造成系统性威胁。但随着其使用范围和规模的不断扩大，非中央银行数字货币与传统金融体系、各种非中央银行数字货币彼此之间的关联越来越密切，单个非中央银行数字货币体系风险可能演变成系统性金融风险，从而对金融稳定形成冲击。

5) 货币政策风险

非中央银行数字货币的无序发展及其带来的风险将有可能扰乱银行体系承担的储蓄和支付功能，影响货币政策传导机制，货币政策的有效性有可能受到削弱。

3. 非央行数字货币的监管措施

2013 年央行联合五部委曾发布《关于防范比特币风险的通知》，明确将比特币等非中央银行数字货币定义为虚拟商品，它不是以货币和法币的形式存在的。

2016 年 1 月 20 日，央行召开数字货币研讨会，提出争取早日推出央行发行的数字货币，并发布宣告称，目前市场上所谓数字货币均为非中央银行数字货币。

非主权数字货币因不由国家发行所以不具备法定货币的地位，但是它可以作为虚拟资产进行投资，也可以在有限的场景内作为现金支付的替代手段，但它的属性模糊、监管难度大。迄今为止，包括我国在内的诸多国家已经明令禁止或限制了涉及非主权数字货币的金融活动。2018 年 9 月，中国人民银行联合六部委发出《防范货币发行融资风险的公告》，禁止在中国境内发行非主权数字货币的 ICO(Initial Coin Offering，首次代币发行)，因为 ICO 它本质上是一种未经国家金融监管机构批准发行证券的非法融资行为。

4. 非央行数字货币监管案例

2018 年初，Telegram 为其 TON 区块链项目融资，计划将一款名叫 Grams 的数字货币用于 TON 区块链项目中的交易。在 Telegram 和购买人签订的协议中，Grams 货币的 ICO 大致分为两步：

第一步，Telegram 将 Grams 以类似于期权的形式预售给全球范围内 175 名投资人，共计售出了 29 亿个数字货币，筹集了大约 17 亿美元。

第二步，TON 区块链项目上线时，发放投资人预购的 Grams 货币。Telegram 实施完第一步后即被 SEC(美国证券交易委员会)提起了停止交易的诉讼，同时还申请了临时禁止令。

2020 年 3 月，Grams 上线的 ICO 交易项目被禁止。法院裁定认为本案的重点在于，Grams 的 ICO 属于证券发行行为，因而适用证券法，但 Grams 投资人的行为属于证券法下的证券“承销商”，那么 Telegram 的行为则属于发行未经注册的证券(非主权数字货币)融资的行为。

本案第一次确定了非主权数字货币的监管属性，即类似于具有融资属性的数字资产同样受证券法规限制，受美国证券交易委员会(United States Securities and Exchange Commission，SEC)监管。此外，本案的影响还超出了数字货币的监管范畴，原因是只要具有融资属性的金融产品或工具都属于投资合同，所以本案为还未出现的金融产品或工具也确定了监管基础。

对于非主权数字货币的监管要完善与它相对应的监管法规，这不仅是维护市场经济秩序和保护消费者权益的迫切需求，也是确保中央银行数字货币顺利推出和运行的重要条件。这不仅需要在明确非中央银行数字货币的法律适用性问题的同时，还要研究和完善相关监管框架体系，明确非中央银行数字货币监管的主体和责任。

针对不同类别的非中央银行数字货币要采取差别监管。对于以“币”为名义的从事诈骗、传销和集资等违法活动，公安部门等机构将依据相关法律对其予以严厉打击。对于以比特币为代表的虚拟货币，应密切关注其交易风险，且各金融机构和支付机构不得以虚拟货币为产品或服务定价；不得买卖或作为中央对手买卖虚拟货币，不得承保与虚拟货币相关的保险业务或将虚拟货币纳入保险责任范围；不得直接或间接为客户提供其他与虚拟货币相关的任何金融服务。最后，对于纯粹在网络中封闭流通或可由法币购买却不能兑换回法币的各种所谓的“币”，应保持对其持续监控，防止其脱离虚拟环境流入实体经济，进而导致金融风险。

在国家对非中央银行数字货币进行监管的过程中，充分结合了其具有的相关实用价值技术后，我国先后在成都、苏州、雄安新区、上海、海南、长沙、西安、青岛、大连等地区，对数字人民币进行推广和先行测试。

8.1.3　以区块链名义进行的经济犯罪活动

区块链作为互联网的一项前沿科技，具有技术中立性的特征，但行为人为了不法目的，在金融交易领域将区块链作为违法工具或以区块链为名义实施的违法行为实际上是一种犯罪。本部分从区块链在金融领域中的首次代币发行、区块链数字货币交易和“区块链+”各行业的现状入手，分析行为人利用区块链在金融交易中的刑事犯罪行为以及触犯的罪名，具体如下：

1. 非法集资

区块链金融交易的源头为首次代币发行。实践中，不法分子常打出发行区块链数字货币的幌子，用承诺进行巨额投资可得高收益回报的方式来募集公众资金，吸引投资者投资，而实际上通过编造、发行白皮书来完成市场交易等程序，融资完成后便关停交易、携款潜逃。

2017年9月4日，中国人民银行、中央网信办、工业和信息化部、工商总局、银监会、证监会、保监会等7部委联合发布了《关于防范代币发行融资的公告》，该公告将虚拟货币发行融资的行为界定为“一种未经批准非法公开融资的行为”，并要求任何组织和个人都不得非法从事代币发行融资活动，任何交易平台都不得从事兑换业务、不得买卖虚拟货币、不得提供服务，任何金融机构和非银行支付机构不得开展与代币发行融资交易相关的业务。

从文件来看，发行虚拟货币进行融资的活动一律被认定为违法活动，区块链上的货币表现形式显然是典型的虚拟货币，根据发币及融资的具体情况可以分别进行如下定性：

首先，对于以研发新区块链币种、吸引投资人金融交易、承诺以还本付息等形式给予回报来向社会公众吸收资金或者变相吸收资金的行为，符合犯罪构成要件的，应认定为非法吸收公众存款罪。

其次，对于以非法占有为目的，通过发行没有价值、虚假流通币种等诈骗手段变相吸收公众存款的应认定为集资诈骗罪。关于“非法占有目的”的认定，可以根据查证的客观情况来推定，一般具有下列情形之一的可以认定为以非法占有为目的：

(1) 全部或者大部分集资款用于挥霍或者是没有用于正常经营的；

(2) 故意逃避返还集资款的；

(3) 携带集资款逃匿的；

(4) 拒不交代资金去向的。

最后，如果行为人以发行区块链金融交易的数字货币为名，向社会公开的、不特定的对象进行发行或者变相发行公司股权、股票、债券的行为，或者未经许可向某些特定对象进行发行公司股权、变卖股票或者发行债券的行为亦构成犯罪，应认定为擅自发行股票、公司、企业债券罪。

2. 跨境逃汇或洗钱

区块链产生的数字货币在金融交易过程中可以不受国界的限制，只要进入网络交易平台便可自由流转，更有部分数字货币是隐匿的，如门罗币、大零币等，这是由区块链技术特点决定的。币种的发行人在研发的时候就给予了设置，而且设置是无法更改的，并且还隐匿了互联网的 IP 地址，无法知晓其交易后的去向，无论使用哪种侦查技术手段，均无法查明数字货币的具体流向。

部分企业或个人利用区块链数字货币隐匿性的特点进行点对点的交易，将人民币在国内兑换为隐匿的数字货币后再将隐匿的数字货币支付到国外账户，实现国内货币兑付外币，通过采用这一手段逃避国家的外汇监管。行为人通过互联网购买区块链金融领域的数字货币进行兑付外币，行为不同所涉嫌的罪名也不同，具体如下：

首先，关于以数字货币为中介转移外汇行为的定性。根据我国《刑法》及司法解释，公司、企业或其他单位未经国家批准不得私自将外汇存放境外或者将境内的外汇非法转移到境外，单笔或者累计 5 万美元以上的则构成逃汇罪。行为人仅仅是将区块链金融交易的数字货币存放在境外，没有一个非法转移的行为，则不构成逃汇罪。但行为人在境内利用外币购买区块链产生的数字货币，同时，将数字货币通过区块链金融交易的第三方平台转移到境外，最后成功在境外汇兑成为外币或人民币，在这种行为模式下，如果满足我国规定的犯罪数额，即“外币→数字货币→外币或人民币”模式，则符合“将境内外汇非法转移到境外”逃汇罪的犯罪构成要件，构成逃汇罪。

其次，关于掩饰隐瞒行为的定性。针对单位犯罪所得、犯罪所得收益(人民币或外币)兑换为数字货币后，将比特币转移到境外后又兑换为法定货币(人民币或外币)的行为，如果行为人持有的境内资金属于犯罪所得及其产生的收益，除具有逃汇的行为以外，还可能涉嫌掩饰隐瞒犯罪所得、犯罪所得收益罪。在该犯罪所得及其产生的收益属于走私犯罪、恐怖活动犯罪、金融诈骗犯罪、贪污贿赂犯罪、黑社会性质的组织犯罪、破坏金融监管秩序犯罪、毒品犯罪等罪名的情况下，则可能涉嫌洗钱罪，应在逃汇罪与掩饰、隐瞒犯罪所得、犯罪所得收益罪或洗钱罪之间从一重处断。

最后，在利用数字货币交易实施逃汇犯罪的过程中，即便案发时尚未兑换成功，而是存放在境外，如果有证据证明行为人具有主观上利用数字货币逃汇的故意意图，也可以按照逃汇罪的未完成形态定罪。

3. 组织领导传销活动罪

随着金融行业认可、研发区块链，不法分子便以“区块链+”各行业的形式，引诱他人进行投资，以此募集资金，形成典型的“庞氏骗局”(利用新投资人的钱来向老投资者支付利息和短期回报，以制造赚钱的假象进而骗取更多的投资)。

在区块链金融交易领域中，构成组织、领导传销活动罪的表现形式为：行为人利用区块链金融交易的第三方互联网平台销售区块链数字货币，利用自创或者其他数字货币的方式发展会员，随后自行控制或者伙同他人控制数字货币的升值、下降幅度以此来吸引下线，再根据会员发展下线的人数进行计酬或返利的依据，最后骗取他人财物。实践中，在甄别行为人犯罪行为时应作以下三点进行具体区分：

(1) 利用数字货币开展网络传销。如果涉案的数字货币属于虚假的数字货币，即非基于区块链技术的数字货币且没有在区块链平台上进行金融交易，该行为可能成立诈骗罪。

(2) 非法占有数字货币。区块链金融交易领域的数字货币是由真实的货币通过钱包、USDT 等方式转化成为数字货币的，其本身是真实货币兑换而来。行为人若以非法占有为目的，通过非正常途径吸纳数字货币或者销售没有价值、远高于价值的数字货币且给受害人造成损害的就可能成立集资诈骗罪。

(3) 多重法益重合的抉择问题。行为人因自己的行为侵犯了多种法益，同时成立集资诈骗罪、组织领导传销活动罪、洗钱罪等罪名。首先应对遵循从重抉择的原则，其次对于组织者、领导者和一般参与者进行划分，组织者、领导者应从重处罚，其他一般参与者，如果符合资诈骗罪条件的，也应当以集资诈骗罪追究其刑事责任。

4. 违法犯罪活动特征

2018 年 8 月 24 日，银保监会、中央网信办、公安部、人民银行、市场监管总局就做出过警示，一些不法分子打着“金融创新”“区块链”的旗号，通过发行所谓“虚拟货币”“虚拟资产”“数字资产”等方式吸收资金，侵害公众合法权益。此类活动并非真正基于区块链技术而是炒作区块链概念，实际是一种非法集资、传销、诈骗的行为，主要有以下特征：

1) 网络化、跨境化明显

一些违法犯罪活动依靠互联网和聊天工具进行交易，利用网上支付工具平衡资金，风险扩散面广、扩散快。一些不法分子通过租用境外服务器建立网站，通过对境内居民进行远程控制来开展违法活动。一些人在聊天工具群中声称，他们获得了海外优质的区块链项目的投资额度，可以代为投资，这极有可能是欺诈行为。这些非法资金大多流向海外，这给监管和追查带来很大困难。

2) 欺骗性、诱惑性、隐蔽性较强

一些违法犯罪活动利用热点概念进行炒作，编造名目繁多的“高大上”理论，有的还利用名人“站台”宣传，以空投“糖果”等方式来诱惑投资者，宣称“币值只涨不跌”“投资周期短、收益高、风险低”，具有较强蛊惑性。但实际操作中，不法分子通过幕后操纵所谓虚拟货币价格走势、设置获利和提现门槛等手段非法牟取暴利。此外，一些不法分子还以 ICO、IFO、IEO 等花样翻新的名目发行代币，有的还打着共享经济的旗号以 IMO(中国领先的企业级即时通讯运营平台“互联网即时通讯办公室”)方式进行虚拟货币炒作，具有较强的隐蔽性和迷惑性。

3) 存在多种违法风险

不法分子通过公开宣传活动，以“静态收益”(炒币升值收益)和“动态收益”(开发线下收益)为诱饵，吸引公众投资者和开发人员加入，不断扩大资金池，具有非法集资、传销、诈骗等违法行为的特点。此类活动以“金融创新”为噱头，实质是“借新还旧”的庞氏骗局，资金运转难以长期维系。

8.2　国际监管通用规则

8.2.1　区块链政策规定

关于比特币，全球各地区的法规变得越来越清晰。世界各地的许多国家，包括美国、马耳他和白俄罗斯，已公开承认需要区块链法规。同样，大多数允许使用区块链和数字货币交易的国家或地区目前都在使用间接或直接的法规来规范行业。直接法规是指政府正式制定管理区块链相关技术的法律；间接法规是指区块链公司必须遵循对技术公司以及特定于区块链合规性的通用法规。

但是，后者并不总是可行的。例如，欧盟引入的《通用数据保护条例》(General Data Protection Regulation，GDPR)明确规定，每个公民有权强制搜索引擎从过去信息中删除有关他们的信息、个人资料或账户。这种方法并非总是容易在区块链上实现的，因为在这种情况下遵守法律的责任就只落在了区块链公司身上。

目前，各国对区块链应用监管主要有三种态度，即允许、观望、禁止。

1. 美国

就采用区块链和数字货币而言，美国被认为是世界上最先进的国家，很多企业在日常运营中都接受使用数字货币，这也解释了为什么区块链和数字货币法规在美国能如此紧密地联系在一起。美国法律的复杂性在于政府的几个层面，即联邦和地方(州)层面。虽然数字货币在联邦一级得到承认和合法化，但各州的法律可能有所不同。美国有几个联邦机构监管区块链的相关业务。虽然它们听起来不同，但以下三个类别彼此非常相似：美国国税局将数字货币定义为用于征税目的的资产。商品期货交易委员会(U.S. Commodity Futures Trading Commission，CFTC)将数字货币定义为商品；证券交易委员会将数字货币区分为证券。简而言之，它允许多个机构就监管和执法事项进行协作。

有趣的是，虽然美国政府就数字货币行业的广泛法规发表了讲话，但在其他与区块链相关的商业模式上却保持沉默。美国证券交易委员会(United States Securities and Exchange Commission，SEC)曾发布过几篇关于通过 ICO 或代币销售进行筹款活动的声明并将其视为证券；联邦贸易委员会(Federal Trade Commission，FTC)建立了一个区块链工作组，其主要目标是打击市场上出现的非法和欺诈性计划。该组织一直保持活跃，并且多年来提出了几项著名的诉讼。2018 年，联邦贸易委员会(FTC)要求美国联邦法院收押一群从事欺诈行为的群体。在 2016 年，他们还提起过针对比特币挖矿机器制造商 Butterfly Labs 的诉讼，起因是 Butterfly Labs 欺骗客户关于矿机的盈利能力和使用寿命。由此可见，美国政府对待区块链行业的立场与对待其他任何事情的立场相同，即首先是法规，然后是业务。

2. 英国

英国制定数字货币法律的策略正在不断发展，但是目前还没有特别的合法化方法。数字货币不被视为授权招标，并且其转移具有认证规范。英国税务与海关总署(HMRC)宣布了关于数字货币税收策略的简要介绍，称其“唯一身份”意味着它们无法与传统的支付方式，如支出或分期付款相关联，其“应税性”取决于所涉及的行动和个人。英国的数字货币交易所通常需要向金融行为监管局(Financial Conduct Authority，FCA)申请注册，虽然 FCA 部门不提供专门的转账购买服务，但它强调参与加密相关活动的企业必须遵守现行货币法对衍生品的保护，但数字货币的利润要缴纳货币增值税。

有必要指出，尽管 FCA 分配了数字货币的部分权利，但其明确表示除电子资金外都不是特定的投资。与此类数字货币相关的特定活动尚需接受英国金融法规的约束。实际上，此类衍生产品在交易、购买和分销给零售客户方面也受到 FCA 建议的限制。此外，货币传输法和反洗钱法规也可适用于与不受监管的数字货币的有关活动。英国政府表示，使用区块链可以在交易结束时以数字方式进行信用交易和相关记录的电子化分配，从而提供交易会话(包括有关贷款形式的数据)，以自动填充到系统分类账中。通过关联区块链贷款平台的信贷利率和资本分期付款条款，以及与贷款增长期有关的任何其他数据字段，可大大减少在市场上同步数据所花费的时间。

英国法律中与技术无关但可由区块链的应用程序适用的其他领域的法律包括数据保护、财产法、税法、隐私法、支付服务和电子货币法规、知识产权法和相关金融产品行业法规。有各种迹象表明，英国正处于过渡阶段，立法机构正在寻求建立法律原则，以过渡区块链技术。

3. 日本

日本经济产业省(Ministry of Economy Trade and Industry，METI)一直在讨论区块链技术对于日本国内金融业的潜在影响。因此，从 2015 年开始，日本就根据现有金融法律或法规对区块链相关业务和服务进行监管，具体将取决于区块链上铸造的代币的法律特征或此类服务的性质。

例如，如果在区块链上铸造的代币(Blockchain-minted Tokens)属于平台安全架构(PSA)中“Crypto Asset”的定义，则将对其在业务过程中购买或出售此类代币的商业运营商进行监管。作为交易所提供商，进行出售、购买或处理符合《金融工具和交易法》(FIEA)“证券”定义的区块链代币的机构式组织个人，必须注册为 I 类金融工具业务运营商；与法定货币(例如日元或美元)挂钩的区块链有价代币或稳定币的发行人，或保证以法定货币赎回这种稳定币的发行人的分支机构，可能需要根据 PSA 或根据《银行法》的规定获得银行汇款业务经营者(FRBO)的许可，而处理其用户个人信息的商业运营商则需受到《个人信息保护法》(APPI)的约束。

为了鼓励包括开发和使用区块链技术在内的金融技术创新，日本金融服务管理局(FSA)于 2017 年 9 月推出了“Fintech Testing Hub”。作为该计划的一部分，FSA 将根据具体情况建立帮助金融科技公司和金融机构识别和解决与新金融科技计划相关的潜在法律问题和风险的团队。此外，2018 年 6 月，日本内阁秘书处经济振兴总部设立了监管沙盒计划的跨政府一站式服务台。日本和外国公司都可以使用此资源，使申请人(一旦获得批准)在一定条件下可以对其项目进行演示，虽然当前法律和法规尚未涵盖此类活动，但是监管沙盒计划的基本政策中明确提到了区块链技术以及人工智能、物联网和大数据，是今后探索和开发的潜在领域。

日本是区块链应用的领跑者之一，尽管日本的交易所是合法的，但是日本政府对区块链的态度并不是很明确。目前，日本的政府官员对加密市场的无管制性质提出了重大关切。2014 年，MtGox 向东京地方法院申请破产后，许多日本公民将比特币这个词与欺诈联系在一起，数字货币法规开始成为各国迫切关注的问题。日本金融服务局加大了对交易和交易所的监管力度，如对 PSA 的修正要求数字货币交易所必须在 FSA 上注册才能进行操作，这个过程可能需要长达六个月的时间，并且对这两个过程都提出了更严格的网络安全和 AML / CFT 要求。

8.2.2 行业标准引领

行业标准对产业规模化和产业化发展具有重要的规范和指导意义。国际标准组织非常关注区块链或分布式账本领域标准的制定，为此专门成立工作组开展基础标准和应用标准的制定。

2019 年，国际标准化组织(ISO)成立区块链和分布式会计技术委员会，开始制定参考架构、用例、安全、身份和智能合约等一系列标准。目前，关于区块链隐私的两个标准——人类信息保护和智能合约交互，由电器与电子工程师协会(IEEE)的区块链标准委员会 BSC 支持，并负责确立相关领域的管理制度和国际标准。

作为联合国信息和通信技术的专门机构，国际电信联盟(ITU)负责确立相关领域的管理制度和国际标准。2016 至 2017 年，国际电信联盟的 SG16、SG17、SG20 小组分别启动了分布式账本的总体需求和安全性，在物联网中的应用等项目研究。ITU 还成立了分布式账本焦点组(FG DLT)、数据处理与管理焦点组(FG DPM)、中央银行数字货币焦点组(FG DFC)三个焦点组来开展和推进区块链相关标准制定工作。目前，ITU 已经启动区块链参考架构、监管技术架构、评测准则等多项标准的制定计划。

8.2.3 国际组织监管重点

目前国际上影响力比较大的行业组织有反洗钱金融行动特别工作组(FATF)、国际证监会组织(IOSCO)、金融稳定委员会(FSB)、经济合作与发展组织(OECD)、国际清算银行(BIS)等。国际行业组织重点关注投资者和消费者保护、市场诚信、银行风险敞口、支付系统、金融稳定性监控和反洗钱/反恐怖融资等问题。

2019 年 6 月，FATF 发布了针对虚拟资产以及虚拟资产服务商的监管指南，提高了反洗钱/反恐怖融资的标准。虚拟资产服务提供商需执行与传统金融机构相同的AML/CFT(反洗钱/反恐怖融资)要求，并明确虚拟资产服务提供商的商业活动受 FATF相关措施的约束。

FATF 于 2020 年 6 月审查各国关于新监管指南的执行情况。过去几年，FSB 在加密资产方面的工作主要集中在监控金融稳定的风险以及为成员提供监管指导和参照等方面。2019 年 4 月，FSB 发布了加密资产监管目录，梳理了二十几个国家和多个国际组织在加密资产监管方面的主要职责部门和监管要求。BIS 下设的巴塞尔银行监管委员会(BCBS)、支付和清算基础设施委员会(CPMI)等组织已经在区块链及分布式账本技术的应用影响分析和监测方面开展工作。国际证监会组织(IOSCO)对加密资产的关注涉及在链上资产的发行、交易、托管、清算、结算、估值以及中介、投资基金对加密资产的敞口等领域，并为组织成员提供监管目录、搭建网站、促进成员间的信息共享和经验分享等。

8.2.4 资产发行、使用的监管

目前国际上还没有对数字资产进行统一定义，对其定性也存在多种看法，但主要的看法是将数字资产定位为资产或工具且多满足于监管机构的监管需要。

分类原则上多为按功能或目的(潜在功能)分类。具有筹资功能的一般划为证券，可直接套用证券的监管框架；对非证券型通证的监管则较为宽松。

分类标准方面目前还没有统一的标准，但来自美国最高法的“Howey Test”是一种比较主流的判定依据。“Howey Test”被用来判定某种金融工具是否为证券，其主要内容包含以下四个方面：

(1) 所涉及的出资；

(2) 对该投资有获利预期；

(3) 该投资是针对特定事业的；

(4) 利益的产生源自发行人或第三人的努力。

此外，瑞士也提出对首次发行的数字资产的分类依据。瑞士金融市场监督管理局(FINMA)在 2018 年发布的《ICO 指引》中，按照功能和可转移性可将数字资产分为支付型、功能型和资产型三类，并且采取一事一议的方式，对首次发行的数字资产进行分类指导和监管。

尽管对数字资产的分类存在差异，但美国、英国、瑞士、德国等国家均倾向于在对数字资产进行分类的基础上，使现有的法规体系适用于其监管。

对于是否禁止数字货币，各国态度不一。目前世界范围内大概有二十个国家或经济体允许发行或使用数字货币，大多数国家对数字资产及其相关服务没有提出明确的监管框架和要求，少部分国家禁止发行或使用私人数字货币和从事相关服务。

美国、加拿大、墨西哥、巴西、英国、荷兰、法国、瑞士、德国、西班牙、意大利、日本、韩国、泰国、新加坡、印度尼西亚、澳大利亚、新西兰、中国香港等国家和地区均允许数字货币的发行和使用。通常对证券属性的通证发行采取较为谨慎的监管，对非证券型通证的监管则较为宽松。

在美国发行具有融资功能的通证需要接受美国证券交易委员会(SEC)的监管。美国任何证券的发行和销售只能通过两种途径：

(1) 依照 1933 年证券法第 5 条在 SEC 进行证券登记注册；

(2) 满足一定豁免条件，虽无须在 SEC 登记注册，但仍需接受 SEC 监管。

美国商品期货交易委员会(CFTC)对数字资产的监管态度则开放得多，早在 2015 年就将数字资产视为商品，受《商品交易法》(Commodity Exchange Act，CEA)约束。

日本对数字货币的态度较为开放和积极，2016 年 5 月通过的《支付服务法案》修正案承认数字货币是一种合法的支付手段。2019 年 5 月，日本国会众议院通过了《支付服务法案》《金融工具与交易法案》和《金融工具销售法案》的修正法案，开始对通证实行分类监管，归为证券通证的需纳入《金融工具与交易法案》监管。

印度和法国对数字货币的态度在短时间内发生了重大变化。2019 年 7 月，印度政府提出了关于禁止数字货币和官方数字货币的监管法案草案，全面禁止在印度使用私人数字货币。但在 2020 年 1 月，印度官方却承认了比特币和加密资产并不违法。法国金融监管局(AMF)于 2019 年 4 月提出加密资产监管框架，表明已为 ICO 发行人和交易所等加密资产服务提供商设立了非强制性许可证(自愿监管)。然而在 2019 年 11 月，法国对数字资产服务提供商(DASP)又提出了新的严格许可要求和条例。

8.2.5　数字货币交易、服务的监管

部分国家允许交易数字货币和从事数字资产服务活动，并对市场设置准入门槛。从事相关活动需持牌并满足风控以及反洗钱、反恐怖组织融资等监管要求。

在美国交易符合证券定义的数字资产的平台必须要在 SEC 注册为国家性证券交易所以得到豁免。另外，促进数字资产证券发行和数字资产证券二级交易的实体，无论是个人还是机构均可以作为“经纪人”或“交易商”，但需要在 SEC 登记注册且信息需录入金融业监管局(FINRA)系统。美国财政部金融犯罪执法网络(FinCEN)早在 2013 年就明确了虚拟货币(Virtual Currency)交易所及其管理者是货币服务商并需获得海外数字货币交易(MSB)牌照。2020 年 6 月 1 日，修订后的加拿大《犯罪收益(洗钱)和恐怖主义融资法案》正式生效，与虚拟货币运营相关的加拿大企业被正式认定为货币服务商 MSB，持牌经营。

香港涉及数字资产的监管主体主要是证券及期货事务监察委员会(SFC)。SFC 把数字资产分为证券类和非证券类。只要符合《证券及期货条例》中所界定的“受监管活动”，就需要遵守证券类监管要求，在香港从事受法规监管活动或从事以香港投资者为对象的受法规监管活动的人士或机构都须获得证监会发放的牌照。2018 年 11 月，SFC 发布了一系列有关数字资产的监管新规，新规打破了此前“分类监管”的思路，将“非证券类数字资产”交易服务平台纳入监管体系。SFC 会根据新增申请牌照机构的沙盒测试情况来增加特殊的监管要求并在此基础上发放牌照。

法国金融监管局(AMF)发布的新规要求数字资产服务提供商(DASP)必须向 AMF 注册。DASP 要获得许可，除满足反洗钱和反恐怖组织融资等监管要求外，还需具备网络安全计划和措施，且符合欧洲数据隐私法。获得许可后，DASP 必须进行定期的技术审核以确保其网络安全始终保持最新状态。

目前，国际上比较知名的牌照主要有美国 MSB、日本金融厅的数字货币交易牌照 FSA、新加坡的支付类牌照 MAS、澳大利亚 AUSTRAC 牌照以及香港 SFC 相关牌照等。

8.2.6 联合监管推进政策制定

为了跟进研究区块链技术及应用的最新发展情况、积极推进区块链技术在全球范围内的安全应用，近几年，国际行业自律组织纷纷成立区块链专门机构，如欧盟区块链观察站与论坛、世界银行区块链实验室、国际货币基金组织金融科技高级顾问小组等，并且各国际组织也在加强对区块链技术和数字货币的研究，以推进其全球化的监管进程。国际组织在跨境及联合监管方面将发挥更重要的作用。目前部分国际组织的监管要求对各国政策制定已经产生了实质性影响。

联合监管主要体现在两方面。一方面是应对全球稳定币的发行，促成监管的协同和一致性；另一方面是联合检查反洗钱、反恐怖组织融资的情况。反洗钱金融行动特别工作组(FATF)在 2019 年 6 月对其会员国提出严格的 AML/CFT 监管要求，并在 2020 年 6 月审查了各国对于其新监管指南的执行情况。主要检查的领域包括虚拟资产经营者在反洗钱、禁止恐怖主义融资等方面的进展，虚拟资产领域的风险、市场结构以及 ML/TF(洗钱/恐怖融资)类型的变化等。目前，一些国家已经积极开展应对，如新加坡的支付法案、韩国的数字货币服务商法案均针对 FATF 的要求对已有监管体系进行了修改和完善。

2018 年 7 月，欧盟反洗钱 5 号令 AMLD5 生效。AMLD5 将从事虚拟货币兑换服务的主体以及钱包托管服务商等纳入反洗钱监管，并且明确了其尽职调查的内容和措施。此举将欧盟的反洗钱和反恐金融规则扩展到了虚拟货币领域。欧盟各国根据反洗钱令的要求陆续完善国内的制度和政策。2019 年，为呼应欧盟新反洗钱令的要求，法国对数字货币的监管态度由市场主体自愿接受监管(设置非强制性牌照)转为较为严格的许可制，并对数字资产服务提供商（DASP）提出新的许可规则要求，要求 DASP 除满足反洗钱和反恐怖组织融资的监管要求外，还需具备网络安全计划和措施。2020 年 2 月，欧盟委员会广泛收集欧盟公民、企业、监管机构和其他相关方的反馈意见，以建立针对欧洲范围内加密资产和市场的监管框架。

受 Libra 全球稳定币这一新资产形态的影响，各国政府及国际组织对稳定币给予了高度关注和警惕，一定程度上加快了相关监管政策的研究。美国就 Libra 项目启动了多轮听证和质询。德国、法国等明确表示抵制 Libra 项目并加紧推动主权数字货币的研发。欧盟委员会已经要求脸书公司就天秤币可能引发的金融风险作出评估。

联邦安全局(FSB)在 2019 年和 2020 年陆续出台关于全球稳定币的研究报告和监管政策建议。国际清算银行(BIS)表示，Facebook 等大型科技公司的金融项目带来的挑战超出了传统的金融监管领域，可能会对全球银行系统构成挑战，各国政府需要尽早跨境协作，对其风险做出回应。

8.3　我国的监管政策

8.3.1　区块链技术监管面临的挑战

目前，我国区块链产业的相关知识产权的申请数量名列全球第一，企业数量仅次于美国，位列全球第二。与此同时，我国区块链技术的监管面临着一系列的挑战。

首先，高技术门槛带来了认知难度。一方面，区块链本身就是 P2P 网络技术、加密算法、分布式存储、数据库等技术的集合，且该技术本身处于快速演进中，存在较高认知门槛；另一方面，区块链生态同时包含了“通证”经济(通证即代币)、社区自治、“挖矿”等一系列新生事物，了解并掌握这些事物是监管者面对的前提性任务。

其次，区块链自带的金融属性极易引发风险。与大数据、人工智能等单纯技术不同，区块链天然具有金融属性，加之行业初期的野蛮发展、投机氛围浓重，因此容易被不法分子利用。2017 年，全球范围的 ICO 泡沫热潮的案例便值得人们反思。同时区块链点对点、匿名和跨境特征又加大了全球风险传导的可能性和单一国家的监管难度。

再者，区块链挑战着传统制度建设，致使原有监管制度面临重构。比如传统监管方式无法完全覆盖一些区块链高风险使用场景；国内交易所“出海”导致资金外流；去中心化公链服务提供的主体不清晰，监管难以实施；“矿场”的非法建设，违规用电的问题；新技术带来的安全和隐私问题；更重要的是我国区块链产业缺少对应法律的问题。对区块链资产缺乏明确定性(证券属性、商品属性、货币属性)是各国监管面对的共同难题。目前我国将比特币等虚拟货币列为特殊商品，但是对于区块链资产的交易流通、发行销售以及其他相关行为仍缺乏对应监管法律的问题也导致了监管主体的不明确。

8.3.2　我国区块链政策

2016年10月，工信部(工业和信息化部)在发布的《中国区块链技术和应用发展白皮书(2016)》中总结了国内外区块链发展现状和典型应用场景，介绍了中国区块链技术发展路线图，也展示了当时政府层面对区块链技术的研究成果。同年12月，国务院发布了《“十三五”国家信息化规划》，提出将区块链技术列为需超前布局的战略性前沿技术并加强基础研发和前沿布局。

2017年10月，国务院办公厅对外发布的《关于积极推进供应链创新与应用的指导意见》中重点提到相关企业研究利用区块链和人工智能等新兴技术应该基于供应链的信用评价机制。

2018年5月，工信部正式发布《2018年中国区块链产业发展白皮书》，分析了我国区块链发展现状，对产业生态结构进行解析，并分析了区块链的六大发展趋势。就区块链技术应用领域纵向分布来看，从一开始应用到比特币对维持分布式网络的网络参与者的奖励，再延伸至进一步应用到金融领域，甚至延伸至目前社会形态的方方面面，它能够重塑社会经济形态，为行业革新提供了较大可能性。

2019年10月底，中共中央政治局就区块链技术发展现状和趋势进行了第十八次集体学习，中央领导明确强调把区块链作为核心技术自主创新的重要突破口，加快推动区块链技术和产业创新发展。随着中央鼓励区块链技术的发展，全国各地纷纷响应号召，北京、上海、深圳、广州、雄安新区等地在各自原有的地方政策基础上，加大区块链鼓励政策，推动区块链在统计产业转型升级、加速数字经济新动能等领域的发展。

2021年3月，区块链被写入《“十四五”规划纲要》，“十四五”规划指出培育壮大区块链等新兴数字产业，推动智能合约、共识算法、加密算法、分布式系统等区块链技术创新，以联盟链为重点，发展区块链服务平台和金融科技、供应链管理、政务服务等领域应用方案，完善监管机制。

8.3.3　我国区块链道路探索

1. 明令禁止区块链数字货币平台

在实践层面，国内曾出现大量基于底层区块链技术或完全不含区块链技术机构开发的数字货币(以下称“代币”或“虚拟货币”)以及首次代币发行(ICO)的进行社会融资的行为。就现有法律框架来说，代币不具备与货币等同的法律地位，因此被定义为涉嫌从事非法金融活动，其中隐藏巨大的风险。在对待代币和ICO事项上，我国监管对它的反对态度是明确的、清晰的。

2. 大力支持区块链技术创新应用

我国龙头企业在区块链创新上缺少动力，创业企业又缺乏资金投入，我国的产品严重依赖国外开源软件产品。据不完全统计，国内 70%的产品是在国际商业机器公司(IBM)主导的 Frabic 上进行改造创新的。另外，近 20%的产品是在社区主导的 Ripple 上进行改造创新的。虽然我国的应用探索多于国外同行，但对行业影响力仍显不足。

2017 年 1 月，国务院办公厅发布《关于创新管理优化服务培育壮大经济发展新动能加快旧动能接续转化的意见》，提出要突破院所和学科管理限制，在人工智能、区块链、能源互联网、大数据应用等交叉融合领域构建若干产业创新中心和创新网络。2019 年 3 月 30 日，国家网信办发布《关于第一批境内区块链信息服务备案编号的公告》，公开发布了第一批共 197 个区块链信息服务名称及备案编号。公告显示，区块链服务机构包括互联网公司、金融机构、事业单位和上市公司，其中区块链技术平台、溯源、确权、防伪、供应链金融等是重点方向。

西方国家在区块链应用领域的发展基本上是基于金融创新带动其他行业创新，而我国除了金融创新外，更重要的是区块链技术在各个行业的应用。浙江大学信息学部主任陈纯院士在中央政治局集体学习会上就区块链问题表示，中国正在加快支持区块链技术在金融、民生、政务、工业制造等领域的应用落地，重点分析区块链技术能够解决的业务痛点以及在不同场景下的适用度，共同建设更加完善的产业应用生态，努力使区块链成为数字经济发展的新动能和社会信用体系的重要支撑技术。

当前，发展区块链确实可能面临监管上的风险，但早期的监管问题必定是前沿技术走向大规模应用前普遍要面临的问题。全球科技创新正处于空前活跃的时期，世界主要国家目前都把信息技术作为谋求竞争新优势的战略方向。围绕信息技术制高点的国际竞争形势已呈现日趋复杂化、白热化的迹象，甚至与贸易争端、外交博弈、军事角力相交织。因此，区块链等信息技术前沿领域的发展情况与未来的国际竞争格局密切相关。如果不发展区块链，我们就可能陷入长期落后的危险。因此，监管体系的设置必须尊重技术发展规律，着眼全球和未来竞争，将防风险与促发展有机结合。

8.3.4 区块链发展趋势

虽然全世界范围内对区块链有不同的态度，但经过十几年的发展，区块链技术已经被全世界主要的国家和地区承认。区块链因为采用 P2P、密码学和共识算法等技术以及具有数据不可篡改、系统集体维护、信息公开透明等特性，未来发展势必备受关注。

1. 区块链改善民生

目前，贫穷和收入差距是人类应该解决的最棘手的问题。全球超过 7.5 亿人(占世界人口的 10%以上)，每日人均生活费不足 2 美元。超过 20 亿人无法使用金融服务，甚至当地没有银行。区块链有大大减少贫富差距的潜力。具体可以通过以下三种方式来实现，分别是：

(1) 减少腐败——区块链提高交易的透明度。

所有资产(包括土地)的详细信息都将记录在不可变(防篡改)、透明且安全的数字总账中，公众完全可以看到。任何资产的不确定性都会降低其可追溯性和资产价格。创建一个分布式的资产跟踪系统将有助于增加全球财富的清晰度。解决腐败问题将对全球经济产生重大的积极影响。

(2) 金融包容性——像比特币这样的数字货币的优势明显。

数字货币和区块链可以帮助没有银行账户的人获得银行存款，从而获得报酬。通过使用区块链技术，人们能够更加方便地访问加密交易所，在其中使用智能手机买卖数字货币。随着全球范围内越来越多的商户接受数字货币，预计到2030年数字货币将成为事实上的标准，就如在今天被广泛接受的美元一样。

(3) 价值创造资产的通证化——通过使用token证明真实资产的所有权。

区块链有助于实现大规模资产的通证化。这意味着即使是农村地区的农民也可以成为酒店或金矿等部分创收资产的所有者。与传统证券相比，这将有助于扩大市场开发潜在的投资者，减少交易时间并增加交易流动性。

2. 区块链多领域应用

虽然区块链的底层架构源于比特币，但作为一种通用技术，区块链正加速从数字货币向其他领域渗透并且正在与各行各业进行创新融合。目前，有支付结算、物流追溯、医疗病历、身份验证等服务需求的领域正在建立各自的区块链系统以改变行业内原有的交易不公开等问题。如医疗健康等涉及大规模数据交互的行业，可通过区块链技术逐步实现数据的可信交易，破除现有的利益壁垒，打造一个全新的数据行业内外安全共享的生态体系。

3. 区块链技术融合

目前，以云计算、大数据、物联网为代表的新一代信息技术正渗透进各行各业。未来区块链的发展必将以技术融合为切入点，共同解决单一技术的不足与难点，扩大应用场景，降低应用成本。以区块链与云计算结合为例，区块链与云计算的结合有两种模式：一种是区块链在云上，一种是区块链在云里。后面一种也就是在区块链应用中广泛讨论的BaaS、Blockchain-as-a-Service，是指云服务商直接把区块链作为服务提供给用户。未来，越来越多的云服务企业将区块链技术整合至云计算的生态环境中，通过提供BaaS功能将有效地降低企业应用区块链的部署成本，降低创新创业的初始门槛。区块链系统是典型的点对点网络，具有分布式异构特征，天然适合于在云计算中建立各主体的共识机制，制定交互规则，构建去中心化控制的交易网络。

4. 区块链行业规范

在目前区块链发展和应用的过程中，区块链安全问题日益凸显，需要完备的安全防护技术和管理。在企业级应用中，人们不仅关注基于软件和算法来构建信任基础，更重要的是如何从用户体验与业务需求出发，构建一套基于共识机制、权限管理、智能合约等多维度的生态规则。未来，企业应从用户的角度出发，以业务为导向制定区块链的标准，从智能合约、共识机制、私钥安全、权限管理等维度规范区块链的技术和治理，增强区块链的可信程度，建立区块链的应用准则，加强监管、防范各类风险。

思考与练习

1. 简述我国在区块链领域的政策的前后差异及其原因。
2. 为何区块链技术产生于日本，而日本却在区块链领域如此谨慎？
3. 简述区块链在哪些领域存在监管上的风险并给出应对这些风险的对策。
4. ICO/STO 在我国是否可以实现？试简述原因。

第 9 章　区块链的商业应用

【本章导读】

回顾历史，在商业演进和技术改进的过程中，区块链的出现是 21 世纪商业发展的一个必然阶段。首先，人类商业文明的实施过程本质上可以理解为是一个中心化的过程，中心化的组织架构能够让体系的效益最大化，例如银行金融部门是开展商业支付的主要机构，互联网巨头是进行信息发布的中心。然而，随着经济与商业建设开始表现出新的发展态势，中心化组织架构的劣势日益凸显，特别是在现在的数字经济世界里，中心化商业结构产生的弊端要更大，例如交易成本、交易周期、数据所有权、交易双方的信用、用户的隐私保护等。同时，随着信息技术的持续发展，分布型计算机对信息存储提出了越来越多的要求，去中心化的技术基础得到了充分保障。

区块链在供应链管理、金融、医疗、数字资产交易结算等多个领域得到广泛应用。就区块链和产业结合这一视角而言，区块链技术必然会对智能制造、大数据、人工智能、共享经济等这些产业的建设起到较大的推动作用。著名咨询部门 Gartner 提出，从世界总体情况来看，区块链衍生的商业价值会从之前的 90 亿美元逐步地提高到 2022 年的 500 亿美元。

9.1　区块链溯源

区块链技术的使用已经超越了其作为数字货币的使用范围，且不断推进到供应链领域。通过前面章节的学习，我们了解到比特币和其他数字货币背后的数据是通过运用加密技术，保存在由不同区块组成的链当中。数据具有点对点、不可改变的性质，因此，区块链技术被看作是目前改变供应链管理规则的一种可能。

供应链活动必须具备在商品分销、行政流程和金融交易过程中实时可追溯，区块链应用于供应链中，可以为利益相关者提供一些便利。此外它还通过安全的协作和通信提高相互操作性，创造新商机的同时也大大改进了提高工作效率的手段。

9.1.1　新溯源方式产生的背景

溯源主要指追踪记录有形商品或数字商品的流转链条，通过对每一次流转的登记，实现从源头的信息采集记录开始，追溯原料来源、生产过程、检验批次、物流流转、防伪鉴证。例如，追溯流通与传输的节点、起点、终点、数据类型、详情、采集者以及采集时间，且借助一些形式，将数据根据一定的格式与方式进行存储，通过跟踪记录有形商品以及无形信息的链条，达成追根溯源防伪鉴真的目的。从 1997 年有学者提出溯源概念一直到现在，溯源逐步从初期的简单防伪技术演变成具有集合性、全面性的技术，被大量应用在传统食品生产、服饰生产、药品安全、奢侈品等对溯源高要求的领域。

然而，传统溯源方式依旧无法解决目前存在于各行业的产品假冒伪劣现象。按照《2013—2017 年中国防伪材料市场预测和投资机会研究报告》来看，全球范围内关于假冒伪劣产品的市场额度大约为 3000 亿美元，每年这种类型产品的成交额度约占全球贸易总额的十分之一。

中国新闻网曾经特别指出：某一段时间，中国年均假冒伪劣产品产值约为 1300 亿元，大约占到 GDP 比例的 2%。国家年均损失中仅税收这一项就大约可以达到 250 多亿元。在我国，假冒伪劣产品包括但并不局限在一般消费品(例如玩具类、鞋类、美容产品)、企业产品(例如机器配件、化学品)、IT 产品(例如电话、电池组)与奢侈品(例如服装、品牌手表)中。让人难以忽视的是，药品、隐形眼镜、婴儿奶粉等类别的伪劣产品持续借助各种途径进入市场，对消费者的健康与生命安全造成伤害。这些状况促进了新溯源方式的发展。

我国在 2015 年发布了《国务院办公厅有关加速实施重要产品追溯制度建设的建议》，对提到的那些重要商品要求建立追溯制度。其主要目标如下：

(1) 到 2020 年，追溯体系的规划标准制度有所完善，法规制度也开始逐步健全；

(2) 国内追溯数据基本上建立起统一的共享交换机制，初步做到相关部门、区域与企业追溯信息的互通互享；

(3) 主要产品生产经营管理开始在这种情况下有所加强，借助信息技术而构建追溯体系的企业占比提高；

(4) 社会公众普遍接受关于追溯产品的认知度，产品接受度明显提升，这一方面的市场环境显然有所好转。

9.1.2　传统溯源方式的弊端

如今，溯源普遍使用 RFID 射频技术、条形码、二维码技术采集产品信息，并同步到中心化账本上来实现对产品的溯源。在中心化情况下，账本的可篡改性高、缺乏公信力是传统溯源系统的显著缺点，谁是账本维护的主体就成为关键问题。这个主体，不管是源头的企业还是处于流通渠道中的商家，其自身都是产品流通环节中的利益相关者。一旦产品流通的账本信息对其中的相关者带来不利影响，为了顾及自己的利益，他们就有可能会篡改账本信息或谎称由于技术原因造成账本丢失，致使消费者无法对相关产品进行溯源。

其次，商品流通环节可以由诸多参与主体构成，不同的主体之间也需要开展互动与合作，而在整个商品流通过程中形成的各种信息，被分散地保存在各环节参与者自己的系统中，无法保持信息的透明度，形成了信息孤岛。这一问题造成了各个参与方较难精准且实时地了解有关事项的实时情况，使供应链协同效率变得低下。

在信息孤岛下，市场的各参与方自己维护自己的账本，这一账本也就是我们所说的台账。此账本被电子化之后叫作“进销存系统”。不管是什么系统，持有者均可随意篡改账本。另外，如果未能建立起一个规范化的溯源数据记录体系，就算共享了商品数据也难以把这些数据进行融合和利用。

理想的溯源系统应当是记录产品所有信息，然而有一些信息是企业的机密。例如，在代理产品市场中，生产商如果可以了解到分销商的经营渠道，便可直接介入分销环节，挤压分销商的生存空间。而传统溯源过程中，敏感数据可能因为内部过失或者因受到外部攻击而造成数据泄露。此外，商品信息的收集会受到当前时期的信息识别技术的限制，无法获取流转期间完整的数据。同时，在采用标准化追溯系统的过程中更需要有大量的资金支持。

9.1.3　区块链技术溯源的优势

区块链属于一种借助链式数据结构，实现数据存储和验证的技术。在区块链溯源过程中，使用共识算法来生成数据，使用密码学的加密算法来完成数据的加密，使用智能合约来针对相关的数据进行操作等。借助区块链技术可以让数据传输变得更具有信任感，其优势表现为：去中心化，非对称加密，智能合约等。具体优势如图 9-1 所示。

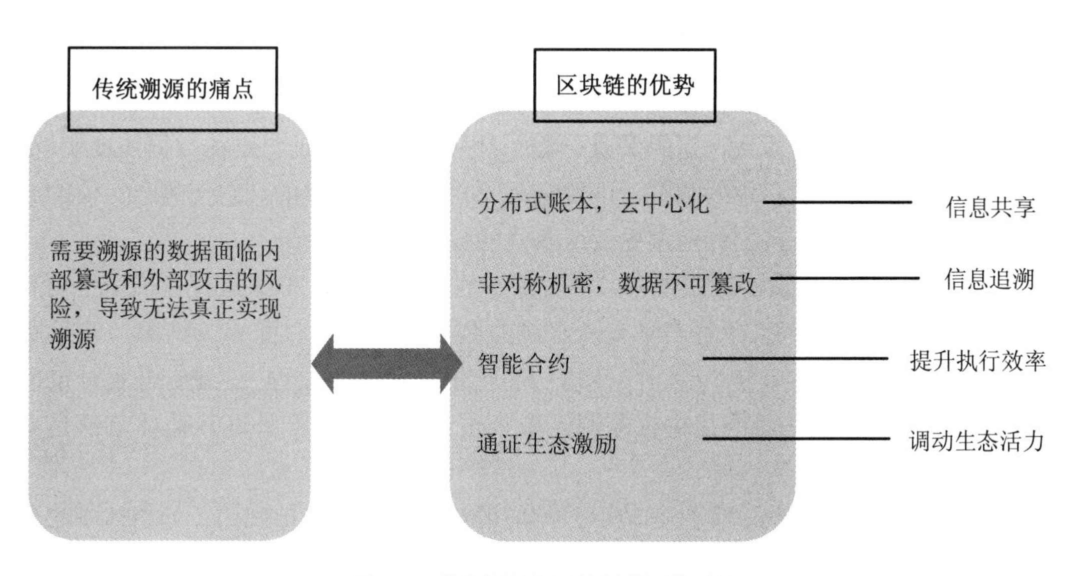

图 9-1　传统溯源与区块链溯源的对比

首先实现去中心化。在区块链溯源系统中，一场交易结束后会被系统即时广播到参与区块链工作的网络上，网络上的每一个节点都会收到交易的信息，并在账本上做好记录，这就是所说的“分布式账本”。区块链技术分布式的特点，能够确保在交易信息透明的情况下，快速地共享部分相关数据，任何人都可以检索和验证其中的信息，减少获取相关信息的负担，进而降低相关机构的运营成本。同时，由于全网的节点都可获得相关交易的数据，并对交易合法性进行验证，做到了对交易数据的多节点背书，避免出现账本丢失的情况，也从一定程度上规避了单一记账人受到控制或受到贿赂而进行记假账的行为。此外，区块链网络上的各个节点存储的数据都具有时间戳，借助时间戳技术与链式数据结构可轻松实现对交易数据的追溯。

其次，非对称加密能确保数据难以被篡改。加密、解密使用不同的密钥，借助公钥加密的信息在互联网上就算被截获也难以被解密，因为公钥加密之后，只能使用对应的私钥才能解密，而私钥只有用户自己掌握，从而保证了信息的安全。这一非对称加密的形式能够对这些加密的用户进行身份验证，在确保信息安全的同时也规避了恶意入侵行为。另外，区块链上存放的数据很难被篡改并且任何篡改都会留下痕迹进而被发现。如果某一个节点要修改一个区块上的数据，则需要修改全网其他51%以上的节点拥有的账本，这就大大提高了单一节点对账本数据的修改难度，保证了账目数据的安全。

第三，智能合约使交易流程变得智能化、自动化。只要把相关的交易条件设定好，智能合约就会根据条件的达成情况自动执行相应的操作。交易双方严格遵守提前设置的条件，交易过程变得更加透明、客观、可信，降低了双方协作的成本和出错率，去除了第三方的干扰，强化了网络的去中心化。

9.1.4 区块链溯源的挑战

首先，区块链溯源可以保证已经被存储的数据不能够被随意修改。这在技术层面让链上数据的信任问题得到一定的保证。然而，区块链难以保证上链前数据的真实性，也就是说，假如用户输入虚假数据，区块链是不可能识别出来的，它仍然会对假的数据进行保护，使得所有人不能随意更改这条假的数据。

在一定程度上，区块链溯源没有办法根除造假问题，例如2018年长春长生生物制药公司的疫苗，虽然产品在生产时有流水线的监控，在包装时配有二维码，有近距离无线通信技术(NFC)标签，有一次性防伪的箱子，在流通过程中GPS可实时定位产品轨迹，客户也能够对产品进行溯源，整个过程除产品生产外，其他环节都是真实的。

因此，上链前数据的真实性必须引入相应的章程体制、管理部门、处罚体制来予以保证。

商品从原材料到终端，整个产业链条的溯源信息都要保证可靠，因而需要专业的工作人员来上传。然而，谁来判定信息上传者的专业性，谁能确保上传数据的准确性，这仍然是个有待进一步解决的问题。

因此，仅仅依靠区块链进行溯源，无法从根本上解决源头造假的问题，只是增加了企业造假的成本。大部分区块链溯源项目仍然会选择与传统的中心化机构(如质检机构)合作，解决数据上链前的安全问题。

9.2　区块链供应链金融

大部分企业在商业活动中融资是比较困难的，尤其是 2020 年新冠疫情对世界经济带来了严重影响，很多大型企业受到冲击，存在着较高的融资风险，小微企业甚至被迫关闭。就算是在新冠病毒之前，企业的融资条件也较为严格，过程也很漫长。区块链不可篡改、可追溯和透明性的特点为供应链融资的各参与方奠定了信任基础，缓解了融资过程中的信任问题。许多企业也已经开始使用基于区块链的供应链融资解决方案来解决融资问题。

9.2.1　供应链金融

供应链的主要功能是促进买卖双方之间的交流，以实现资源最终转化为对客户有价值的产品，同时使产品的需求直接来自供应链顶端的最终客户，且依赖制造商、零售商、供应商的程度逐级依次减少。

在理想的供应链网络中，消费者对产品的需求将促使零售商向制造商下订单，制造商又向供应商订购零件或者是原材料，然后制造商向供应商支付订单并制造产品，最后零售商为订单付款，承运人将订单商品交付给零售商。但是，在现实世界的供应链网络中，从买方到卖方的现金流并不总是一成不变的。

供应链金融，一般认为是一种针对中小企业的新型融资模式，将资金流有效整合到供应链管理的过程中，既为供应链各环节企业提供贸易资金服务，又为供应链弱势企业提供新型贷款融资服务，以核心客户为依托，以真实贸易背景为前提，运用自偿性贸易融资方式。当消费者有需求并生成订单时，卖方可能没有足够的现金流来完成订单，而卖方在一定程度上必须率先支付相应费用(人工和材料成本)才能完成订单，所以需要融资。一项研究发现，截至 2019 年末，我国供应链金融市场的规模大约是 22 万亿元人民币，超过 20%的企业使用供应链融资，而大多数使用供应链融资的公司是中小型企业。

为了对供应链金融的作用有实际的了解，这里举例说明。假设你是一家电视制造公司的供应链经理，你刚从一家全国性零售商那里收到了 10 000 台电视的订单。

每台电视由电子设备、屏幕、框架、底座和包装等组成。这些电视是沿着装配线组装的，需要通过数名员工才能执行各种工作。你在等待零售商的付款，在收到付款前，你手头没有现金来提供生产中所需要的人工、材料、运输等费用。这时供应链金融就能发挥其重要作用。

诸如银行之类的金融机会以一定的折扣价格，购买卖方的应收款(未付发票)以增加卖方的营运资金，这便可以减轻在供应链的效率低下时对交易过程的影响。

作为融资的交换，金融机构收取折扣费(类似于利率)和信贷管理费。根据安排，如果买方违约，金融机构也可能收取信用保护费。

传统供应链金融流程如图 9-2 所示。

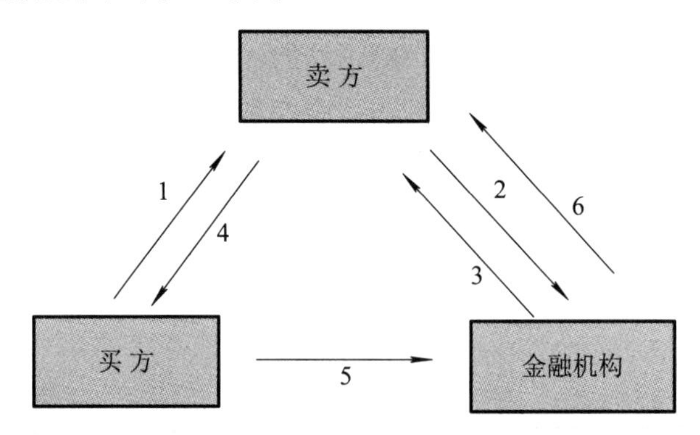

图 9-2　传统供应链金融流程

图中流程解释如下：

① 买方向卖方下订单；

② 卖方向买方开具发票，并向金融机构提供副本；

③ 金融机构向卖方支付发票 80%～90%的货款；

④ 卖方履行订单并交付给买方；

⑤ 买方在到期日(通常在交货后 30 天)支付发票显示金额的费用，买方通常直接向金融机构支付费用；

⑥ 金融机构将发票的剩余 10%～20%支付给卖方，减去融资费用。

9.2.2　供应链金融的痛点

1. 信用不能跨级传递，融资难

由于银行依赖的是核心企业的控货能力和调节销售能力，出于风控的考虑，银行仅愿意向对核心企业有直接应付账款义务的上游供应商(限于一级供应商)提供保理业务，或者是向其下游经销商(一级供应商)提供预付款与存货融资。这便引发了存在大量融资需求的二级、三级等供应商/经销商的需求无法得以满足的现象。这必然使供应链金融的业务量在这种情况下受到限制，而中小企业由于难以及时得到融资，从一定程度上会造成产品的生产质量没有办法得到保证。

2. 信息孤岛——资金端风控成本高

因为供应链上下游牵连到很多企业，又都是单独运营的实体，此类企业的业务信息也有可能会牵连到一些商业机密。由于企业彼此之间无法保持信任，造成供应链上的企业难以保证相互共享信息。就如今的供应链金融业务来看，银行或者是别的资金端除去担心企业的还贷能力与还贷意愿之外，也比较关注交易信息是否真实，而交易信息是由主要企业的 ERP 系统来记录的。由于 ERP 篡改难度大，造成金融部门难以就业务信息真实性和精准性等特性进行检验，致使金融部门要在这一方面投入一定的人力成本，同时较难保证交易信息真正的穿透性。

3. 物流监管风险

为发挥监管者在物流上的专业技术优势，降低企业在商品流通期间质押贷款成本，银行等监督机构一般把质押物监督外包给一些物流公司来处理，由其代为监督和管理这些质押物。然而在把这一业务实施外包后，银行等金融部门对质押物的质量状况、所有权、交易情况等就不是很了解了。因为信息出现了不对称，物流监管者也许会为了追求自身利益而实施一些对银行等金融机构不利的行为，或是由于其自身的经营情况和不是很负责等原因造成质押物受损进而导致银行利益受到影响。有的企业借助和物流储存企业人员串通，就能出具无实物仓储单、入库凭据来向银行实施骗贷行为；由于未能对物流仓储企业进行有效的监督，企业借助假冒的入库凭据，在没有得到金融机构准予的条件下，就可私自提出质押物。

4. 贸易背景真实性风险

供应链融资期间，银行等金融机构要基于供应链上各个参与方的真实交易关系而开展各项工作，使用交易期间形成的预付账款、应收账款、存货为质押(抵押)，为供应链上下游企业提供融资和担保业务。真实交易背后的主要企业补足担保、存货、应收账款等是授信融资的根本保证。

5. 造假风险

使用应收账款等传统流动资产作为信用证的操作方法存在诸多局限性，如果交易不符合实际，或者是出现贸易合同的造假、质押物权属和质量有瑕疵、买卖双方虚构交易，针对这些应收账款的存在性、合法性有质疑时，银行等金融机构将会面临恶意套利的风险。

9.2.3　区块链改善供应链金融

1. 智能合约促进“四流合一”

信息流、物流、资金流、商流(四流)在供应链中的位置最为关键。传统的供应链借助纸质合同对各方参与人员予以限制的方式会出现一定的履约风险，但借助区块链平台却能够将业务紧锁于链上，实现智能履约，促进链与商流的融合。智能设备及物联网技术的普及则能促进区块链同物流的融合。在进行原材料、商品的交易时，商品归属权和交割行为都会上链进行；这得益于独立账户系统，在处理与物权相关事项时，还能自动履行智能合约，实现支付及交割行为的智能化，促进资金流同区块链的融合。所以，使用智能合约便形成了一个完整而全面的闭环金融流程。具体步骤如图 9-3 所示。

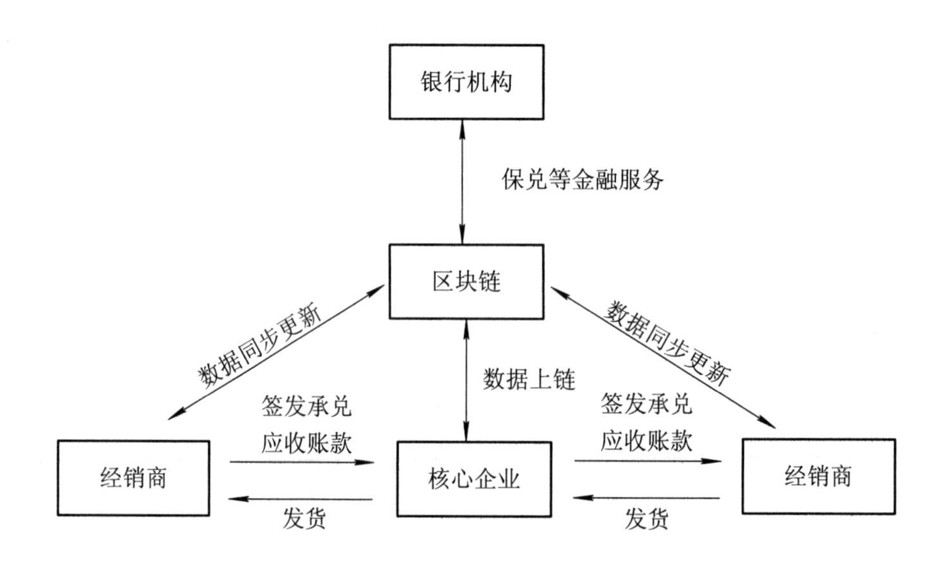

图 9-3　区块供应链金融流程

2. 解决信息孤岛难题，提高“多方”间信任度

供应链是由数量不等的企业构成的信息共享链、商品与资金交易链。对于链上的实体企业而言，由于双方缺乏诚信合作条件，加上各自商业秘密的限制，几乎很难实现链上共享信息。信息孤岛也造成金融机构无法确定业务信息是不是真实、精准，造成金融机构要投入一定的人力成本去审核和协调这些业务真实性。在加密算法、账本技术支持下，区块链能够为链上企业提供数据隐私保护支持，避免商业机密被篡改、读取或泄露。同时，也能增强金融机构对企业的信任度。

3. 传递企业信用，保障企业融资

以前，金融机构无法获取处于独立运营状态的企业的日常经营信息，不能断定业务需求有无驱动供应商订单。所以，企业信用现状只能被一级和二级供应商获取。对于末端供应商而言，几乎无法获得融资服务。区块链把末端供应商链直接渗透到平台中，借助链上信息传输来完成这些业务订单的各方验证，且把对应的业务订单做好一定的关联，可以让自证业务变得更加真实，链上也会生成业务凭证。

4. 案例共享

2017 年 12 月 19 日，在广东有贝科技、腾讯、华夏银行的战略合作发布会上，以腾讯区块链技术为底层的供应链金融服务平台“星贝云链”首次公开亮相，并获得了华夏银行的巨额授信额度。

在腾讯、华夏银行、广东有贝科技达成合作后，进一步提高了供应链金融在资金、技术、财富与平台上的实力。详细而言，腾讯主要是通过提供区块链技术与“星贝云链”开展专业化的合作。经过腾讯区块链的长期建设，凭借其智能合约、共享账本的优势，将进一步推动资金使用的公开化，也能依托数据支持进行强有力的追溯。在供应链交易中，大数据技术规范了资金活动。而区块链的安全性有目共睹，也能降低数据被篡改的风险，规避各种作弊行为。就华夏银行来说，这一以产业链为依托的供应链金融服务模式会促进其把金融资源分配给一些有发展潜力的产业。

在正式成为供应链金融的一员后，有贝科技公司的经营活力将进一步提高。“星贝云链”突出的数据收集能力加上成员间的数据共享以及产业资源的完整性，会减少有贝公司的市场开发成本。现在，供应链金融已表现出较大程度的调整。以供应链金融平台为基础，也与其他供应链展开合作，连接上下游企业，构建融合区块链技术的具有智能化、协同化能力的“N + 1 = N”模式。通过这些大数据技术，内嵌区块链技术的新模式基本上促进了商业社会最为本质的交易信用问题的的解决。在分析已有问题的基础上，可对流动性障碍进行主动的完善并达到强化流通效率的目的。

经过不断创新完善，“星贝云链”的融资模式逐渐多元化，不仅提供仓单、物权质押融资服务，还经营了保兑仓、订单质押等以供应链信用势能为保障的业务。结合这些行业的建设，还会研发大量的金融产品。

9.3　区块链票据

票据是由出票人签发，约定委托付款人或自己在约定日期或见票时无条件向持票人、收款人支付资金的有价证券。在现实生活中所见的提货单、股票、发票均属票据。但如果从《票据法》视角研究，票据则分为支票、本票、汇票三大类。

按照受委托付款人的差异，汇票又有银行汇票与商业汇票。商业汇票的付款人是合同中应给付款项的一方当事者；银行汇票是由合同付款人履行付款责任的汇票，承兑银行负责将付款人在本银行的存款支付给持票人。伴随电子票据逐渐变得更加流行，电子银票、中央企业、国有企业电子商票俨然开始承担货币支付这一功能，且其成本对比银行贷款会表现得更加低廉，于是企业逐渐开始以票据信用取代传统的应收账款挂账信用。

我国的票据市场在很早之前便开始起步建设，然而在发展期间曾经产生过各类乱象，造成票据市场一直没有进步，对实体的融资支持也产生了一定的限制。

9.3.1　区块链与票据市场

1. 传统票据业务的风险

1) 合规风险

商业银行在票据贴现管理过程中可能会出现漏洞。一些银行为避免监督和提升中间业务收入而开展违规操作，如滚动签发。滚动签发是在没有真实贸易的环境下，开出银行承兑汇票并且执行贴现的银行行为。尽管银行达成了许多资金业务收入，然而虚增的存款规模直接导致国家正常金融秩序受到了破坏，较大程度上导致了票据市场风险增加。加上银行在一国经济、社会中的重要地位，合规风险有可能会引起社会的不稳定。

2) 操作风险

一些银行内部控制制度有漏洞，职位之间没有办法实现较好的制衡，规章制度出现问题，内外部审计监督未能达到预期，票据管理表现出真空地带，等等，都会导致票据业务的操作风险有所增加。

3) 信用风险

当银行以持有票据为根本的目的时，会产生信用风险。信用风险和出票人的信用等级保持有一定的关联。如果承兑人在汇票到期后存在资金不足的情况，则会导致无法兑现或延迟兑付的现象。此时，银行将为此贴现。

4) 市场风险

当从银行取得的票据是以交易为根本目标时，会产生市场风险。银行承兑汇票贴现率具有明显的市场化特征，变化迅速，买入机构在予以贴现、转贴现的过程中，要注意预防贴现利率风险有可能造成的损失。

2. 电子票据业务的短板

首先，电子票据的发展水平尚待提高。2009 年，电子商业汇票系统(Electronic Commercial Draft System，ECDS)上线。2013 年，ECDS 系统办理的电子票据业务情况为：转贴现 2.9 万亿元，贴现 1.3 万亿元，承兑 3.4 万亿元。同年，我国金融机构贴现 45 万亿元，承兑 20 万亿元。电子票据贴现量、承兑量均出现了下降态势，年均降幅 5%。在票据业务中，电子票据占比低。

其次，没有迎合互联网金融服务的根本要求。在智能终端日益普及之后，网络技术得以在各领域深入融合。各网络平台依托其庞大的用户群，实现了大数据的有效利用。网络金融也在大数据支持下进行了用户界面与产品类型的创新。但是，银行电子票据业务却似乎没有赶上网络快车，与纸质票据业务未形成本质上的差距。即使引入了 ECDS，大型企业依然是银行贴现、回购、转贴现等业务的主要服务对象。对于缺乏资金、规模小的企业，虽然能够办理电子票据业务，但体验也并不好。因此这极大地限制了电子票据业务的市场推广。

再者，发展不均衡。众多商行出于经营考虑在经营电子票据业务时存在严重的误区，将转贴现、贴现业务作为业务重点却忽视了回购业务。此外，在试运行电子票据业务时，虽然银行有心向用户推广电子票据。但是企业用户因为没有及时地更新设备也只能继续使用纸质票据。

最后，业务系统不是很优化。虽然开通了 ECDS 系统，但后续工作还要依赖于ECDS、票据系统、网银系统三者之间数据的融合，如果对接不理想，将难以推进电子票据工作。另外，由于每个银行都开发出了与自身业务相适应的信息系统，这也必然会阻碍电子票据业务的推广。

9.3.2　区块链票据

1. 优化工作效率

区块链是共享数据库，需要集体维护且数据不可伪造，对中心服务器也没有硬性要求，因此在进行系统功能更新时无需沿用传统的流程。比如，需求分析、编程、测试等。利用分布式存储，不同节点都能自行传输、管理数据。特别是在票据同系统结合后，工作效率也会随之提升。

区块链具备开源性，链上数据提供公开查询接口，透明度高。由于对监管制度进行了调整，所以区块链也能简化经营过程，提高决策质量。

2. 改变现有的电子商业汇票系统结构

电子商业汇票系统具有集中控制和依赖硬件设施的特点。该系统由央行研发，数据交换、验证都存在中心化特征，因此企业、银行在接入该系统时，需要通过网银代理。所以在托收和承兑票据时必经电子商业汇票 ECDS 系统。在这里，ECDS 系统不仅是集中式数据库还是数据交换、验证的平台。而区块链具有分布存储与核算的特征，对传输结构、存储方式进行了调整，能够在“多中心”的框架下提高数据安全性、独立性与开放性。通过时间戳，还能对票据活动进行全面追溯。加上数据的全程留痕，也能反映票据的活动情况。

3. 有效防范票据市场风险

无论是纸质票据还是电子票据均会出现各种违规风险，比如电子票据的打款背书行为、纸质票据市场的“一票多卖”行为。区块链中的数据需要具体维护，同时还要是透明的、可追溯的，数据的产生、消亡都会留下痕迹，所以，只要双方达成了票据相关合约，若是抵赖则必然会承担违约责任。

对于中心化电子票据系统而言，数据的安全性受到中心服务器的影响。特别是在接通网银后，银行还要处理网络风险问题。区块链虽然是开源的，但却很难篡改其中的数据，很少有人为引入的市场风险，因为要掌握51%的节点数据非常困难。

4. 规范市场秩序，降低监管成本

票据市场存在多样化的操作方式，所以在进行监督时根本无法审查业务流转情况及业务模式，只能辅之以现场评估。区块链提供智能合约支持，在流转票据时，利用可编程技术可实时记录票据流转方向或者限制票据的流转，实现票据行为的规范化、统一化，从而降低各种票据违法行为，维护市场稳定。

区块链数据“全程留痕”，数据的产生、消亡都会存在对应的时间戳，因此这将极大地降低数据查阅成本，为市场监管提供可追溯、可信任的信息支持；同时监督规则也能在链条中借助程序设计来构建共用的限制代码，达成监督政策的全面覆盖、控制。

9.3.3 数字发票

2018年8月，在国税总局和腾讯公司的合作下，深圳市开出了首张区块链电子发票。从这时开始，区块链技术电子发票开始受到人们重视。那么区块链电子发票和传统电子发票之间存在什么样的差异？其优点有哪些？是否能够消除或减少在电子发票和纸质发票业务中的弊端？这些内容将会在本节进行探讨。

1. 区块链电子发票原理

区块链电子发票是区块链技术和电子发票相结合，以形成完全可访问的发票链的网络平台。这是一个共享的开发票平台，可以在所有用户网络中不断地对其进行复制、验证和更新。区块链电子发票使整个发票使用过程更具可审计性和透明度，包含开票日期价值交换和其他相关详细信息。发票业务参与方之间的交易记录将立即转移到永久固定和保存的区块链平台上。

电子发票的产生与推广，主要以自建或第三方建设的方式开展。虽然平台数量增加了，但是各平台间却没有建立畅通的数据共享渠道，这严重影响了电子发票业务的推进。在电子发票防伪方式上，还是需要税务局的电子签章并分配相应号段。而无纸化报销和线上批量查验系统较难迅速达成，这会造成电子发票打印变得更加复杂、重复报销等比较突出的财务问题。

区块链对硬件或第三方机构不产生依赖，消除了中心管制。链上数据以分布式方式存在，具有完整性、可追溯性和难以篡改的特征。即使链上成员间未签订合约、彼此不信任或者缺乏统一账本系统，但按照分布式账本的相关规定，开票方、报销方、流转方等均能加入区块链发票的记账活动中来。只有税务部门的发票才可以获得共识机制的校验和认可，其他任何节点写出的发票都不可能获得确认，从而保证了发票来源是真实的。成员对链上的操作达成了共识，不存在抵赖情况。在修改链上数据的同时，其他成员也能及时知晓其他环节信息的变动，借助这项技术，整个开票动态变得井井有条。这些发票是静态且不可变的，如果把这些发票加入区块链平台，便可以访问它们以检查付款状态。

2. 技术重点

1) 分布式账本技术

区块，即以独立方式存在的数据块。区块链发票就是以众多电子账单的方式存在的发票。在区块链中，交易信息都会被记录下来，会在用户节点存储区块数据，以此实现账本的分散型管理。由此，即使其他节点销毁了账本也并不会影响到整个系统账本的正确性。全系统保持了一定的透明性、开放性，除了对交易各方的个体信息有所加密之外，还会借助开放接口检索下面的这些公开数据，把可共享信息面向所有人进行公开。

2) 点对点传输技术

各节点间的地位是平等的，对区块链上的数据拥有自由的获取权，能够自由进出节点。节点成员在区块链中承担相同义务，享受均等的权利。各个节点需要参与区块的维护工作。

3) 加密算法

在高级数据加密及隐私保护的技术支持下，区块链电子发票实现了节点身份与信息传递的匿名性。在数据安全性上，加密算法多采用哈希算法、非对称加密算法，比如 RSA、Elganmal、D-H 等算法。2020 年 12 月后，我国相继发布了 SM2/3/4 国密算法。作为税务行业的一个重要的信息系统，区块链电子发票系统目前大多采用的是 SM2/3/4 国密算法。

4) 共识算法

共识，指的是分布型节点在信息传播期间能够达成共同意识。共识算法一般主要是 PoS、POW、DPoS 等数十种算法。电子发票系统中各个节点的可信度高，采用效率更高的共识算法而不必以工作量证明的挖矿机制来形成记账共识。

5) 智能合约

在区块链数据库中，如果某项条件达成则会自动运行对应的程序。同明文法律合同相比，智能合约是双方以代码的方式协商一致而达成的协议。在生成协议之后，修改协议内容的行为都会被记录下来而且修改难度很大。区块链系统会记录合同当事人的初步约定事项，在正式合约生效之后，系统便会跟进合约的执行进程。借助智能合约能够有效地节约司法资源，取代仲裁或审判。

图 9-4 中给出了区块链电子发票业务的实现过程及相关的业务主体。总体来讲，可以从以下 4 个环节加以分析：

(1) 在税务链上，税务机关拥有制定开票规则的权力。同时还能制定上链开票的约束条件，实时对发票业务进程进行审核与管控。

(2) 在区块链上，开票企业申请发票，将身份信息和订单信息写入发票。

(3) 纳税人认领发票，更新身份信息。

(4) 报销企业对收到的发票进行验收。在入账前，需进行各项信息的审核。之后，在链上为成员提供报销。

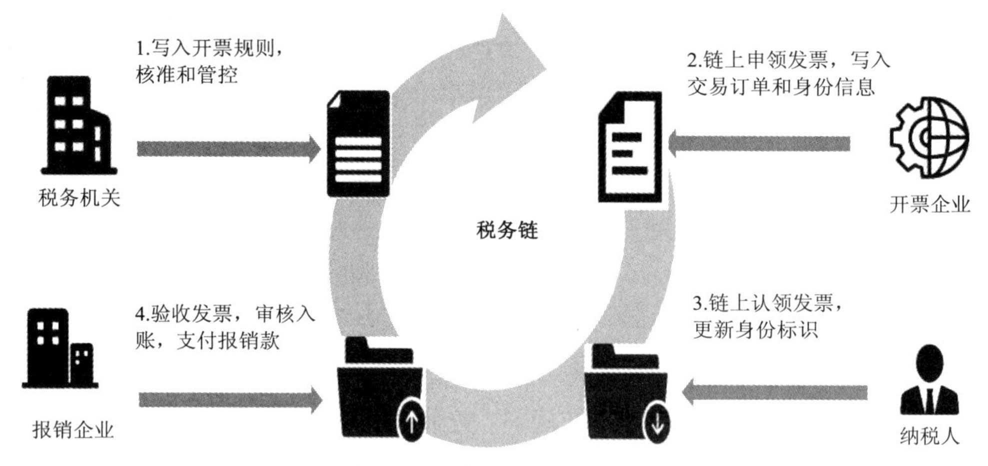

图 9-4　区块链电子发票业务

在管理纸质发票时，需要处理的问题较多，这严重限制了发票的功能。比如，在传递票据的过程中，由于不存在资金的携带现象，因此在这一时间内将出现各种缺陷，如难以监督，监督投入大，虚开虚报，一票多报，流程未达到闭环条件，被篡改的可能性较大。在关键环节，由于电子发票缺乏全过程的电子化，所以会导致不闭环现象。总之，电子发票缺乏生命周期状态是导致此类问题出现的源头。

区块链提高了合作的可靠性，促进了链上成员间的彼此信任。在数字资产领域，可以借助区块链数据可追溯性的特征提高财产安全。对于区块链发票而言，篡改发票的难度也比较大，加上可以全程留痕，这也实现了跟踪监督的目的。因为发票会在各区块被记录，发票来源、流转等信息也会被以分布式方式存储，这对防止假发票的出现起到了遏制作用，同时还能避免虚报发票、一票多报等违法行为。另外，区块链的去中心、多中心分布共识等特点对各方合作时构建互信起到促进作用。

也有批评人士认为，区块链的革命性财务管理工具与电子发票已提供的功能并没有什么不同。如今，电子发票既可以执行开票方的发票交付、检查、批准功能，又能够执行纳税人的发票存储和报销功能。同样，用户对于使用无纸化税收管理软件开具发票也不陌生。有了区块链，将不再需要纳税人去走整个支付验证过程，这是电子发票首先提供的一个优势。那么到底两者有什么区别呢？尽管使用电子发票进行发票处理的活动与使用区块链进行发票处理的活动比较类似，但后者仍具有一些独有的优势。首先，区块链可以实现电子发票大约 90%的功能，其中大多数与税收监管有关。在当前电子发票的情况下，所获得的信息不够动态，无法帮助监管部门将发票追踪给所有者。而区块链则使这一过程成为可能，同时允许用户提取出有关发票来源、有效性和报销情况的其他相关信息。

9.4　区块链跨境支付与清算结算

当前，经济全球化进程不断加快，国家间的文化、经济交流程度也在进一步加深。在国际贸易方面，跨境支付行为时刻都在进行。跨境支付的资金流通具有跨国、跨地区的特征，因此需要使用专业的支付系统与结算工具。例如 A 国的人购买了 B 国的商品和服务等，因手里的钱有区别，所以要借助部分结算工具与支付系统转换一次才可以实现交易。跨境支付关联到了国家之间的资本流动，同时还需要处理汇率转换的问题，再加上国家间来往的资金比较大，所以在处理这种问题时比较麻烦。

同时，因为各个国家之间货币类型与监督政策等的不同，以跨境支付结算交易流程与系统为基础，资金跨境支付结算要求多个中间机构合作才可以最后建立汇款通道来完成这项交易。这是一个要投入不少时间和精力的过程，因为支付结算业务关联到多个中间机构参与者。跨境支付结算期间的安全性、个人隐私性、效率的问题逐渐受到重视，业界也在致力于寻求一种合适的方式改善传统跨境支付存在的费用高、时间长等弊端。

目前，业界认为使用区块链技术是有助于解决这一行业困扰的重要手段之一。那么传统跨境支付结算现在为什么受到批评，区块链在这一行业的应用又是如何实现的呢？我们将在本节为大家解答。

9.4.1　传统跨境支付结算

如今，世界跨境支付市场的关键参与方基本是国际信用卡组织、汇款企业、银行以及第三方支付企业。对银行电汇的内涵与关键点可以表述为：汇款者主体面向汇出行给出申请，以海外国家银行作为汇入行，给收款对象解付相应资金的一类汇报方式，其具体形式表现为加押电报(用专门的加押器给电报加上密码)、SWIFT(环球银行金融电讯协会，为金融机构之间提供信息传递服务的公司)与电传等。

只要是参与 SWIFT 的银行均会存在一个独一无二的 SWIFT 码，别的银行与金融部门可以根据此码很快查找到相应的银行或金融部门。可以说，SWIFT 是全球跨境结算最重要的组成部分之一。

SWIFT 是世界各国银行之间开展金融交易的系统。在 20 世纪的 70 年代中期，由美国、加拿大和欧洲的 15 个国家与 239 个大银行宣布组建。中国在 20 世纪 80 年代也加入了 SWIFT。因为方便快速，SWIFT 成员银行数每年都在增加，现在有超过 200 个国家、1 万家的银行融入。SWIFT 总部位于布鲁塞尔，在纽约、阿姆斯特丹开设了交换中心，真正的幕后掌控国家是美国。

SWIFT 本质上属于一个开放的组织，只要有意愿加入，任何国家均能够设置这样的接入中心和 SWIFT 网络保持连接。所有加入的会员银行与金融部门均会得到一个唯一的代码，其他的会员借助此代码便可精准地寻找对应到的银行或者是金融部门，因此这可以用来作为银行之间进行信息通讯的工具。

与此同时，由人民币转换为美元时不可避免地会应用 CHIPS(clearing house interbank payment systen，即纽约清算所所通业务支付系统)系统，该系统的拥有主体是纽约清算所，该系统也是世界范围内应用最广泛的支付清算系统，其性质是私营，在业务层面最核心的内容便是清算跨国美元流通。基于该系统来分析，其成员类型表现为两种：其一，非清算型。此类用户不存在直接应用该系统开展结算的条件，想要清算必须依附于某清算用户来完成，需要在联邦储备银行开设账户并且账户中的资金需要满足一定的标准；其二，清算型。这类用户本身是存在着相应的储备账户的，因此可以依托该系统直接进行资金操作。

例如：老王从中国工商银行汇了 1000 美元给其在美国上学的儿子，儿子的银行账号处于美国的 C 行。假如美行 C 并非 CHIPS 清算用户，美行 C 就要通过找到 CHIPS 清算代理银行 B。

详细流程是：工商银行把汇款的具体报文信息，借助 SWIFT 系统发放给工商银行在美国的清算代理银行——美国银行 A，美国银行 A 借助 CHIPS 清算，转换并汇款 1000 美金给美国银行 B。美国银行 B 在收到了这笔汇款之后，再通过 SWIFT 系统把这笔资金转给老王儿子的开户行 C，美行 C 再让老王儿子来取款。具体流程可以参考图 9-5：汇款人—中国工商银行(SWIFT)—工商银行的美国代理银行 A(CHIPS)—代理银行 B(SWIFT)—美行 C—老王儿子取款。看得出过程很复杂。

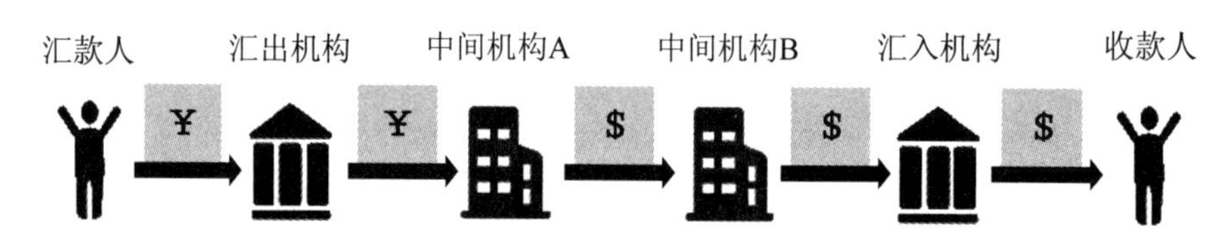

图 9-5　传统跨境支付流程

上述流程的特点是：

一是作业时间跨度长，因划转过程涉及的机构并非一个，整个流转实现往往需要 1～5 日乃至更久，主要原因在于汇出行对资料的审核；

二是作业成本相当突出，以 SWIFE 的应用为例来分析，从中国面向美国来执行汇款操作，对应的手续费是相当多的，标准是千分之一；

三是支付与结算流程相对较为复杂，参与机构与部门多，厘清困难，分拨复杂；

四是绝对的话语权问题，当下汇款多数都绕不过 SWIFT 系统，而其席位又由美国及其盟友占据，这些国家在该方面具备绝对话语权。

9.4.2　区块链技术重塑跨境支付结算

其实，跨境支付如今的问题基本是由当今国际金融布局所造成的。当下较多国家其金融领域应用的是中心化结构，相关金融机构账本几乎是各自整理各自的，不存在共享账本的条件。对于国家间资金转移这种操作，其支付结算的要求十分严格，层次管控较为显著。

基于区块链可追溯性、数据不被篡改的优势，分类账的分布式布局为信息共享和资金流动提供了充分的技术支持，在汇、收款人之间搭建了一种短且值得信任的路径。以区块链为基础的跨境支付新形式相对于传统的跨境支付而言，打破了链条式信任理念与对应机制，在跨境支付中将共享账本作为信任依据，参与跨境支付的双方主体可以完成点对点操作，双方一起开展支付验证，这能够显著提升跨境支付的作业精准性和作业效率，降低传统作业时间过长带来的风险与成本。区块链跨境支付的具体流程如图 9-6 所示。

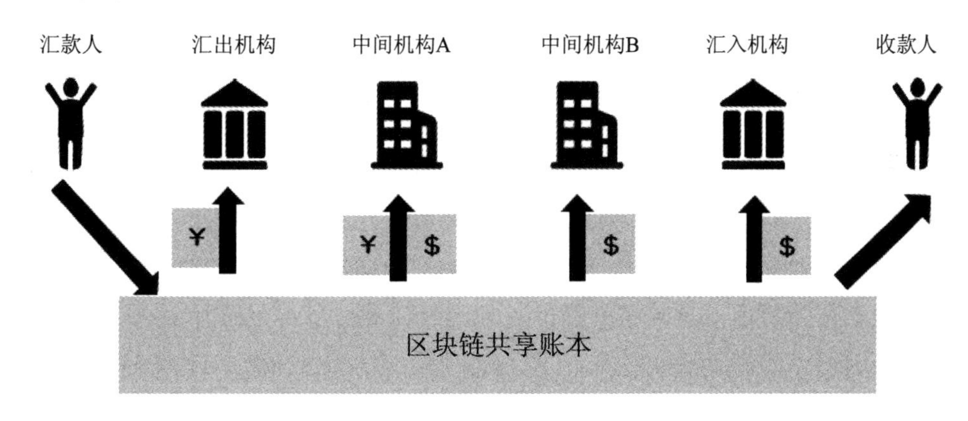

图 9-6　区块链跨境支付流程

区块链跨境支付流程主要有下述两方面的特点：

1. 提高跨境支付效率

传统跨境支付里，交易双方的支付行为最后都是由银行实现的。而在银行与银行之间还存在着一个中间交易方，对于这一个主体，往往设置了数据库并形成一个总账来记录所有的交易流水与账户信息。因为这个中间交易方的存在，所以在业务处理环节，关联的银行需要将全部信息都面向中间交易方作同步处理，在将不同账号抵消处理完成之后才会进入支付环节，整个过程表现出显著的复杂性。而运用区块链开展支付，完全可以发挥技术层面的特性来保障信息的一致性，无需账号对账等相关环节，因此效率显著。

2. 节省银行业务资源

在传统跨境支付的环境下，要想实现业务就不可避免地需要充分的准备金，但在区块链为支撑的支付架构中，联盟链的设计与应用可以实现银行关联，完全可以取消关联银行这个环节，实现实时支付，且在这种支付架构中无需再向中间交易方提供一定量的准备金，这在一定程度上可以节省银行资源。

9.4.3　国外跨境区块链支付案例——Ripple

Ripple 支付系统本质上是分布型，存在开源特性，它允许以最小的费用进行即时支付。其使用寻路算法来获取货币，以确保最低的跨货币交易费用。

Ripple 以其 XRP(瑞波币，Ripple 网络的基础货币)代币而著称。XRP 是将生态系统保持在一起的资产，它是交易结算的手段。通过使用 XRP，Ripple 可以每秒对大概 1500 个事务进行处理，一笔交易通常只需几秒钟即可完成。和比特币等部分同行有一定的差异的地方是，Ripple 本身的数字货币并非开采的，仅能借助数字货币交易所购买并且有一定数量的流通量。由于不是开采的，因此就不会持续产生新代币。如今已生成了大概 1000 亿个 XRP 币，当中六成由 Ripple 自己占有，并控制着令牌的发行。

在具体跨境支付过程中，Ripple 会向各银行开放其 API 端口，借助智慧互联(Connect)接入到网络后，自动予以货币传送，这只需要很少的人工交互。一个信誉良好的 Ripple 网络可以在几秒钟内完成跨境交易，且运营费用少，一般大约有 0.00001XRP。具体操作流程：是老王需要给海外的儿子汇款时，老王向支付的银行发出了相关的支付请求指令，该银行借助 Connect 向 Ripple 网络传送交易信息，收款银行则借助 Connect 接收例如付款的额度、到账时间等交易信息，实现与 Ripple 间的交互，借助算法匹配到提供最佳换汇成本的做市商(做市商指在证券市场上，由具备一定实力和信誉的证券经营法人作为特许交易商)，接着由做市商接受付款的货币且向收款的银行支付其需要的货币。

XRP 可以存储在带有安全密钥的专用 XRP 钱包中，但是大多数钱包的最低余额要求为 20 XRP。如果有人打算购买 XRP，必须先购买另一种数字货币，然后再将其交换为 XRP，因为很少有平台允许直接用法定货币(如美元)购买 XRP。

RippleNet 是一个分散的世界银行与金融部门的网络，该网络可以促使支付消息与资金结算相结合，即允许 Ripple 的客户将钱存入银行或其他金融机构。而在此之前，这项功能是无法用于跨境交易的。目前已有 120 多家银行和金融机构签署了使用 xCurrent 的协议，其中包括了在多个国家或区域运营的关键全球货币支付供应商，涉及 Cambridge Global Payments、Western Union、ITD、MoneyGram、Cuallix、Viamericas、Mercury FT 与 Currencies Direct 等知名合作伙伴。

金融科技已经从传统银行手中夺走了巨大的市场份额，并将在今后提供金融服务方面发挥不可否认的重要作用。银行将受益于与 Ripple 等技术提供商的合作，以优化跨境支付，降低欺诈风险，减少结算时间，加快交易速度。

9.5　区块链与资产证券化

资产支持证券(Asset-backed Sesurities，ABS)，是由基础资产池抵押的一种金融投资，通常是通过债务产生现金流量的资产，例如贷款、租赁、信用卡余额或应收款。它采用债券或票据的形式，以固定的利率在一定的期限内支付收入，直到到期为止。对于以收入为导向的投资者，资产支持证券可以替代其他债务工具，例如公司债券或债券基金。传统的证券化资产包括银行债券资产如房屋抵押借贷、信用卡、汽车和助学贷款等，以及企业的债券资产如设备租赁、应收账款等。在美国，抵押贷款的证券化产品(Mortgage-Backed SecuritiesMBS)有时会被认为是 ABS 里的一种，但通常被归类为一种单独的投资品种。两者的运作方式基本相同，区别在于投资组合中的基础资产。抵押支持证券是通过将符合一定条件的贷款汇集在一起形成的，而资产支持证券则由任何其他类型的贷款或债务工具(包括有争议的房屋抵押贷款)组成。

证券化为贸易关系产生的义务融资提供了一种选择。这种融资技术使企业不用使用银行贷款便可增资或直接发行债券，并允许通过市场程序直接提供信贷。

ABS 进入我国的时间并不长，它于 2005 年进入，之后因为受到亚洲金融危机波及而被迫暂停，2011 年再度进入我国金融市场。从 2020 年相关的数据资料可以了解到，我国银行间和交易所市场共发行 344 单消费金融资产证券化产品，总规模为 4579.97 亿美元，2021 前几个月数据显示其规模已然发展至 3961.03 亿美元，环比同期，其增幅超出了 39%。

9.5.1　原始资产证券化流程

在资产证券化在资本市场中所占比重水涨船高之际，其风险也在逐渐暴露，包括征信体系不完善和缺乏精细化风险管理；资产评估非标准化，没有完善的定价机制；资产证券化交易市场缺乏流动性，不能反映真实资产状况等。此外，参与方较多且流程复杂，发行环节和投资管理的信息不对称也被业内诟病。资产证券化流程如下图 9-7 所示。

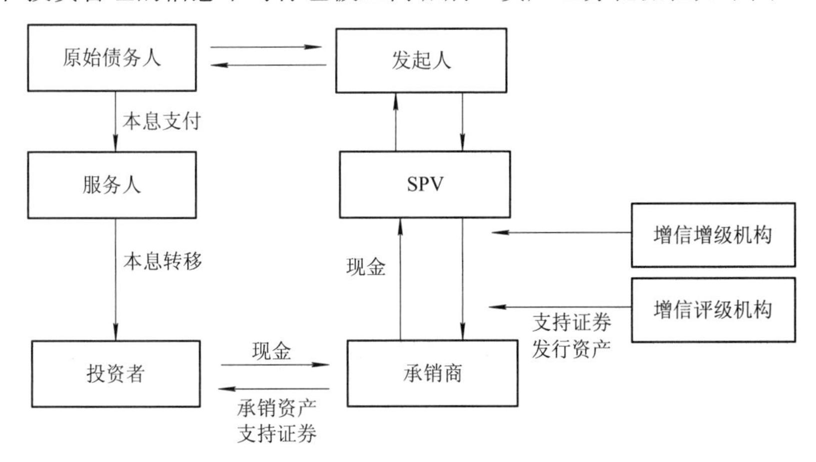

图 9-7　资产证券化流程

流程分析如下：

步骤一，资金需求方作为发起人，选择资产并执行证券化流程或剥离相关资产，完成资产池构建；

步骤二，界定 SPV(特殊目的的公司/机构，其职能是在离岸资产证券化过程中购买包装证券化资产和以此为基础发行资产化证券，同国外投资者融资)，即选择发行证券的具体机构，在这里需要进行处理，确保与发起人之间做到破产隔离；

步骤三，面向 SPV，发起人将其资产池进行转移或将其需要证券化的那部分资产进行转移；

步骤四，对于 SPV 资产池或资产，引入发起者和第三方对其作评价，完成信用增级；

步骤五，针对 SPV 准备发行的证券，需要引入信用评定机构并给出清晰而明确的信用等级结果；

步骤六，SPV 以特定的资产或资产池为基础，进行结构化重组，通过承销商采用公开发售或者私募的方式发行证券；

步骤七，SPV 以证券发行收入为基础，向发起人支付其原始资产转让的款项；

步骤八，设定服务商来专门负责资产池管理与维护，为账户间资金流转提供服务等；

步骤九，基于现金流，面向投资证券的主体支付对应的利息，如偿还完成后依旧存在资金结余，则将结余资金交给发起人。

9.5.2 资产证券化应用区块链

1. 降低信用评级的影响

金融危机后，决策者发现最大的问题之一是许多投资者过度依赖信用评级来评估风险。因为无法访问准确而细致的基础资产池数据，所以人们觉得除了依赖信用评级机构所做的工作外，个人投资者别无选择。假设投资者具备评估可用数据所需的专业知识，区块链可以通过允许投资者自己读取和分析细化的资产级别数据的方式来大大减少对信用评级的依赖。借助把资产证券放在区块链上的方式，授权投资者跟踪每个基础资产的表现，并分析其付款方式、利率、违约情况以及与计算相关风险有关的所有数据。更加直接准确地评估风险的能力将有助于投资者增加信心并最终增加对二级市场的兴趣，从而改善价格发现和扩大资产市场的流动性。

2. 提高数据安全性和减少欺诈交易

区块链将进一步允许项目中涉及的受托人、管理人员、贷方和律师等相关方查看每个资产池中资产的组成和所有权历史记录并实时评估其风险。与当前金融资产证券化所需的漫长而昂贵的尽职调查过程相比，这还将有助于最大程度地减少对资产池进行资产级别的尽职调查所需的时间，并且从外部审计师处获得对资产池数据更加轻松便捷。

同时，在资产证券化应用于区块链技术之前，为防范和规避诸多欺诈风险，国家部门出台并实施若干法规以确保尽职调查的真实性，这些法规虽然大大提高了尽职调查以及对相关事务披露和证明的要求，但这些规则在证券化过程中造成了一定的冲突和矛盾，并损害了发起人将资产推向交易市场的速度和效率。通过提供高水平的数据安全性，区块链不仅将具有降低欺诈风险的主要作用，而且还能够降低过度审查，去除繁杂的程序，具有消除流程中某些监管效率低下的辅助作用。

3. 简化对账流程

从更基本的层面上讲，在尚未应用区块链这类技术之前，一笔贷款的发放需要花费很长时间，并且需要进行大量的文书工作，尤其在牵连客户借贷的条件下更是如此。贷款协议、期票、抵押和辅助文件通常数量多、内容冗长而且在对账时极易发生错误。贷款文件中通常包含财产评估文件、租金清单、租赁时间表、预算运营报表等，所有这些都需要人工不断更新和检查其准确性。区块链技术可以通过自动化系统对这些数据进行自动处理，这不仅可以在很大程度上减少所需的手工工作量，而且可以减少相应的财务成本和时间成本以及由于人为原因导致的错误。

4. 智能合约提高效率

除了使用区块链进行对账以提高效率外，智能合约(在区块链分类账的节点上执行的计算机代码)也可以用于提高整个证券化过程的效率。首先，智能合约可以帮助整合和规范目前正在使用的复杂的资金池、服务协议以及其他证券化合约。如果一笔贷款不满足特定资产支持的安全池的某些条件(如，已编程的区块链代码标识)，则该笔贷款将自动从该池中排除。

智能合约代码也是在资产证券化过程中管理现金瀑布式分配的理想选择，由于智能合约可以自动将相关金额的资金支付给相关方，并为所有活动提供清晰的审计线索，因而智能合约自然成为提高资产证券化效率的理想选择。在贷款服务期间，智能合约可以自动跟踪服务商的收款活动，报告何时将付款通知发送给借款人。通过建立分类账来跟踪当前投资者并向他们提供选定的等级信息，区块链还能用来发行资产支持证券的等级。具体步骤见图 9-8 所示区块链资产证券化流程示意。

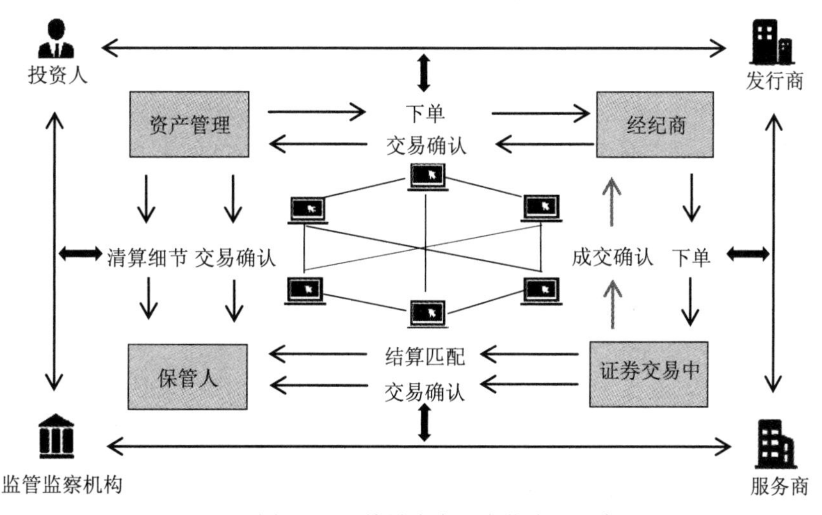

图 9-8　区块链资产证券化流程示意

趣链科技张贝龙在论述区块链相关应用时指出，基于资产证券化领域来引入这种技术，其不同阶段的效果与作用是不同的，如将其引入到场内资产管理层面，其效果是很难凸显出来的。但如果在发证期引入该技术，那完全可以发挥其显著的优势。在传统发证期，其关联主体的数量很多且业务复杂，而区块链利用的一个核心功能是数据上链与智能合约，借助这个核心功能可以很大程度地减少机构之间的对账清算和数据传输等流程，提升运行、管理、监督效率。

5. 区块链资产证券化的不足

因为区块链具有上链后难以调整的特征，假如一个金融产品在上链前本身就可能会出现问题且在上链之前隐藏了有关问题，那么一切上链后面的记录均表现出一些不确定性，不论好坏均会真实地进行记录，单单依靠区块链还无法全面解决，所以一旦金融产品出现问题，纠错的成本会很高。

再者，原苏宁金融研究部门区块链领导者洪蜀宁提出，“资产数据透明和用户隐私保护等两个目标之间有一定的矛盾”，区块链的分布式节点结构使得信息更加公开透明，让单一节点承受攻击的可能性与风险随之增加，这可能会带来暴露账本的现实风险。

9.6　区块链与保险创新

从 1393 年出现第一份具有现代意义的保单开始到现在，保险业已经发展了 600 余年。在持续发展的过程中，传统保险领域的业务方式所具有的韧性已经得到证明。然而伴随现代移动互联技术的建设，世界保险产业逐步显然落后于别的金融服务行业，在成本与效率等方面还应优化。事实上仍存在人为错误、相关欺诈、网络攻击等主要问题。

国内保险业发育虽然晚但其成长速度较为显著。然而对比经济发达国家，我国依然未能建立起完善的保险市场体系，在内需、业务甚至是政府监督等方面仍旧存在一些问题。从 2014 年开始，区块链技术在国内开始快速发展，到了 2016 年年底，区块链建设上升到了国家层面，“十三五”中对区块链新技术作了深入阐述并要求强化该领域的探究以期实现技术主导。在大量的政策帮助下，区块链技术在国内快速进步然后和多个专业深度结合，截至 2018 年我国国内区块链相关的专利在世界该技术层面的专利中占比达到了 82.1%。

区块链与保险行业具有广泛的合作空间，二者都具有显著的涉众性和社会性，区块链的突出优势是极大地保证了交易的公平和透明，能够很好地处理个体和集体等两者之间的关系；减少当今保险行业还存在的行业透明度低、消费陷阱多、理赔速度慢等问题。

9.6.1　国家政策导向推动保险发展

2017 年保交所(全称是“上海保险交易所”)正式上线区块链基础技术平台“保交链”，此平台的目的在于为结算、保险交易、反欺诈、监督等方式提供一个高效、稳定、安全的交易环境。该平台的服务体系设计为四个，主要表现为：其一，身份认证，该部分是保障安全的关键也是风控的基础；其二，共识服务，该部分的设计主要是以数据完整性、一致性作为目标的；其三，智能合约，该内容可以实现安装智能合约也支持签约操作并且提供了线上平台的签约实现机制；其四，平台服务，这部分包含内容较多，如浏览策略、管理功能、动态组网等。保交链服务体系与支持体系如图 9-9 所示。

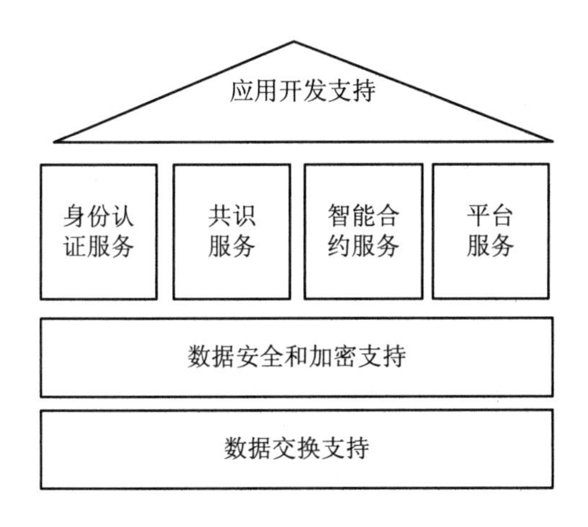

图 9-9　保交链服务体系与支持体系

保交链中安装了支持国密算法的 Golang 算法包，并且对全球准则密码算法提供支持，能够达到行业对全球性业务的安全性的相关要求。同时，保交链的节点能够根据企业的相关需求，达成当地设计与云平台托管设计的两大类方式，减少了企业的设计周期，降低了企业的二次开发成本，给不同种类机构的迅速接入提供便捷。保交链应用开发界面十分便捷，依托 SDK 与统一接口，能够切实满足开发主体各方面的现实需要，为业务环境的短周期开发、高效率迭代提供了现实条件。

2019 年“保交所”正式对外出台了《区块链保险应用白皮书》，其应用场景搭设得十分广泛，涉及保险风控、跨境贸易保险等十一个场景，突出了四个维度，即从合作、监督、人才与风控领域出发，促使区块链与保险行业走向深度融合，利用区块链分布式存储、点对点传送、共识机制、加密算法等，应对行业内部道德风险、逆向选择(信息不对称导致的保险问题)、高信任成本等现象。借助统一的保险行业利用标准，降低不同企业和不同使用场景间的技术摩擦，从而推动各个保险企业之间达成共识和合作，提升全行业的运行效率。再者，明晰了行业的重要发展方向，明确了行业标准，避免了建设浪费、标准无法统一、难以应用等问题。同时，强化了区块链创新实践基础，整合保险行业以推进区块链技术的持续建设，还可以为保险业与区块链的结合发展创造公开、公正、安全、高效的环境。图 9-10 所示为未来保险技术架构框图。

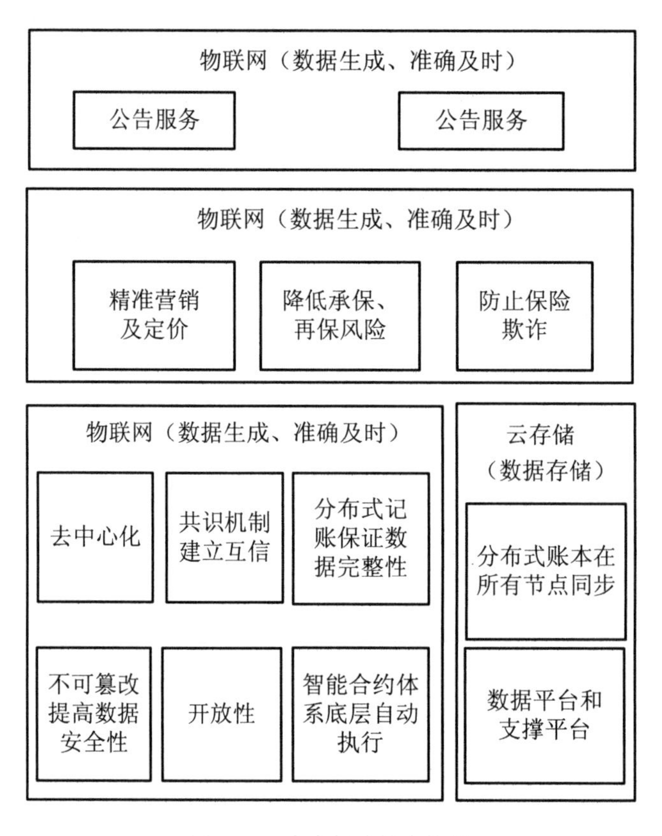

图 9-10　未来保险技术构架

9.6.2　区块链助力保险业规避行业痛点

1. 欺诈检测和风险防范

保险业的固有弊端就是在投保以及涉及到理赔的诸多环节，各环节的纸质化手续使得投保人和保险公司要承担数据造假的风险。保险理赔时所涉及的金额一般比较巨大，保险公司投入到反诈骗当中的金钱仍无法阻止欺诈行为的发生。传统模式下，保险企业反欺诈方法基本是借助于和第三方数据企业合作，但数据公司是依据以往理赔案件来甄别保险公司是否受到欺诈，由于存在信息差，保险公司与第三方数据公司之间的信息沟通无法与想象中一样准确。

“唯一性”是保险承保和理赔的难点，相比传统保险模式，区块链有三个优势：第一，避免不必要的重复记录，让时间和理赔一一对应，避免重复理赔。第二，建立所有权机制，保险标的进行数字化，防止伪造标的欺诈行为。第三，降低违反法律规定的分销行为，没有得到授权的保险经纪人如果想通过把产品营销给用户的方式来私吞保护费，用户的保单便有可能不会上传到区块链上，由此便可查验和规避欺诈行为。

2. 理赔效率

保险产业借助区块链智能合约的特点，提高客户在理赔时的效率，缩减理赔步骤。如今，保险企业的索赔工作有不少都是通过手工来处理的，不但效率不高，而且由于要集中校验，主观性较为明显，手工操作很可能会出错，索赔繁琐且时间久也使得客户体验极差。利用区块链智能合约技术将理赔触发机制写入智能合约中，通过进行自动赔付可以减少甚至消除因人工干预造成的损失，提高服务质量和理赔过程的透明度。

像在区块链农业保险里，如果因恶劣天气对农作物的收成带来较大的负面效应，区块链技术的智能合约就能够借助恶劣天气触发体制，达成对农民的自动赔付。这种保险产品支持自动化处理，在运营管理与投入人力等方面的成本都会显著下降。

3. 数据管理

1) 数据支持获取

由于逆向选择、道德风险等问题的存在，因此保险企业一定要构建大量的数据核算机构和凭借第三方检测机构来对投保人的核心数据予以整合、审查。区块链技术能够确保保险企业通过公开的投保人的健康医疗情况、个人身份、资产信息等核心数据来进行核验。

2) 数据连续性

我国保险行业的起步时间相对较晚，相对于国外已经完备的数据采集，我国保险行业缺乏针对用户行为数据的数据库。以往客户行为数据是承保的保险企业所持有的，行业之间的数据不能实现共享。使用区块链存储的用户数据会让用户信息不依赖于承保者而存在，用户能够借助加密钥匙向保险企业或者是别的第三方提供自己的数据，丰富的用户行为记录能够提升保险企业对风险的评估与核保核赔等。

9.6.3　区块链赋能传统保险产品

1. 赋能财产保险

财产险的内涵具体可以阐释为：这一类保险关注的核心内容是承保资产，通过保险合同，投保人缴纳相应标准的保费，而保险主体则对该部分资产进行保险，一旦承保资产因意外风险、自然灾害等发生损失，则给予一定的赔付。

在财产保险中，关键承保对象基本是住房与汽车，主要是怎样收集必须的信息与数据来评价与应对索赔案件。现在，保险企业的数据搜集过程基本上都是人工来实现的，且一定要协调不同的数据源与用户，整个过程中，多个环节都有可能会出错。区块链技术能够使保险企业把用户的实体资产数字化上链，且借助智能合约将索赔激起条件代码化以达成自动化索赔。

2. 赋能健康险

传统的健康险难以为保险企业、服务供应商和患者提供一个能够交流的平台。同时，医疗保险存在着一个十分鲜明的问题，用户选择这类保险投保的企业并非是唯一的，保险企业为确定用户是不是满足投保条件和索赔条件，要按照用户以前的病历等数据予以评估，但是用户就诊资料具有分散性和零碎性，分布在不同医院和保险企业等不同的数据资源库中，用户数据的协调则会面临较大的困境。在过去，保险企业获得投保人数据的方式主要是通过与地方医院建立良好的关系来接入医院系统、人工线下检索医疗数据以及向第三方购买信息等，这些方式难以完全保证用户医疗数据的真实性和完整性。在保险行业内部，保险公司更期望获得其他公司的用户数据，却并不愿意将自己的用户数据与其他行业竞争者共享。区块链技术使得患者可以自己掌握和管理自己的医疗数据，同时也确保在用户个人隐私未被侵犯的条件下，为医疗部门、保险企业提供覆盖广泛、可被授权检索、可实时同步的用户数据库，使用户掌握自己数据控制权。

依靠区块链技术能够打通医疗系统和保险系统之间的信息堡垒，使双方在数据上可以实现互联互通，为用户提供真实完整的健康档案库，减少因用户信息采集而造成的理赔效率低的问题。同时，为用户的私人数据进行保密，以保证用户的数据不会被窃取或被违规使用；实时监督用户每笔理赔数据，加强理赔各环节的监管。

3. 赋能再保险

再保险也被称为分包或“保险的保险”，指保险者把自己所担负的一些保险职责转嫁给别的保险承保者的业务。对保险企业而言，是为防止因同一类风险的集中突发而产生很大的资金风险，再保险企业会为保险企业提供保险，为保险企业分担这些潜在的风险。

4. 传统保险的主要问题

1) 交易信息不对称

原始的保单数据与索赔数据由直保企业掌控，再保险企业取得协议中逐单信息较为困难。再保险索赔中经纪人、用户、直保企业、再保险企业有大量的数据，造成理赔处理的核对流程复杂，周期相对更长，难以得到控制。如今，子保险企业对业务风控仅能借助一些预算模型予以评估，难以实时地了解到企业风险的基本情况，对风险处理水平比较滞后。

2) 信息化水平低

再保险协议签署基本上都是通过邮件进行的，高度依靠人工对协议的内容予以写帖交流、信息统计，难免存在保险合同纠纷问题。同时，再保险临分(将一部分承保份额分出给其他保险公司，共同分享保费以及共同承担风险)业务有大量的分出人、再保险者合计职责计算，财务对账相对复杂，历史数据存储也比较分散，对数据处理能力不是很强，这会加深风险评价与精算价格等业务的操作风险。区块链投保过程与传统投保过程对比如图 9-11 所示。

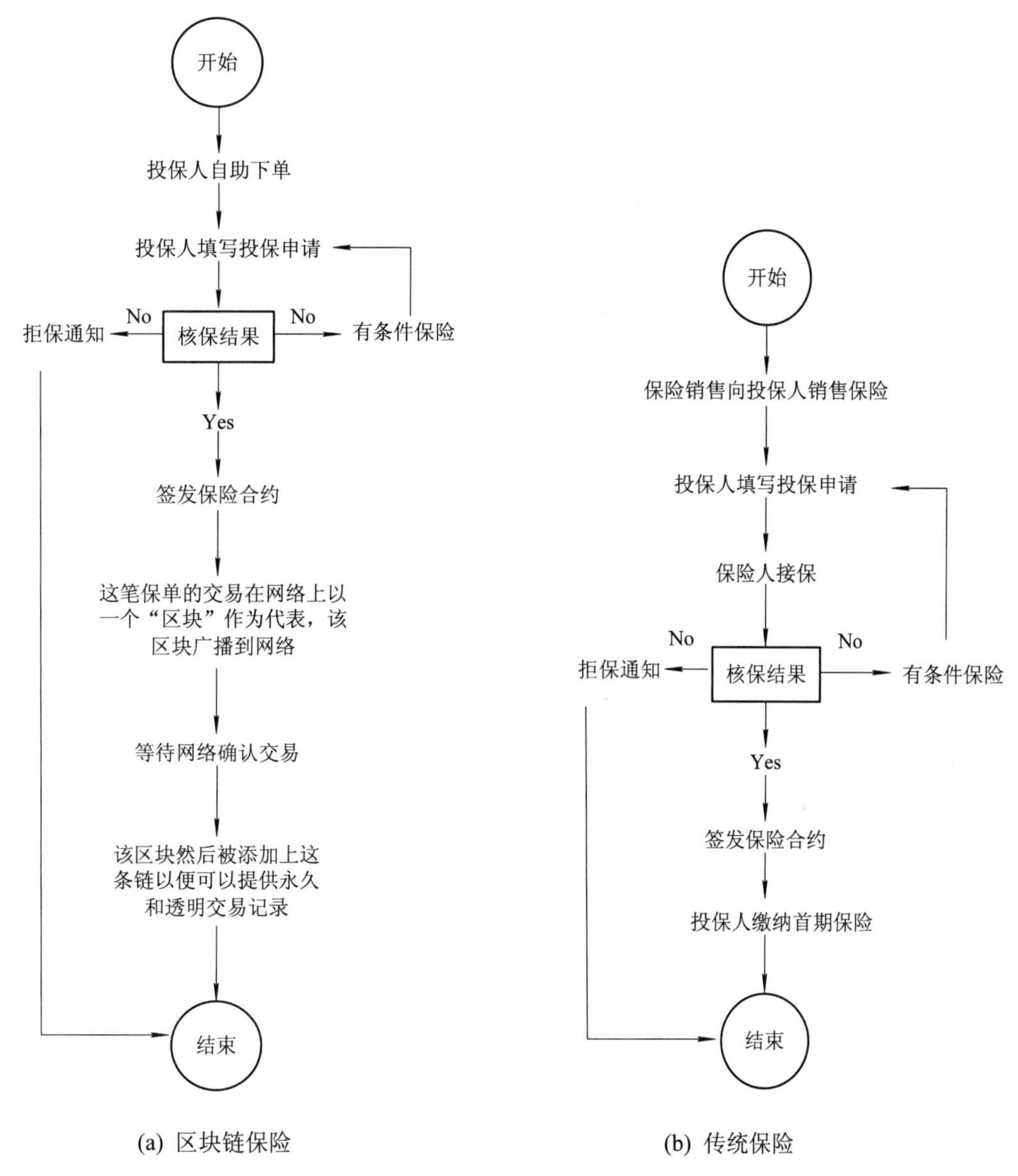

(a) 区块链保险　　(b) 传统保险

图 9-11　区块链保险投保过程与传统保险投保过程的对比

5. 再保险应用区块链

在再保险中运用区块链技术，有助于消除信息不对称和提高交易信息化技术水平。通过采用分布式账本，保单和理赔等数据可实时被保险公司和再保险公司获取，在节省双方核定保单信息时间的同时能够提供高效率的索赔服务，无需等待直保企业提供数据后再执行后面的操作。区块链技术确保了保险企业与再保险企业均能够清楚地掌控好每一笔承保与索赔的数据，同时，数据有难以篡改、可信、可追溯等特征，有助于保险公司对数据深层穿透，最大程度地降低保险交易双方的信息不对称问题，优化信息可靠度，推动公平交易的开展。

区块链技术在保险业的应用为保险与再保险企业间实现信任搭建了桥梁，交易效率也有了明显提升，下图 9-12 展示了其框架。

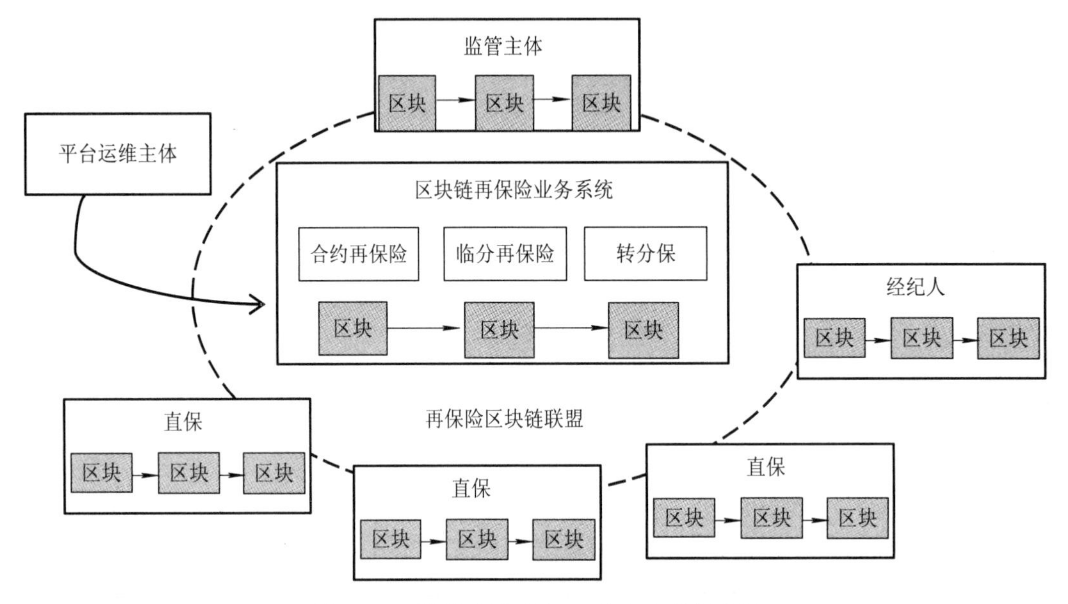

图 9-12　再保险区块链(RIC)参与主体框架图

6. 在国际再保险市场的应用

在 2016 年，B3i 即再保险区块链(RIC)联盟成立，其业务开展的聚焦点放在了保险领域，着眼于探索区块链的融入和应用功能等现实问题上，致力于分析这种技术与保险效率的关联特性。该联盟在 2018 年 3 月创办了一个独立的企业，且实现了第一轮的融资。

9.6.4　区块链在保险行业的尝试

1. 国际保险业区块链应用实践

1) InsurETH

InsurETH 公司的主要业务是世界航延险，它以以太坊为基础来构建智能合约，用户输入航班号即可用以太币投保，获悉用户所乘坐航班延误信息之后，它会自动执行相关的智能合约，将以太币作赔付标的物予以索赔。这种自动启动索赔程序的模式在很大程度上减少了传统业务的索赔流程。

2) Dynam

Dynam 公司涉及的是互济失业保险层面，它以以太坊建立的 p2p 智能合约为基础，企业雇主事先将实体赔偿费存储在智能合约中，在因企业破产而物理赔付职员失业保险时，员工只需要通过 Linkedin 上的身份和工作状态验证就可自动启动理赔程序。这种方式规避了传统失业保险手续复杂的弊端。

3) Everledge

Everledge 保险公司的业务是奢侈品的防伪验真，它以 BigChianDB 为基础建立的公链结构体系，把钻石产品的 4C(即 CARAT 克拉、CLARITY 净度、COLOUR 颜色、CUT 切工)标准与别的变量转换成哈希值存储在区块链中，凭借区块链难以篡改与可追溯特征对钻石等这种高价值产品予以防伪、溯源，可以有效打击这种产品的违法走私行为。

4) Shocard

Shocard 保险公司主要从事电子身份证场景的应用，它基于区块链公钥原理，用户在上传电子证件、添加具有生物特征的电子签名以及一对公钥后，电子身份证就被存储在了手机中，在需要使用电子身份证时，使用公钥即可进行操作。

5) Edgelogic

Edgelogic 公司使用物联网与区块链技术开展自动索赔业务，利用物联网和区块链智能合约的联系来应对传统家庭财产保险索赔进程相对较慢的弊端。例如在基于万物互联的优势和区块链的智能合约的前提下，当家庭电器的传感器检测到电器出现问题时，会将问题上传到区块链并通知保险公司按照约定对客户进行赔付。

2. 我国保险业区块链应用实践

1) 支付宝相互宝

支付宝平台面向市场推出了相互宝，这类产品的定位设计是依托互联网发展成员，让成员之间相互支持的一款大病救助产品。从本质上来说，这类产品不归属于保险类，在属性特征上更接近于慈善类，但仔细分析，该类产品也蕴含着保险产品的一些特性。截至 2020 年 7 月，相互宝加入的人群基数突破了一亿人，且每一期的互助资金和信息都是通过区块链来传出的，数据透明且无法篡改。

2) 太平洋保险

2020 年，太平洋保险巨灾超赔再保险合约续转完成，在 B3i 平台基础上对超赔层上部分份额实现了再保，这也是该平台区块链应用的重要案例，也是其进入中国市场的一个典型。

B3i 总部设在苏黎世，其核心股东较多，如瑞再、安联、法再、太保等，包含再保险、保险企业多达十八家。

3) 众安保险

《以区块链资产协议为基础的保险通证白皮书》文件在 2018 年发布，依据该协议的具体要求与标准，在资产条约开放的前置条件下，要求落实 PBT(Policy Backed Token)即保险通证。PBT 的出现与应用，也是保险资产通证化的关键举措。在众安保险业务中，基于航旅保障业务，将“飞享e生”与PBT实现了首次对接，这也是国内首个保险资产实现通证化的案例。相信随着保险业的发展，接入PBT的业务与保险险种也在逐渐增多，汽车保险、健康险也会逐步实现通证化。

4) 阳光保险

2018年，国内首个依托区块链技术打造与实现的个人健康数据授权查看证问世，其也被称为健康介绍信，它是由阳光保险、阳光融和医院、慈铭体检集团等合作开发的。

健康介绍信从本质上来看其实是一种个人授权的访问证，访问的内容对象则是个人健康数据。在进行用户健康论证时，不需要再去体检中心、医院等调取相关的数据，直接可以通过这种“介绍信”来授权第三方查看。

在购买保险操作时，可以给保险企业授权，让其拥有可以访问个人体检报告的权限，体检机构在通过授权验证的基础上，会依据一定的规范与流程，面向保险企业传输相应的数据。保险企业在这些数据的基础上，面向用户提供针对性强的业务服务。

这种操作是基于授权实现的，用户数据并没有离开所在区域，因此避免了个人隐私被泄露、被传播以及被恶意应用的风险，而且该产品使用了区块链技术，数据是难以修改的，数据完整性、真实性的程度更高，为后续业务与活动的开展提供了有效支撑。

思考与练习

1. 区块链在技术特性上表现为不可篡改，那么如果出现采购订单上的数量签订错误的情况，在区块链上应如何解决呢？

2. 举例说明你对分布式账本的理解？

3. 区块链的公开透明特征与匿名性特征是否矛盾？为什么？

4. 有些章节中并未提及区块链金融面临的问题，请仔细思考，在金融领域区块链的使用会有什么问题？以及有哪些解决办法？

第 10 章　区块链与新一代信息技术

【本章导读】

新一代信息技术是国务院确定的以物联网、云计算、大数据、人工智能等为代表的七个战略性新兴产业之一。随着新一轮产业革命的到来，以云计算、大数据、物联网为代表的新一代信息技术在智能制造、金融、能源、医疗健康等行业中的作用越来越重要。从区块链技术发展演进路径和其在国内外发展趋势来看，区块链技术和应用的发展需要以云计算、大数据、物联网等新一代信息技术为基础，同时区块链技术和应用的发展又能促进新一代信息技术产业的发展。

10.1　区块链与物联网

区块链技术不仅可以影响金融、文娱、医疗、农业等行业，它在物联网领域也有着非常重要的影响。将区块链技术运用到物联网中，能有效地缓解物联网的安全风险与隐私保护问题，降低物联网的运营成本与费用，建立新的商业模式，使物联网真正实现万物互联互通。

10.1.1　物联网概述

1. 什么是物联网

物联网(Internet of Things，IoT)即“万物相连的互联网”，它将各种信息传感设备与互联网结合，从而形成一个可以实现在任何时间、地点，人、机、物可以互联互通的巨大网络，是在互联网的基础上延伸和扩展的一种网络。

物联网具体通过如射频识别、红外感应器、激光扫描器、全球定位系统等信息传感设备，按提前约定的协议，把物品与互联网连接起来，进行信息交换和通信，以实现对物品的智能化识别、定位、监控、跟踪和管理等。

2. 物联网三大关键技术

1) 传感器技术

传感器技术是计算机应用中的关键技术。现在绝大部分计算机处理的对象都是数字信号。但是，数字信号不是直接存在的，而是需要通过传感器把模拟信号转变为数字信号，计算机才能进行处理。

2) RFID 标签

RFID(Radio Frequency Identfication，射频识别)标签是融合了无线射频技术和嵌入式技术的综合技术，也是一种传感器技术。RFID 在自动识别和物品物流管理领域有着广阔的应用前景，如门禁系统和图书馆管理系统等。

3) 嵌入式系统技术

嵌入式系统技术是融合了计算机软硬件、传感器技术、集成电路技术、电子应用技术的一种复杂技术，多被应用在各种智能终端产品中，如 MP3 和卫星系统等。嵌入式系统可以便利人们的生活，并可推动工业生产及国防工业的发展。

3. 物联网技术架构

物联网与其他网络一样作为一个系统网络，有其内部特有的架构。通常情况下，物联网技术架构分为三层，如表 10-1 所示。

表 10-1　物联网的技术架构

层次						
应用层	智能交通	智能电网	智能农业	智能工业	智能家居	智能医疗
网络层	电信网	互联网	电网	广电网	专用网	其他网
感知层	RFID 网络			传感器网络		
	RFID标签和读写器	M2M 终端	导航定位	二维码标签	传感器	摄像头

1) 感知层

感知层处在物联网三层架构中的最底层，由传感器系统、标识系统、卫星定位系统以及计算机硬件、服务器、网络设备、终端设备等相应的信息化支撑设备组成。其功能是利用 RFID、传感器、二维码等随时随地采集物体的信息。

2) 网络层

网络层处在物联网三层架构中的中间层，由各种私有网络、互联网、有线和无线通信网、网络管理系统等组成。网络层的功能是通过各种电信网络与互联网将感知层所采集的物品信息实时准确地传输到应用层。

3) 应用层

应用层处在物联网三层架构中的最高层，主要由云计算、云服务和模块决策等组成。其功能是把感知层采集到的信息进行处理，实现智能化识别、定位、监控、跟踪和管理等实际应用。

10.1.2　物联网发展现状及问题

1. 物联网的发展现状

全球物联网应用还处于起步阶段，规模较小，且以试验性居多，主要通过 RFID、传感器、M2M(Machine to Machine)等应用项目体现，我国处于探索和尝试阶段，覆盖国家或地区的区域性大规模应用较少。

美国的物联网技术在其军事、电力、工业、农业、环境监测、建筑、医疗、空间和海洋探索等领域中广泛投入应用，成为物联网应用最广泛的国家。日本也是较早启动物联网应用的国家之一，目前物联网已应用在灾难应对、安全管理、公众服务、智能电网等领域。韩国物联网应用主要集中在其本土产业能力较强的领域，如汽车、家电及建筑领域。

我国物联网已应用在电网、交通、物流、智能家居、节能环保、工业自动控制、医疗卫生、精细农牧业、金融服务业、公共安全等领域并取得了初步进展，但总体上还处于发展的初期阶段。

相关调查研究预测：2019—2022 年物联网产业的复合增长率为 9%左右；2023 年，中国物联网产业规模将超过 2 万亿元，中国物联网连接规模将达 70 亿台(电子设备终端)。在可预见的未来，物联网将取代移动互联网，成为信息产业的主要驱动力。

2. 物联网发展面临的问题

物联网技术的发展可以带来巨大的经济效益和社会效益，虽然我国的物联网技术受到政府部门的重视，对技术创新具有广阔的发展前景，但要加快和推动物联网的持续发展，还需要解决以核心技术、信息安全、产品研发等主要方面为代表的一系列问题。

1) 核心技术有待突破

信息技术的发展促使物联网技术的出现，我国物联网技术还处于初级阶段，存在的问题比较多，一些关键技术还处于初始应用阶段，其中急需优先发展的是传感器接入技术和核心芯片技术等。

首先，由于传感器本身属于精密设备，对外部环境要求较高，我国现阶段物联网中所使用的物联网传感器的连接技术受距离影响限制较大，很容易受到外部环境的干扰。

其次，随着物联网发展的要求，对信息的存储量要求越来越大，其存储能力和通信能力还需要继续提高，我国物联网技术中使用的传感器储存能力有限，现有物联网能力不能满足物联网发展的需求。

最后，物联网技术中对信息进行传输还需要有大量的传感器，因此需要不断创新和完善传感器网络中间技术等新技术的应用。

2) 难以统一规范标准

物联网技术的发展对互联网技术有一定的依赖性。现在，我国互联网技术尚未形成较为完善的标准体系，仍处于在发展阶段，这在一定程度上阻碍了我国物联网技术的进一步发展。目前由于各国之间感应设备技术及发展的差异性，导致难以在短时间内形成统一规范的国际标准。

3) 安全和隐私保护问题

电子计算机技术和互联网技术在日益方便人们工作生活的同时，也会对人们的信息安全和隐私造成一定泄露，这些问题在物联网技术的发展中也有重要影响。

物联网技术主要是通过感知技术获取信息，因此如果不采取有效的控制措施，会导致自动信息的获取，同时感应设备由于识别能力的局限性，在对物体进行感知的过程中容易造成无限制追踪问题，从而对用户隐私造成严重威胁。因此需要通过密钥管理设立必要的访问权限，但由于网络的同源异构性，导致管理工作和保密工作存在一定的难度。

10.1.3 区块链与物联网深度融合

1. 区块链与物联网的关系

区块链与物联网是相对独立的技术体系，但二者之间也有比较密切的联系，在未来二者的发展也将深度整合，前景可观。

从大层面来看，区块链与物联网都是一种资源管理方式，但是区块链比较注重资源的价值体现，能够更加精准地描述出价值增量的过程，而物联网则更注重于各种业务功能的实现，依靠物联网的各种终端设备来完成。

从技术体系结构来看，物联网将为区块链打造一个更为庞大的应用场景，可以把区块链全面带入到各个行业领域，而通过区块链技术的采用，物联网自身的价值也会有一定程度的提升，因此这又在很大程度上推动了物联网和区块链的融合。

2. 区块链促进物联网的发展

近年来，物联网作为通信行业的核心发展领域之一，正逐步向建立领域聚焦、能力聚集的物联网生态方向快速发展，引入各类新兴技术已成为通信行业培育物联网生态的重要手段，而区块链技术、物联网和5G的有机融合已然是不可或缺的。

1) 提升5G网络覆盖能力

2020年，业界大约有超过500多亿部移动设备和物联网设备连接到5G网络，通信运营商可以利用区块链技术来提升其5G网络的服务能力。5G网络使用的频率较高，基站有效通信覆盖面相对较小，信号穿透力相对较弱，若要满足网络覆盖需求，需部署大规模的基站和室内微基站，巨大的成本投入成为通信运营商面临的极大挑战。

为解决此问题，有些运营商正在考虑利用区块链技术打造5G微基站联盟。鼓励普通个人和商户部署自己的5G微基站，并通过联盟接入通信运营商网络，共同向用户提供5G接入服务，提升网络覆盖能力的同时最大限度降低网络建设与维护成本。在5G网络构建与区块链技术融合方面，面向智慧交通、智慧医疗、智慧城市、智慧安防、智慧校园等领域进行5G物联网环境建设，开展包含区块链技术的物联网试点应用，并逐步推广，培育物联网生态。

2) 提升网络边缘计算能力

当前绝大多数物联网边缘节点仍受中心化的核心节点制约，整个物联网环境仍是基于中心化的分布式网络架构。

通信网络向扁平化发展，增强边缘计算能力以及提升网络接入和服务能力已成为物联网发展趋势。

通信网络的扁平化，与区块链的"去中心化"有着天然的互补特性。利用区块链"去中心化"机制，核心节点可以仅控制核心内容或做备份使用，各边缘节点为各自区域内的设备服务，把物联网核心节点的能力下放到各个边缘节点，通过更加灵活的协作模式以及相关共识机制，实现原核心节点承担的认证、账务控制等功能，保证网络的安全、可信和稳定运行。

同时，计算和管理能力的下放，也可增强物联网网络扩展能力，支撑网络演进升级。通信运营商可以提升其通信网络的边缘结点的独立性和服务能力，并提升其与其他通信运营商通信网络的网间相互协作能力。不同通信运营商的边缘计算结点之间可以相互协作，协同为这些通信运营商的用户提供通信服务。

3) 提升身份认证能力

数字身份是指将用户或物联网设备(包括物)的真实身份信息浓缩后的唯一性数字代码，是一种可查询、识别和认证的数字标签，数字身份在物联网环境中具有代表身份的重要作用。利用区块链技术，可以使用加密技术和安全算法来保护数字身份，从而构建物联网环境下更加安全便捷的数字身份认证系统。

4) 提升设备安全防护能力

基于成本和管理等方面的因素，大量的物联网设备缺乏有效的安全保护机制，例如家庭摄像头、智能灯、路灯监视器等，这些物联网设备系统简单，极易被黑客侵入。被劫持的物联网设备经常被恶意软件肆意控制，并对特定的网络服务进行"拒绝服务攻击"。为了解决这类问题，需要发现并禁止被劫持的物联网设备连接到通信网络，并在它们访问目标服务器之前就切断它们的网络连接。通信运营商可以升级物联网网关，并将物联网的网关用区块链连接起来，共同监控、标识和处理物联网设备的网络活动，保障并提升网络安全。

5) 提升通信网络运维能力

对于通信运营商来说，传统的电信设备运维面临着诸多问题，例如设备的日常维护、巡检等工作会耗费大量人力和时间，同时运维数据也可能面临造假，不信任等问题。而利用区块链技术，可实现数据的可靠、可信，保证运维数据的真实性。而结合物联网技术，实现通信设备与感知设备的信息互联互通，例如自动感知技术可实现数据的自动采集，将传统的设备运维扩展为自动化检查，可极大地提升运维工作效率。

另外，在设备现场可安装摄像头或温度、湿度传感器，实时获取各种运维数据、环境数据等，或是利用探测器定时检测设备运行状态等。借助物联网、区块链技术，可以提升电信设备的日常运维及巡检效率，并能实现数据的真实、可信。

6) 提升国际漫游结算能力

未来，伴随着物联网连接空间的不断扩张，全球通信运营商将很有可能需要针对物联网环境，建立易于操作和运维的国际通信漫游业务以及相关结算体系。区块链技术可为相关需求提供支撑，帮助运营商建立低成本、高可靠、智能化的漫游结算体系，包含身份认证、漫游计费、欺诈识别和费用监测等服务功能。利用区块链系统可信度高和防篡改的特性，运营商及其漫游伙伴之间可以共享一套可信、互认的漫游协议文件和财务结算文件体系，所有的漫游记录全部都上链，实现可查可追溯、安全透明，提升结算工作效率，消除之前因为不一致所造成的难处理的争端问题。

7) 提升数据管理能力

物联网时代通信运营商管理的数据规模因为人与物、物与物的连接数呈爆发式增长而不断攀升，这对数据管理过程中相关信息的确权、追溯、保护等工作提出了全新挑战。为应对这些挑战，通信运营商可利用区块链技术进行数据存储管理，解决传统数据存储模式的中心化、易被攻击篡改等问题，同时也可使用区块链平台来提供数据交易和确权服务。

10.1.4　区块链在物联网中的应用

区块链在物联网领域的应用探索始于 2015 年左右，主要集中在物联网平台、设备管理和安全等应用领域，比较典型的应用领域包括工业物联网、智能制造、车联网、农业、供应链管理、能源管理等。目前国内外在智能制造、供应链管理等领域已有一些比较成熟的应用，其他领域的应用仍处于试验阶段。

1. 工业互联网

以组建高效、低成本为特点的工业互联网，是构建智能制造网络基础设施的关键环节。在传统的工业互联网的组网模式下，所有设备和供应链各环节之间需要通过中心化的网络才能实现连接与通信，这类组网模式的可扩展性、可维护性和稳定性也相对较低，这就极大地增加了组网和运维成本。区块链基于 P2P 组网技术和混合通信协议处理异构设备间的通信，可以将计算和存储等能力分散到物联网网络中，有效避免由单一节点失败而导致整个网络崩溃问题，同时还能够显著降低中心化数据中心的建设和维护成本。

利用区块链中分布式账本的防篡改特性能有效降低工业互联网中任何单一节点设备被恶意攻击和控制后带来的信息泄露与恶意操控的风险。利用区块链技术组建和管理工业互联网，能及时掌控网络中各种生产制造设备的状态以及参与分工协作的各相关方的状态，提高设备的利用率和维护效率，从而能提供更加精准、高效的供应链服务。

2. 物联网供应链管理

供应链是一个连接各行业的供应商、制造商、分销商、零售商及用户的复杂体系，由物流、信息流、资金流等要素共同组成。未来，物联网中将存在数量庞大的供应链，如何有效管理供应链，建立数据透明、通信流畅、责任明确的信息传递机制是提升供应链效率所面临的重要问题之一。区块链技术作为一种适用于规模化生产的协作工具，可用于物联网供应链管理，其去中心化的特性能使数据在交易各方之间公开透明，保证信息流的完整与流畅，这可确保参与各方能及时发现供应链系统运行过程中存在的问题，找到应对问题的方法；其数据不可篡改性和时间戳的存在能很好地实现有效举证与追责，从而解决供应链体系内各参与主体之间的纠纷。另外，利用区块链的可追溯性能去除供应链内产品流转过程中的假冒伪劣问题。

3. 能源管理

能源行业目前存在一些问题，如常规能源产能过剩、新能源利用率和回报率低以及相关基础设施和硬件配置不完备等。同时，能源行业普遍采用效率低、成本高、存在安全风险的传统人工运维方式。另外，能源领域存在的监测计量设备落后、采集数据精确度低、信息孤岛化等问题亦影响着能源行业的发展。利用区块链技术可一定程度上解决上述问题。区块链技术在能源领域的典型应用主要有以下几个方面。

1) 分布式能源管理

区块链的分布式结构与分布式能源管理架构具有高度一致性，区块链技术可应用于电网服务体系、微电网运行管理、分布式发电系统以及能源批发市场。同时，区块链与物联网技术融合应用能为可再生能源发电的结算提供可行途径，并且可以有效提升数据可信度。此外，利用区块链技术还可以构建自动化实时分布式能源交易平台，可以实现实时能源监测、能耗计量、能源使用情况跟踪等功能。

2) 新能源汽车管理

物联网与区块链融合技术可以提升新能源汽车管理能力，主要包括新能源汽车的租赁管理、充电桩智能化运营和充电场站建设等，同时亦可以促进电动汽车供应商、充电桩供应商、交通运营公司、商户和市民之间数据共享。

3) 能源交易

通过区块链技术及智能合约，可以为能源交易提供更加便捷的支付方式和信任机制，提高交易效率，降低违约率，保障交易数据的安全，提升能源行业的资金流转率。例如，针对能源批发交易、居民售电、居民使用公共电力交易结算等场景，均可使用物联网区块链技术进行结算，提升交易效率，减少人工错误。

4. 农业

国内农业资源相对分散和孤立，造成了科技和金融等服务资源难以进入农业领域。同时，农业用地和农业产品的化学污染泛滥，产业链信用体系薄弱等问题使消费者难以获得安全和高质量的食品。物联网与传统农业的融合，可以一定程度上解决此类问题，但由于缺乏市场运营主体和闭环的商业模式，实际起到的作用还比较有限。农业领域缺乏有效的信用保障机制是这些问题的根源所在。

物联网与区块链能够有效解决当前农业和农产品消费的痛点：一方面，依托物联网提升传统农业效率，连接孤立的产业链环节，创造增量价值；另一方面，依托区块链技术连接各农业数字资源要素，建立全程的信用监管体系，从而引发农业生产和食品消费领域革命性升级。区块链技术在农业领域的比较典型的应用有以下几个方面。

1) 农产品溯源

由于农产品的生产地和消费地距离较远，消费者对生产者在农业生产中使用的农药、化肥以及运输、加工过程中使用的添加剂等信息无从了解，从而使消费者对产品的信任度较低。基于区块链技术的农产品追溯系统，可将所有的数据记录到区块链账本上，实现农产品质量和交易主体的全程可追溯，以及针对质量、效用等方面的跟踪服务，使得信息更加透明，从而确保农产品的安全性，提升优质农产品的品牌价值，打击假冒伪劣产品，同时，保障农资质量、价格的公平性和有效性，提升农资的创新研发水平以及使用质量和使用效益。

2) 农业信贷

农业经营主体申请贷款时，需要提供相应的信用信息，其中信息的完整性、数据准确度难以保证，造成了涉农信贷审批困难的问题。通过物联网设备获取数据并将凭证存储在区块链上，依靠智能合约和共识机制自动记录和同步，提高信息篡改的难度，降低获取信息的成本。通过调取区块链的相应数据为信贷机构提供信用证明，可以为农业、供应链、银行、科技服务公司等建立多方互信的科技贷款授信体系，提高金融机构对农业的支持力度，简化贷款评估和业务流程，降低农户贷款申请难度。

3) 农业保险

物联网数据在支持贷款、理赔评定等场景中具有重要的作用，与区块链结合之后能提升数据的可信度，简化农业保险申请和理赔流程。另外可以将智能合约技术应用到农业保险领域，在检测到农业灾害时，自动启动赔付流程，从而提高赔付效率。

5. 车联网

车联网(包括车内网、车际网和车载移动互联网)也是物联网的一大重要应用领域。据不完全统计，中国机动车保有量已超过 3 亿多辆，这将使得中国将会是全球车联网的主力潜在市场。我国车联网在发展过程中持续受到数据安全性和可持续性发展等诸多方面的挑战。区块链技术可促进车联网数据管理、安全与效率等方面的能力提升，主要包括以下两个方面：

1) 车联网的大数据管理

随着接入网络的车辆越来越多，车联网中收集到的驾驶习惯和行为模式数据将成几何级数增加。而潜在解决方案就是要靠区块链技术来有效处理这些庞大数据问题。

2) 车联网的安全及效率

区块链技术可以被用于解决车联网的安全保障和身份认证问题，相关技术可通过较少的成本投入，在车联网的节点之间建立沟通桥梁，区块链去中心化的共识机制和智能合约等技术可有效提升车联网系统的安全私密性和便捷性。

和物联网与人工智能的深度结合是区块链未来更为广阔的发展方向。未来物联网的智能设备将成为分布式 Oracle 语言机，给区块链提供可信的数据来源。同时，人工智能和区块链的结合，将在物联网设备的管理、协调上发挥巨大的作用。可以预见，在数字经济的时代，区块链作为价值互联网的基础平台，将改善与数字经济时代生产力发展不相适应的生产关系，推动经济的发展和社会的进步。

10.2　区块链与大数据

区块链是一种不可篡改的、全历史的数据库存储技术，巨大的区块数据集合包含着每一笔交易的全部历史，随着区块链的应用迅速发展，数据规模会逐渐增大，不同业务场景区块链的数据融合会进一步扩大数据的规模和丰富性。区块链提供的是账本的完整性，其数据统计分析的能力较弱。大数据具备海量数据存储技术和灵活高效的分析技术，可以极大提升区块链数据的价值和使用空间。

区块链以其可信任性、安全性和不可篡改性，让更多数据被解放出来，可以推进数据的海量增长。区块链的可追溯特性使得数据采集、交易、流通以及计算分析的每一步记录都可以留存在区块链上，数据的质量获得前所未有的强信任背书，也保证了数据分析结果的正确性和数据挖掘的效果。区块链能够进一步规范数据的使用，精细化授权范围。数据脱敏后的数据交易流通，有利于突破信息孤岛，建立数据横向流通机制，并基于区块链的价值转移网络，逐步推动形成基于全球化的数据交易场景。

10.2.1　大数据概述

随着数字经济在全球的加速推进以及 5G、人工智能、物联网等相关技术的快速发展，数据影响商业竞争的关键战略性资源地位的观点已经获得普遍认可。只有获取和掌握更多的数据资源，才能在新一轮的全球商业竞争中占据主导地位。

2014 年 3 月，“大数据”一词首次被写入政府工作报告，由此大数据开始成为国内社会各界关注的热点。2016 年 3 月发布的国家“十三五”规划纲要中正式提出“实施国家大数据战略”，国内大数据产业开始全面、快速发展。随着国内大数据相关产业体系日渐完善，各类行业融合应用逐步深入，国家大数据战略走向深化阶段。

1. 什么是大数据

大数据(Big Data)，IT 行业术语，指无法在一定时间范围内用常规软件工具进行捕捉、管理和处理的数据集合，是需要新处理模式才能具有更强的决策力、洞察发现力和流程优化能力的海量、高增长率和多样化的信息资产。在维克托·迈尔·舍恩伯格及肯尼斯·库克耶编写的《大数据时代》中，大数据指对所有数据进行分析处理，而不用随机分析法(抽样调查)这样的数据处理捷径。

2. 大数据的特点

1) 数据量大(Volume)

大数据的起始计量单位至少是 P(1000 个 T)、E(100 万个 T)或 Z(10 亿个 T)级。非结构化数据的超大规模和增长，是传统数据仓库的 10 倍到 50 倍，比结构化数据增长快 10 倍到 50 倍。

2) 类型繁多(Variety)

大数据具有异构性和多样性的特点，没有明显的模式，也没有连贯的语法和句义，类型包括网络日志、音频、视频、图片、地理位置信息等。数据的多类型对数据处理能力提出了更高的要求。

3) 价值密度低(Value)

随着物联网的广泛应用，信息量非常大且信息感知广泛，但价值密度较低，存在大量不相关信息。因此需要对未来趋势与模式做可预测分析，利用机器学习、人工智能等进行深度复杂分析。大数据时代亟待解决的难题是如何通过强大的机器算法更迅速地完成数据的价值提炼。

4) 速度快时效高(Velocity)

大数据区别于传统数据挖掘最显著的特征是其处理速度快，时效性要求高，需要实时分析而非批量式分析，数据的输入、处理和分析连贯性地进行。

面对大数据的全新特征，既有的技术架构和路线，已经无法高效地处理如此海量的数据，而对于相关组织来说，如果投入巨大精力采集的信息无法通过及时处理来反馈有效信息，那将是得不偿失的。可以说，大数据时代对人类驾驭数据的能力提出了新的挑战，也为人们获得更为深刻而全面的洞察能力提供了前所未有的空间与潜力。

3. 大数据发展的历程

(1) 萌芽期：20 世纪 90 年代至 21 世纪初。

这一时期随着数据挖掘理论和数据库技术的逐渐成熟，如数据仓库、专家系统、知识管理系统等一批商业智能工具和知识管理技术开始被应用。

(2) 成熟期：21 世纪前 10 年。

这 10 年 Web 2.0 应用迅猛发展，非结构化数据大量产生，而传统处理方法难以应对，从而带动了大数据技术的快速突破，大数据解决方案逐渐走向成熟，形成了并行计算与分布式系统两大核心技术，如谷歌的 GFD 和 MapReduce 等大数据技术受到追捧，Hadoop 平台开始大行其道。

(3) 大规模应用期：2010 年以后。

2010 年以后，大数据应用渗透至各行各业，数据驱动决策，社会的信息化、智能化程度大幅提高。

4. 大数据的关键技术

1) 数据采集与预处理

利用 ETL 工具将分布的、异构数据源中的数据如关系数据、平面数据文件等，抽取到临时中间层后进行研究辨析、抽取、清洗、转换、集成，最后加载到数据仓库及数据集市中，成为联机分析处理、数据挖掘的基础；也可以利用日志采集工具(如 Flume、Kafka 等)把实时采集的数据作为流计算系统的输入，进行实时处理分析。

2) 数据存储与管理

利用分布式文件系统、数据仓库、关系数据库、NoSQL 数据库、云数据库等，实现结构化、半结构化和非结构化海量数据的存储和管理。

3) 数据处理与分析

利用分布式并行编程模型和计算框架，结合机器学习和数据挖掘算法，实现了对海量数据的处理和分析。对分析结果可以进行可视化呈现，帮助人们理解数据、分析数据。

4) 数据安全和隐私保护

从大数据中挖掘出潜在的巨大商业价值和学术价值的内容，构建隐私数据保护体系和数据安全体系，从而有效保护个人隐私和数据安全。

10.2.2　大数据发展现状及问题

1. 大数据发展的现状

全球范围内，研究发展大数据技术、运用大数据推动经济发展、完善社会治理、提升政府服务和监管能力正在成为一种趋势。

一是已有众多成功的大数据应用，但就大数据的应用效果和深度来说，当前大数据应用尚处于初级阶段，所以其发展重点将是根据大数据分析预测未来、指导实践的深层次应用。当前，在大数据应用的实践中，描述性、预测性分析应用多，决策指导性等更深层次分析应用偏少。虽然已有很多成功的大数据应用案例，但大数据应用仍处于初级阶段，离达到预期还有很长距离。未来，随着应用领域的逐渐拓展、技术不断提升、数据共享开放机制不断完善和产业生态的成熟，大数据发展的重点将是具有更大潜在价值的预测性和指导性应用。

二是大数据治理体系还没有形成，特别是隐私保护、数据安全与数据共享利用效率之间存在很大的矛盾，成为制约大数据发展的重要短板，各界意识到了构建大数据治理体系的重要意义，相关研究实践也将持续加强。现在，各界已经认识到了大数据治理的重要意义，都将大数据治理体系建设确定为大数据发展重点，但大数据仍处在发展的雏形阶段，推进大数据治理体系建设将是未来较长一段时间内需要不断努力的方向。

三是数据规模高速增长，现有技术体系不能满足大数据应用需求，大数据理论与技术还未成熟，未来信息技术体系还需要颠覆式创新和变革。

2. 大数据发展面临的问题

随着大数据技术的快速发展，大数据本身的价值越来越受到人们的重视，金融、物流、互联网等一些数据资源丰富、信息化程度相对较高的行业，利用大数据在业务发展上取得了较为显著的应用成效。但是在实施大数据发展行动时，也会受到大数据自身问题的制约。

1) 数据孤岛问题严重

因为信息不对称、制度法律不具体、共享渠道缺乏等原因，导致大量数据存在“不愿开放、不敢开放、不能开放、不会开放”的问题，导致了企业和政府管理部门的数据孤岛，这就难以有效、权威地整合经济的和社会的数据资源，无法构造全景大数据。再加上多种多样的设备、各式各样的应用场景，政府和企业数据资源双向共享程度较低，数据代表的信息不全面，导致了数据分析结果参考价值很小。

2) 数据标准不统一

一方面，政府机构和企业拥有大量的数据资源，但由于数据格式不统一，不能整合在一起直接使用，需要经过转换和清洗。而另一方面，由于数据采集标准不统一，不同数据源采集的数据在格式、语意、度量衡上都存在很大的差别，数据融合时不能实现快速准确的解读。数据的质量直接影响大数据分析的准确性和应用范围，最终将会影响经济社会发展。当前，由于缺乏统一的监管和规范，各行业的数据格式繁多，数据质量不高，从而无法真正发挥大数据的价值。

3) 数据安全和隐私问题

近年来，从事大数据采集、分析和应用的企业如雨后春笋，各类大数据平台也逐渐增多。然而，由于缺乏统一的监管标准和引导，对于数据使用的权利和义务尚未明确，各类大数据平台的建设者和使用者鱼龙混杂，数据安全常常难以保障。随着大数据应用的深入，一些不法分子为了获取数据带来的巨大价值，私下倒卖数据，造成信息泄露，损害国家、企业或个人利益，这些不良影响阻碍了大数据的发展。

4) 数据流通和利用混乱

大数据的法律权责、产权界定和安全保护等方面存在复杂的权责关系，界定不清晰，数据的拥有者无法保障自身利益。数据在流通过程中，用户可以通过“看到、复制、粘贴”转变为信息的拥有者，导致无法界定谁才是数据真正的拥有者，而且在数据的使用过程中，还会出现信息传递的偏差和错误解读，这些问题的出现损害了信息拥有者的利益，使得数据分享的动力大大降低。

5) 数据交易体系不健全

目前数据交易体系还不健全，数据作为一种虚拟的数字资源，定价标准需要参考数据热度、数据效用、数据稀缺性以及数据具体应用场景产生价值的预估等多方因素。另外，具有信息属性的价值还需考量其随时间的衰减问题，数据定价体系的难度显而易见。尽管目前在数据交易市场，大量不同类型的数据都已实现交易，但数据价格与价值之间偏差较大，大数据交易市场的规范性需要加强，影响了数据交易的发展。

10.2.3　区块链与大数据的创新融合

区块链与大数据是两个相互独立的技术体系，从发展趋势来看，区块链和大数据两者在实际应用过程中越来越紧密。以大数据为基础载体，将新兴的区块链技术融入到大数据中，在一定程度上改善了大数据发展过程中的问题，确保了数据的真实性、可靠性、安全性。

1. 解决信息孤岛问题

区块链不依赖第三方管理机构或硬件设施的去中心化特征，以及由对“人”的信任问题改成了对机器信任的自治性特征，有效地解决了大数据的信息孤岛的问题，使得信息可以公开透明地传递。区块链能规范数据的使用，明确数据授权范围，而且数据脱敏后一定程度上减少了数据拥有者的顾虑，更易于数据的开放流通。

2. 增强数据的存储质量

区块链是由多方共同记录和维护的一个分布式数据库，数据的记录和存储由每个交易节点共同维护，所有参与者一致同意才意味着信息在网络中通过验证达成共识。区块链去中心化的特点使得单一节点不能随意进行数据的修改及调整，降低了制造错误数据的可能性。区块链使数据质量获得了空前强大的信任背书，极大地提高了数据分析结果的正确性和数据挖掘的效果，充分发挥了大数据的预测分析能力。

3. 保护用户的隐私安全

一方面，区块链可信任、安全和不可篡改的特性使得更多数据被解放出来，让数据更安全；另一方面，区块链的数据脱敏技术能够保障数据的私密性。数据脱敏技术采用了哈希处理等加密算法，可以有效保护个人隐私和防止核心数据的泄露。此外，区块链的分布式数据库将数据统一存储在去中心化的区块链上，可以在无需访问原始数据的情况下进行数据分析，既可以保护数据的隐私性，又能安全地提供给相关机构和人员研究使用，更好地发挥数据本身的价值。

4. 解决数据权属问题

让大数据连接流通起来产生价值，真正实现资产化，这是未来大数据发展的目标。数据作为一种资产与其他资产有本质的区别，数据复制的潜在威胁使得数据所有权不清晰，成为大数据流通中的极大障碍。基于去中心化的区块链，能够破除中介复制数据的威胁，数据一经上链，便永远带有生产者的印记。即使经过多次复制、转载，数据接收者也可以对数据本身或交易情况通过记录进行溯源，保障数据生产者或拥有者的合法权益，有利于建立可信任的数据资产交易环境。利用区块链进行注册、认证，使得交易记录是全网认可的、透明的和可追溯的，从而明确了大数据资产的来源、所有权、使用权和流通路径，为数据流通提供保障。

5. 有助于数据价值的准确衡量

区块链数据定价模型需要综合考量数据的基础价值、时间、使用历史、使用频次和特定使用中的价值等多个要素。区块链的可塑性和不可篡改性能够清晰计入每条数据的生产、流通、交易、使用的全部历史过程，所有信息清晰可见。通过区块链记录数据多维度标签，有助于设计出更多灵活的数据定价模型。更有甚者，如果数据源较多，可以根据每条数据在交易市场的活跃度和发挥的总价值进行加权分布式定价。

10.2.4 区块链与大数据的应用场景

1. 数据交易溯源平台

在数据交易过程中，由于数据交易信息不透明，甚至存在虚假信息，常常会导致各参与主体难以准确了解相关事项的状况，引发诸多法律纠纷问题，如数据的非法倒卖，数据的知识产权纠纷等。而区块链具有的数据不可篡改、时间戳的存在性证明等特质的功能，使得区块链溯源平台可以解决数据交易过程中信息透明度低、数据伪造篡改、数据交易非法倒卖等问题，用户可通过该平台明确数据资产来源、所有权、使用权和流通路径，实现轻松举证与追责，从而维护自身合法权益。

2. 政务大数据平台

政务大数据平台的建设实现了政务数据的融合、交换、共享、确权、追溯及全程安全加密。通过机制、流程和技术建立数据共享信任体系，对每条信息进行单独加密，防止信息泄露，实现政务数据实时归集、可信共享、权责清晰，确保数据不可被随意篡改。在数据可信共享的基础上，将政务大数据知识化、形式化，把各部门机构的业务知识、办事流程，生成一个个的智能合约，促进政务大数据和知识的流动与传播，提升政务服务水平。

3. 供应链金融平台

该平台可用于在线办理企业账款的签发、承兑、保兑、支付、转让、质押、兑付等业务。依托区块链分布式账簿的安全性和共享性，将企业账款设为在线支付结算和融资工具，帮助企业去杠杆，降成本。基于全链条信息安全共享，可以实现供应链金融可视化，依托核心企业的信用传递，从而降低中小企业的融资成本。为资金方提供全程可追溯、穿透式资产确权和验真渠道，推动供应链金融健康稳定发展。通过区块链的价值连接，引导越来越多的资金为实体经济服务，推动制造供应链向产业服务供应链转型，让科技赋能于产业。

10.3 区块链与人工智能

基于区块链的人工智能网络可以设定一致、有效的设备注册、授权及完善的生命周期管理机制，有利于提高人工智能设备的用户体验及安全性。此外，若各种人工智能设备通过区块链实现互联和互通，则有可能带来一种新型的经济模式，即人类组织与人工智能、人工智能与人工智能之间进行信息交互甚至进行业务往来，而统一的区块链基础协议则可让不同的人工智能设备之间在互动过程中不断积累学习经验，推动人工智能的发展。

10.3.1　人工智能概述

1. 什么是人工智能

人工智能(Artificial Intelligence)，英文缩写为 AI。它是研究和开发用于模拟、延伸和扩展人的智能的理论、方法、技术及应用系统的新的技术科学。人工智能又称智能模拟，是用计算机系统模仿人类的感知、思考、推理等思维活动。它在模拟识别、自然语言理解与生成、专家系统、自动程序设计、定理证明、联想与思维的机理、数据智能检索等领域都可以应用。人工智能既是计算机科学的一个分支，又是计算机科学、控制论、信息论、语言学、神经生理学、心理学、数学、哲学等学科相互渗透而发展起来的综合性学科。

2. 人工智能的发展历程

人工智能的探索道路曲折起伏、充满未知。在描述人工智能自 1956 年以来 60 余年的发展历程中，学术界可谓仁者见仁、智者见智。我们将人工智能的发展历程划分为以下 6 个阶段，如图 10-1 所示。

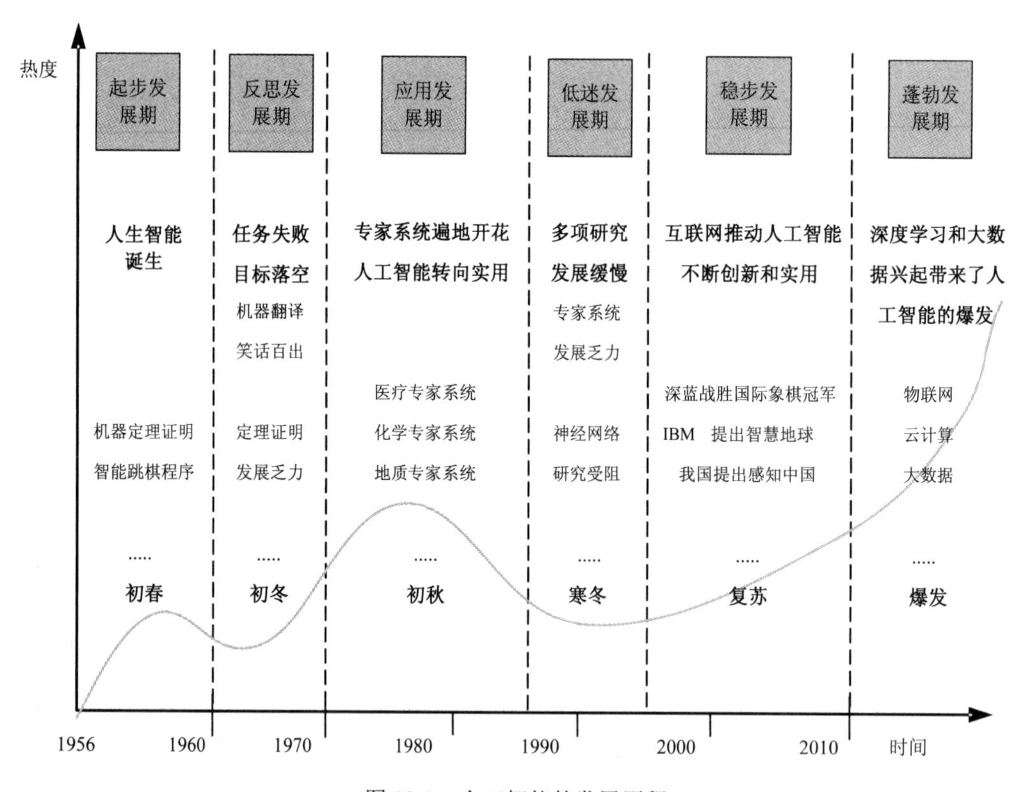

图 10-1　人工智能的发展历程

(1) 发展期：1956 年至 20 世纪 60 年代初。

人工智能概念自提出后，取得了机器定理证明、跳棋程序等一系列令人瞩目的研究成果，掀起了人工智能发展的第一个高潮。

(2) 反思发展期：20 世纪 60 年代初至 70 年代初。

人工智能发展初期的突破性进展很大程度上提升了人们对人工智能的期望，人们开始尝试更具挑战性的任务，并提出了一些不切实际的研发目标。然而，接连的失败和预期目标的落空(例如，无法用机器证明两个连续函数之和还是连续函数、机器翻译闹出笑话等)，使人工智能的发展之路走入低谷。

(3) 应用发展期：20 世纪 70 年代初至 80 年代中。

20 世纪 70 年代实现了人工智能从理论研究走向实际应用、从一般推理策略探讨转向运用专门知识的重大突破，其代表性事件是出现了专家系统模拟人类专家的知识和经验解决特定领域的问题。专家系统在医疗、化学、地质等领域取得了成功，推动了人工智能走入应用发展的新高潮。

(4) 低迷发展期：20 世纪 80 年代中至 90 年代中。

随着人工智能的应用规模逐渐扩大，专家系统中存在的应用领域狭窄、缺乏常识性知识、知识获取困难、推理方法单一、缺乏分布式功能、难以与现有数据库兼容等问题逐渐出现。

(5) 稳步发展期：20 世纪 90 年代中至 2010 年。

因为网络技术尤其是互联网技术的发展，加速了人工智能的创新研究，促使人工智能技术走向实用化。1997 年国际商业机器公司(简称 IBM)深蓝超级计算机战胜了国际象棋世界冠军卡斯帕罗夫，2008 年 IBM 提出“智慧地球”的概念。这些都是此时期的标志性事件。

(6) 蓬勃发展期：2011 年至今。

随着大数据、云计算、互联网、物联网等信息技术的发展，泛在感知数据和图形处理器等计算平台推动了以深度神经网络为代表的人工智能技术的飞速发展，大幅跨越了科学与应用之间的“技术鸿沟”，图像分类、语音识别、知识问答、人机对弈、无人驾驶等人工智能技术实现了从“不能用、不好用”到“可以用”的突破，迎来了爆发式增长的新高潮。

3. 人工智能的关键技术

人工智能关键技术的发展关系到人工智能产品能否顺利应用到我们的生活场景中。在人工智能领域，普遍包括机器学习、知识图谱、自然语言处理、人机交互、计算机视觉、生物特征识别、AR/VR 七个关键技术。

1) 机器学习

机器学习(Machine Learning)是一门涉及统计学、系统辨识、逼近理论、神经网络、优化理论、计算机科学、脑科学等众多领域的交叉性学科。研究计算机怎样模拟和实现人类的学习行为，获取新的知识或技能，重组已有的知识结构，使之不断改善自身性能，这是人工智能技术的核心。基于数据的机器学习是现代智能技术中的重要方法之一，研究从观测数据(样本)出发寻找规律，然后利用规律对未来数据或无法观测的数据进行预测。

根据学习模式、学习方法以及算法的不同，机器学习存在不同分类方法。根据学习模式将机器学习分为监督学习、无监督学习和强化学习等。根据学习方法可以将机器学习分类为传统机器学习和深度学习。

2) 知识图谱

知识图谱本质上是结构化的语义知识库，是一种由节点和边组成的图数据结构，以符号形式描述物理世界中的概念及相互关系，其基本组成单位是“实体—关系—实体”三元组，和实体及其相关“属性—值”对。不同实体间通过关系相互联结，从而构成网状的知识结构。在知识图谱中，每个节点表示现实世界的“实体”，每条边为实体与实体之间的“关系”。通俗地说，知识图谱就是把不同种类的信息连接在一起从而得到一个关系网络，提供了从“关系”的角度去分析问题的能力。

知识图谱可以应用于反欺诈、不一致性验证、组团欺诈等公共安全保障领域，需要用到异常分析、静态分析、动态分析等挖掘方法。特别地，知识图谱在搜索引擎、可视化展示和精准营销方面有很大的优势，已成为业界的热门工具。但是，知识图谱的发展还有很大的挑战，如数据的噪声问题，即数据本身有错误或者数据存在冗余。随着知识图谱应用的不断深入，还有一系列关键技术需要突破。

3) 自然语言处理

自然语言处理是计算机科学领域和人工智能领域中的重要研究方向之一，主要包括机器翻译、机器阅读理解和问答系统等，研究实现人与计算机之间用自然语言进行有效通信的各种理论和方法，涉及众多领域。

机器翻译技术指利用计算机技术实现从一种自然语言到另一种自然语言的翻译。基于统计的机器翻译方法突破了之前基于规则和实例翻译方法的局限性，翻译性能取得巨大提升。基于深度神经网络的机器翻译在日常口语等一些场景的成功应用已经显现出了巨大的潜力。随着上下文的语境表征和知识逻辑推理能力的发展，自然语言知识图谱不断扩充，机器翻译将会在多轮对话翻译和篇章翻译领域取得更大进展。

语义理解技术是指利用计算机技术实现对文本篇章的理解，并且回答与篇章相关问题的过程。语义理解更注重于对上下文的理解以及对答案精准程度的把控。随着自然语言处理数据集的发布，语义理解受到更多关注，取得了快速发展，相关数据集和对应的神经网络模型层出不穷。语义理解技术将在智能客服和产品自动问答等相关领域发挥重要作用，进一步提高问答与对话系统的精度。

问答系统有两类，分为开放领域的对话系统和特定领域的应答系统。问答系统技术可以让计算机像人类一样用自然语言与人交流。人们向问答系统提交用自然语言提出的任何问题，系统都会返回关联性较高的答案。尽管问答系统目前已经有了不少应用产品出现，但大多数是在信息服务系统和智能手机助手等领域中的应用，问答系统的稳定性方面仍然存在着问题和挑战。因为，自然语言处理现在面临着四大挑战：

(1) 在词法、句法、语义、语用和语音等不同层面存在不确定性；

(2) 新的词汇、术语、语义和语法导致未知语言现象的不可预测性；

(3) 数据资源的不充分使其难以覆盖复杂的语言现象；

(4) 语义知识的模糊性和错综复杂的关联性难以用简单的数学模型描述，语义计算需要参数庞大的非线性计算。

4) 人机交互

人和计算机之间的信息交换是人机交互的主要研究对象，包括人到计算机和计算机到人的两部分信息交换，这是人工智能领域的重要外围技术。人机交互是一个综合学科，与认知心理学、人机工程学、多媒体技术、虚拟现实技术等密切相关。传统的人与计算机之间的信息交换主要依靠交互设备进行，主要包括键盘、鼠标、操纵杆、数据服装、眼动跟踪器、位置跟踪器、数据手套、压力笔等输入设备，以及打印机、绘图仪、显示器、头盔式显示器、音箱等输出设备。人机交互技术除传统的基本交互和图形交互外，还包括语音交互、情感交互、体感交互及脑机交互等现代技术。

5) 计算机视觉

计算机视觉就是使用计算机模仿人类视觉系统的科学，使计算机拥有类似人类提取、处理、理解和分析图像与图像序列的能力。自动驾驶、机器人、智能医疗等领域都需要通过计算机视觉技术从视觉信号中提取并处理信息。近年来，随着深度学习的发展，预处理、特征提取与算法处理逐渐融合，形成了端到端的人工智能算法技术。根据所解决的问题，计算机视觉可分为计算成像学、图像理解、三维视觉、动态视觉和视频编解码等五大类。

目前，计算机视觉技术发展迅速，已具备初步的产业规模。未来计算机视觉技术的发展主要面临以下挑战：

(1) 如何在不同的应用领域和其他技术更好地结合。计算机视觉在解决某些问题时可以广泛利用大数据，该技术已经逐渐成熟并且可以超过人类，而在某些问题上却无法达到很高的精度。

(2) 如何降低计算机视觉算法的开发时间和人力成本。目前计算机视觉算法需要大量的数据与人工标注，需要较长的研发周期以达到应用领域所要求的精度与耗时。

(3) 如何加快新型算法的设计开发。随着新的成像硬件与人工智能芯片的出现，针对不同芯片与数据采集设备的计算机视觉算法的设计与开发也是面临的挑战之一。

6) 生物特征识别

通过个体生理特征或行为特征对个体身份进行识别认证的技术就是生物特征识别技术。从应用流程看，生物特征识别一般分为注册和识别两个阶段。注册阶段通过传感器对人体的生物表征信息进行采集，如利用图像传感器对指纹和人脸等光学信息、麦克风对说话声等声学信息进行采集，利用数据预处理以及特征提取技术对采集的数据进行处理，得到相应的特征进行存储。

识别过程采用与注册过程一致的信息采集方式对待识别人进行信息采集、数据预处理和特征提取，然后将提取的特征与存储的特征进行比对分析，完成识别。从应用任务看，生物特征识别一般分为辨认与确认两种任务，辨认是指从存储库中确定待识别人身份的过程，是一对多的问题；确认是指将待识别人信息与存储库中特定单人信息进行比对，确定身份的过程是一对一的问题。

生物特征识别技术涉及的内容非常广泛，包括指纹、掌纹、人脸、虹膜、指静脉、声纹、步态等生物特征，其识别过程涉及图像处理、计算机视觉、语音识别、机器学习等各种技术。现在生物特征识别作为十分重要的智能化身份认证技术，在金融、公共安全、教育、交通等领域得到了广泛应用。

7) VR/AR

虚拟现实(Virtual Reality，VR)/增强现实(Augmented Reality，AR)是以计算机为核心的一种新型视听技术。结合相关科技，在一定范围内生成与真实环境在视觉、听觉、触感等方面高度相似的数字化环境，用户借助必要的装备与数字化环境中的对象进行交互，相互影响，通过显示设备、跟踪定位设备、触力觉交互设备、数据获取设备、专用芯片等实现近似真实环境的感受和体验。

虚拟现实/增强现实从技术特征角度，按照不同处理阶段，可分为获取与建模技术、分析与利用技术、交换与分发技术、展示与交互技术和技术标准与评价体系等五个方面。

获取与建模技术研究如何把物理世界或者人类的创意进行数字化和模型化，其难点是三维物理世界的数字化和模型化技术；

分析与利用技术重点研究对数字内容进行分析、理解、搜索和知识化的方法，其难点在于内容的语义表示和分析；

交换与分发技术主要强调各种网络环境下大规模的数字化内容流通、转换、集成和面向不同终端用户的个性化服务等，其核心是开放的内容交换和版权管理技术；

展示与交换技术重点研究符合人类习惯的数字内容的各种显示技术与交互方法，以期提高人们对复杂信息的认知力，其难点在于建立自然和谐的人机交互环境；

技术标准与评价体系重点研究虚拟现实/增强现实基础资源、内容编目、信源编码等规范标准及相应评估技术。

目前虚拟现实/增强现实面临的挑战主要体现在智能获取、普适设备、自由交互和感知融合四个方面。现在还存在一系列科学技术问题，如在硬件平台与装置、核心芯片与器件、软件平台与工具、相关标准与规范等方面存在的问题。总体来看，虚拟现实/增强现实呈现出虚拟现实系统智能化、虚实环境对象无缝融合、自然交互全方位与舒适化发展的趋势。

10.3.2 人工智能发展现状及问题

1. 人工智能发展现状

2017 年，全球人工智能人才总数达 30 万左右，而市场需求已达到了百万量级。根据市场数据反馈，人工智能应用层职位增速尤为显著，其中增速最高的三个职位分别是算法工程师、语音识别工程师以及图像处理工程师。

随着人工智能逐渐走进生活，其“恐怖”之处也慢慢显现出来，超越常人的计算、学习能力以及高效的办公效率等都成为业内人士追求的目标。无论是 AlphaGo 横扫围棋界还是京东首建全球无人仓，都说明了人工智能具有强大的发展潜力。可以毫不夸张地预测：在未来数十年中，我们所接触的每一种应用程序都将整合进一些人工智能功能，而如果不使用应用程序，我们将无法做任何事。

2015 年初 IBM 公布了公司的早期区块链项目之一，综合了 BitTorrent、Ethereum 和 TeleHash 技术的概念证明机制。此后公司一直致力于整合沃森人工智能技术与分布式账本技术。2016 年 6 月，IBM 在新加坡滨海湾成立沃森中心(Watson Centre)，目的是以区块链应用为核心，开发人工智能技术。

2. 人工智能技术发展面临困境

1) 缺少训练数据

发展到今天，人工智能虽然已经积累了大量的数据，但是平均到每家企业来说，可以获得的数据来源还比较单一。由于商业竞争中存在壁垒，这些数据之间很少能够形成交叉。

2) 缺少应用场景

这是因为能够被采集到的数据量占人类生活中所产生信息量的 10%左右，其中能够被分析的数据更是少之又少。这些数据大部分都沉浸在应用场景中，所以这对计算能力提出了更高的要求，而且对于用合适技术将一段转化成可分析的数据也提出了更高的要求。

3) 商业化路径比较远

目前来看，大多数的人工智能企业还处在一种“叫好不叫做”的阶段。人工智能技术虽然看上去比较炫酷，但是实际上能够落地的企业和应用场景都是少之又少。更多人工智能的发展还依赖于国家技术、军备战略的推动和资本的推动，真正能够实现自主造血能力的企业几乎没有。

4) 通用性人工智能还很远

科幻类电影中那些有情感、能够独立解决问题，能够识别甚至预测人类社会发展的人工智能叫作强人工智能。虽然人工智能的应用使一些人物变得自动化，但是将人类的判断全部交由算法负责，这种情况几乎不可能发生。而人要用自己的智慧去训练和监督人工智能，帮助人工智能更快更聪明地解决问题。所以人的智慧在人工智能与数据之间其实起到了一种关键性的调节作用。

10.3.3 区块链与人工智能的协同发展

1. 区块链与人工智能的共同需求

区块链重心在于保持记录、认证和执行的准确性，而人工智能则助力于决策、评估和理解某些模式与数据集，最终产生自主交互。从技术本身看，区块链和人工智能是两种截然不同的技术，两者在各自的领域应用和落地。不过，两者也有一定的关联，区块链是新型的分布式数据库技术，因而在“数据”上，区块链和人工智能有“合作”的空间。

1) 数据共享

分布式数据库的一个重要特点就是各个节点进行高效数据共享。而人工智能需要大数据，尤其依赖数据共享，可供分析的开放数据越多，机器的预测和评估越准确，生成的算法也更可靠。

2) 安全需求

区块链承载大规模和高价值交易时，对网络安全性有极高需求，这可以通过相关协议和技术手段不断提升。人工智能对机器自主性控制上也有很高的安全需求，可以尽可能地避免意外事件的发生。

3) 信任需求

在区块链上，信任是各节点间进行交易和记录的前提条件。人工智能为了使机器间通信更加方便，同样需要设定不同层次的信任级别。而不管是区块链、人工智能还是其他新兴技术，信任都是其发展和进步的必要条件。

区块链技术可解决人工智能应用中数据的可信度问题，有了区块链技术，人工智能便可以更加聚焦于算法。

在数据领域，人工智能可以与区块链技术结合，一方面是从应用层面入手，两者各司其职，人工智能负责自动化的业务处理和智能化的决策，区块链负责在数据层提供可信数据；另一方面是数据层，两者可以互相渗透。区块链中的智能合约实际上也是一段实现某种算法的代码，既然是算法，那么人工智能就能够植入其中，使区块链智能合约更加智能。同时，将人工智能引擎训练模型结果和运行模型存放在区块链上，能够确保模型不被篡改，降低人工智能应用遭受攻击的风险。从上述观点中能够看到，人工智能和区块链有望基于双方各自的优势实现互补。

2. 区块链助力人工智能的发展

1) 获取更全面的数据

全数字化世界面临的一个根本挑战是：盲人摸象，没有机构可以拿全所有数据。

即便是像阿里、腾讯、谷歌、亚马逊公司这样的互联网巨头，所能获取的也只是基于自身业务的有限数据。

不可否认，巨头企业利用自身的有限数据，同样可以维持人工智能的运行，但正如上文所说，可供学习、分析的数据越多，人工智能进行的预测、评估和决策等行为的结果才越准确。

区块链技术能够帮助各机构打破“数据孤岛”的格局，促进跨机构间数据流动、共享及定价，从而形成一个自由开放的数据市场，使人工智能可以根据不同用途和需求获取更加全面的数据，真正变得“智能”起来。

2) 帮助理解人工智能的决策

有时人工智能做出的决定，让人类很难理解。因为它们可以根据掌握的数据评估大量的变量，并且能够自主“学习”，根据变量对实现的总体任务的重要性进行决策。而对我们人类而言，很难预见到如此庞大的变量。

如果将人工智能的决策通过区块链记录下来，那我们就可以对人工智能的决策进行有效追溯和理解，及时洞察它们的“思维”，尽可能避免一些违背设计初衷的决策出现，一旦发生意外也能快速定位原因所在并及时修正。

同时，由于区块链记录的不可篡改性，也能方便人们对人工智能设备记录进行查询和监督，提升人们对人工智能的信任和接纳度。

3. 人工智能驱动区块链发展

1) 人工智能帮助区块链降低能耗

众所周知，区块链系统中，挖矿是一项极其困难的任务，需要大量的电力以及金钱才能完成。人工智能则可以摆脱“蛮力”的挖矿方式，以一种更聪明、更高效的方式管理任务。

现在，不少手机已经通过人工智能来优化电力消耗、提升系统性能，如果类似方式在区块链系统中实现，将会大大降低矿工挖矿硬件的成本以及挖矿所需电力的消耗。

2) 人工智能辅助区块链检测欺诈

人工智能通过大量“学习”，非常容易发现并防范欺诈行为，这些功能目前在银行和电商业务中已得到广泛的应用。当非正常刷卡交易发生时，银行会自动发短信提醒安全风险，当网购遇到假冒客服人员时，电商平台会自动提醒注意防骗。

区块链中欺诈交易行为并不少见，若能将人工智能深度应用到区块链系统中，对保障区块链安全交易将是大有裨益的。

10.3.4 区块链与人工智能的应用场景

从金融、消费、医疗服务到政府服务，区块链和人工智能的结合正在逐步渗透到各个行业和领域。

1. 在医疗方面进行结合

区块链与人工智能在医疗方面的相关结合领域有医疗数据加密及医疗计算分析。关于医疗数据方面，据统计，大部分的医生会直接将病人的病情、个人信息等信息发给同事，这涉及侵犯病人隐私的问题。应用区块链的非对称加密及授权技术，对关键信息进行加密，只有经过数据拥有者授权才可访问该数据，这将在很大程度上提高医疗数据的隐私性。

据统计，在医疗计算分析方面，人工智能给医疗机构提供的数据错误率小于2%，利用区块链技术，可对医疗数据进行信息交换，相比传统人工智能，数据可以更好地进行共享。谷歌旗下DeepMind Health正在开发区块链医疗数据审计系统，利用“区块链+人工智能”技术让医院、NHS、病人自身都能实时跟踪个人的健康数据。

2. 在数据市场进行结合

在数据市场，利用区块链集合群体的力量，可进行数据上的共享、人工智能模型的训练等。人工智能的发展离不开庞大的数据集，区块链可以利用数据分类账进行高质量数据的购买销售，当收集了大量的、多样化的数据样本后，可用于训练人工智能模型，这些数据及人工智能模型将会解决有关数据信任的数据孤岛问题，使得人工智能机器人可以进行共享学习，自我成长，产出高质量的计算机识别、语音识别和其他数据密集型应用。目前，SingularityNet、DeepBrainChain、Bottos、Ocean Protocol、Indorse、ARPAChain等项目均涉及该领域。

3. 在金融领域进行结合

区块链与人工智能在金融领域的相关结合有市场情绪分析、去中介交易商经纪人(IDB)和检测金融欺诈行为等。关于市场情绪分析及去IDB方面，利用人工智能进行深度学习和时序分析，再结合与区块链技术保护下的个人数据相整合，为个人提供更精准的交易服务。具体来说，就是从用户面板上进行大数据采集及处理，通过人工智能分析用户情绪数据，对市场波动进行预算，最后自动化下单。

通过利用机器人取代人工，可以提升效率、降低IDB佣金。在检测金融欺诈行为方面，使用交易机器人，高频加密交易，弱中心化减少人为操控的可能性，降低金融欺诈风险，此外，人工智能监控加密市场，让恶意攻击变得更难。目前有Autonio、Aigang、Numeraire、Endor等项目均涉及该领域。

4. 在云计算方面进行结合

当前人工智能云计算方面面临计算资源昂贵、训练时间长、训练数据多、开发去中心应用困难等问题，结合区块链技术后能较好地解决以上问题。把区块链中挖矿及电力消耗过程中过剩的资源转换为人工智能云算力，在资源上进行整合，降低计算成本。目前有Nebula人工智能项目均涉及了该领域。

5. 在物联网方面进行延展

首先，区块链技术可以帮助解决“如何证明自己是自己”的问题，用户可通过区块链与人工智能技术完成生物身份识别和身份认证，将个人身份与物联网联系在一起。其次，解决了更新的问题，所有物联网设备在区块链与人工智能的加持下，数据共享，设备可智能化更新。其具体的垂直应用包括：应用在工业制造上，制造生产的设备在区块链中传递信息，更智能化地成长，提高效率、增加产能；应用在交通上，无人驾驶应用得以更好地铺开，解放人们的时间，智能化管理交通，有利于减少交通堵塞、交通事故的发生；应用在监控等公共基础设备上，身份认证能快速地识别出罪犯，有利于维护社会稳定。目前有智行者、美图等项目涉及该领域。

思考与练习

1. 区块链在物联网中有哪些应用？
2. 区块链与大数据在哪些方面可以结合？
3. 区块链与人工智能如何协同发展？

中英文对照表

英　文	中　文
A	
Advanced Encryption Standard (AES)	高级加密标准，又称 Rijndael 加密法
Anti Money Laundering (AML)	反洗钱
Asymmetric Cryptography	非对称加密
B	
Bitcoin	比特币
Block	区块
Block Body	区块体
Block Header	区块头
Block Size	区块容量
Blockchain	区块链
Byzantinefailures	拜占庭将军问题
C	
Cipher	加密
Cold Wallet	冷钱包
Consensus	共识机制
Consortium Blockchain	联盟链
Cross-Chain	跨链技术
Cryptocurrency	数字货币
Cryptography	密码学
D	
Distributed Data Store (DDS)	分布式存储
Decentralization	去中心化
Decentralized Application (Dapp)	去中心化应用
Decentralized Autonomous Organization (DAO)	去中心化自治组织
Decentralized Finance (DeFi)	去中心化金融
Delegated Proof of Stake (DPoS)	权益授权证明
Digital Certificate	数字证书
Digital Currency	数字货币
Digital Signatures	数字签名

续表一

英　　文	中　　文
Distributed Consensus	分布式共识
Distributed Ledger	分布式账本
Distributed Network	分布式网络
Double Spending	双重支付/双重花费/双花
E	
Encryption Algorithm	加密算法
Escrow Pool	托管池
Ether (ETH)	以太币
Ethereum	以太坊
H	
Hard Cap	硬顶
Hard Fork	硬分叉
Hash	哈希/散列
Hash Function	哈希函数/哈希算法
Hash Values (Hash Codes、Hash Sums)	哈希值/散列值
Hashed Time Lock Contract (HTLC)	哈希时间锁定合约
Hashtree	哈希树
Hyperledger	超级账本
I	
Initial Coin Offering (ICO)	首次币发
Initial Miner Offering (IMO)	首次矿机发行
Initial Public Offering (IPO)	首次公开发行
Initial Token Offering (ITO)	发行数字通证公开
Inter-Blockchain Technology	跨链技术
L	
Ledger	账本
Leverage	杠杆
M	
Main Chain	主链
Margin Trading	保证金交易
Merkle Tree	默克尔树
Miner	矿工
Mining Pool	矿池
Mining	挖矿

续表二

英　　文	中　　文
N	
Node	节点
Nonce	次性随机数
Non-fungible Token (NFT)	非同质化通证
O	
Oracle Machine	预言机
Oracles / Oracle RDBMS	Oracle 数据库
P	
Parent Block	父块
Peer to Peer Network (P2P)	对等网络
Pegged Side Chains	楔入式侧链
POOL	验证池机制
Private Blockchain	私有链
Private Key	私钥
Proof of Developer (PoD)	开发者证明
Proof of Stake (PoS)	权益证明
Proof of Work (Pow)	工作量证明
Public Blockchains	公有链
Public Key	公钥
S	
Satoshi Nakamoto	中本聪(人名，比特币协议等的创始人)
Secret Key	密钥
Security Token Offerings (STO)	证券型通证发行
SHA256	安全散列算法
Sharding	分片
Shorting	做空
Simplified Payment Verification (SPV)	轻钱包
Smart Contract	智能合约
Soft Cap	软顶(软上限)
Soft Fork	软分叉
T	
Timestamp	时间戳
Token Coin (Token)	代币

续表三

英　　文	中　　文
Token	令牌/通证
Transaction (TX)	交易
Turing Completeness	图灵完备
V	
Vanity-Mining	虚拟地址挖矿
Vanity Pool	虚拟池
Verification	验证
Z	
Zerocash Protocol	零币协议
Zero-Knowledge Proof	零知识证明
*	
51% Attack	51%攻击

参 考 文 献

[1] 邹均，张海宁，唐屹， 等. 区块链技术指南. 北京：机械工业出版社，2016.
[2] 杨保华，陈昌. 区块链原理、设计与应用. 北京：机械工业出版社，2017.
[3] 华为区块链技术开发团队. 区块链技术及应用. 北京：清华大学出版社，2019.
[4] 张宏莉，叶麟，史建焘. P2P 网络测量与分析. 北京：人民邮电出版社，2017.
[5] 长铗，等. 区块链：从数字货币到信用社会. 北京：中信出版社，2016.
[6] 韩布伟. 区块链：重塑经济的力量. 北京：中国铁道出版社，2016.
[7] 尚帕涅. 区块链启示录：中本聪文集. 北京：机械工业出版社，2018.
[8] 李均，等. 数字货币：比特币数据报告与操作指南. 北京：电子工业出版社，2014.
[9] 王薇著. 信任革命：比特币及去中心化数字货币的兴起. 北京：中国社会科学出版社，2020.
[10] 谭磊，等. 区块链 2.0. 北京：电子工业出版社，2018.
[11] 王欣，等. 深入理解以太坊. 北京：机械工业出版社，2019.
[12] 谭磊，等. 区块链 2.0. 北京：电子工业出版社，2018.
[13] 《比较》研究部. 读懂 Libra. 北京：中信出版社，2019.
[14] 姚前，等. 区块链与资产证券化. 北京：中信出版社，2020.
[15] 龚鸣. 区块链社会：解码区块链全球应用与投资案例. 北京： 中信出版社，2016.
[16] 张荣. 区块链在保险行业的应用及影响[J]. 信息通信技术与政策，2020(1)：46-51.
[17] 张晓旭. 比特币交易平台反洗钱监管研究[J]. 互联网金融与法律，2014.